肉品绿色保鲜技术原理及应用

ROUPIN LÜSE BAOXIAN JISHU YUANLI JI YINGYONG

李　可　相启森　白艳红◎著

中国纺织出版社有限公司

内 容 提 要

本书主要介绍了超高压、辐照等绿色保鲜技术在肉品保鲜领域的应用。全书共分 9 章，分别介绍了污染肉品的微生物种类及途径，总结了超高压、辐照、高压二氧化碳、超声波、紫外线、冷等离子体、静电纺丝、植物精油等技术的基本原理及在肉品保鲜领域的应用研究进展。本书可作为食品类专业的教学用书，也可作为从事肉品加工与质量安全控制、食品贮藏保鲜的科研院所和相关加工企业技术人员的参考用书。

图书在版编目（CIP）数据

肉品绿色保鲜技术原理及应用 / 李可，相启森，白艳红著. —北京：中国纺织出版社有限公司，2024.2
ISBN 978-7-5229-1260-8

Ⅰ.①肉… Ⅱ.①李… ②相… ③白… Ⅲ.①肉制品—保鲜 Ⅳ.①TS251.4

中国国家版本馆 CIP 数据核字（2023）第 237905 号

责任编辑：毕仕林　国　帅　　　　责任校对：王花妮
责任印制：王艳丽

中国纺织出版社有限公司出版发行
地址：北京市朝阳区百子湾东里 A407 号楼　邮政编码：100124
销售电话：010—67004422　传真：010—87155801
http://www.c-textilep.com
中国纺织出版社天猫旗舰店
官方微博 http://weibo.com/2119887771
三河市宏盛印务有限公司印刷　各地新华书店经销
2024 年 2 月第 1 版第 1 次印刷
开本：710×1000　1/16　印张：17.75
字数：330 千字　定价：98.00 元

肉品绿色保鲜技术原理及应用

主编 李　可　郑州轻工业大学
　　　　相启森　郑州轻工业大学
　　　　白艳红　郑州轻工业大学

参编（按姓氏笔画排序）
　　　　冯　坤　郑州轻工业大学
　　　　吕　静　郑州轻工业大学
　　　　杜　娟　郑州轻工业大学
　　　　程　腾　郑州轻工业大学
　　　　翟娅菲　郑州轻工业大学

前　言

　　肉和肉制品是人类获取蛋白质、脂肪、脂溶性维生素及矿物质等营养成分的良好来源。然而，因其营养丰富，肉及肉制品在生产、运输和贮藏等过程中极易受到微生物污染，导致腐败变质、货架期缩短并引发食源性疾病，严重威胁食品安全和公共健康。目前，传统的低温保鲜和化学保鲜是常用的肉品保鲜方式，但存在能耗高、安全性低等问题。随着社会经济的发展和生活水平的提高，消费者对食品营养、健康和安全的要求越来越高。如何快速有效杀灭微生物，又不会明显改变肉品营养和感官品质，是肉品加工和保鲜领域的重要研究方向。超高压、辐照、高压二氧化碳、超声波、冷等离子体等新兴绿色保鲜技术不仅能够有效杀灭肉和肉制品中的有害微生物并延长货架期，还能更好地保持肉品固有的营养成分、质地、色泽等品质，满足了消费者对食品营养健康和感官品质日益提升的需求，逐渐成为国际食品科学与工程领域的研究热点。

　　目前，国内关于新兴绿色保鲜技术在肉品加工和保鲜领域的应用研究较多，但缺乏较为全面的概括和总结。因此，本书系统阐述了超高压、冷等离子体、辐照等新型绿色保鲜技术的作用机理、发展历史及其在肉品保鲜领域的应用，探讨了现有研究存在的问题，并展望了今后的发展方向，以期为新兴绿色保鲜技术在肉品加工及安全控制领域的实际应用提供相应的理论依据和技术支撑。全书共分9章。第1章由郑州轻工业大学吕静撰写（3.5万字），主要介绍了污染肉品的微生物种类及污染途径；第2章由郑州轻工业大学杜娟撰写（3.2万字），主要介绍了超高压技术的原理及其在肉品杀菌保鲜、品质改善等领域的国内外最新研究进展；第3章和第4章由郑州轻工业大学程腾撰写（6.4万字），分别介绍了辐照和高压二氧化碳技术的原理及其在肉品保鲜领域的应用研究进展；第5章由郑州轻工业大学李可撰写（4.0万字），主要介绍了超声波的作用原理及其在肉品杀菌保鲜、肉品品质及蛋白质功能特性改善等领域的国内外最新研究进展；第6章由郑州轻工业大学翟娅菲撰写（2.5万字），主要介绍了紫外线、紫外发光二极管和脉冲强光等技术的原理及其在肉品保鲜领域的应用研究进展；第7章由郑州轻工业大学白艳红和相启森撰写（4.2万字），主要介绍了冷等离子体的基本概念及其杀灭微生物的作用机制，总结了冷等离子体和等离子体活化水应用在肉品杀菌保鲜、护色及解冻等领域的国内外最新研究进展；第8章由郑州轻工业大学冯坤撰写（5.7万字），主要介绍了静电纺丝技术的基本原理及静电纺丝抗菌活性包装材料、抗氧化活性包装材料和智能包装材料在肉品保鲜领域中的应用进展；第 9 章由郑州轻工业大学吕静撰写（3.5 万字），主要介绍了植物精油的抑菌和抗氧化机理及其在肉品保鲜领域中的研究进展。

本书的出版得到了郑州轻工业大学食品科学与工程河南省优势特色学科（群）、国家自然科学基金（32072356）、河南省高校科技创新人才支持计划（24HASTIT058）、河南省优秀青年科学基金项目（212300410090、222300420092）、河南省研究生教育改革与质量提升工程项目—河南省研究生优质课程项目（YJS2023KC10）和郑州市协同创新专项（2021ZDPY0201）等项目的资助，在此表示衷心感谢！本书出版过程得到了中国纺织出版社有限公司的大力帮助和支撑，谨在此表示衷心感谢！在本书的编写过程中，团队参考、借鉴和引用了大量国内外教材、著作、学术论文、学位论文和研究报告等文献资料，限于篇幅，不能在文中一一列举，敬请作者见谅。在此，谨向所有参考文献的作者和单位致以最诚挚的感谢！

由于作者学识水平所限，本书难免存在疏漏和不当之处，敬请各位同行和广大读者批评、指正，以便再版时修订和完善。

著者
2023 年 9 月于郑州轻工业大学

目 录

1

第1章 肉品微生物污染概述

我国是世界上最大的肉类生产和消费国。据统计，2022 年我国肉类总产量为 9328 万吨。肉和肉制品作为人类饮食的组成部分，是蛋白质、脂质、碳水化合物、矿物质和维生素等基本营养素的重要来源。肉中丰富的营养物质和适宜的水分活度（A_w）等条件非常适合微生物的生长繁殖，极易导致腐败变质并引发食源性疾病。本章主要介绍了污染肉品的微生物种类及污染途径，并总结了常用的肉品杀菌保鲜技术，以期为肉品微生物安全控制相关研究提供理论依据。

1.1 污染微生物种类

在肉品中定殖的微生物类型主要取决于肉的特性及其加工贮藏方式等。例如，细菌会在大多数肉品中生长，而霉菌或酵母通常污染含水量较低的干腌肉制品。

1.1.1 细菌

（1）肉类中常见细菌污染

①沙门氏菌　沙门氏菌（Salmonella）是一类革兰氏阴性肠道杆菌，极易引发急性肠胃炎、伤寒和败血症等食源性疾病。流行病学研究表明，畜禽肉及其制品是沙门氏菌传播的常见载体。近年来，沙门氏菌在欧盟的流行率呈上升趋势，2015 年由沙门氏菌引起的食源性疾病约占 10%，2016 年和 2017 年均高于 20%，2018 年超过 30%。在美国，2015—2017 年超过 30% 的食源性疾病是由沙门氏菌引起的。在我国，沙门氏菌也是导致细菌性食源性疾病的主要原因。2011 年 7 月—2016 年 6 月，Yang 等从国内 24 个南方城市和 15 个北方城市共收集了 807 份零售肉类样本进行检测，发现 159 个样品（19.7%）检出沙门氏菌，其中污染率最高的是猪肉，其次是牛肉、羊肉和熏肉。除鼠伤寒沙门氏菌（Salmonella ty-phimurium）和肠炎沙门氏菌（Salmonella enteritidis）以外，Yang 等还在样本中检出了许多与人类沙门氏菌病有关的其他血清型沙门氏菌。

②金黄色葡萄球菌　金黄色葡萄球菌（Staphylococcus aureus）是一种革兰氏阳性球菌，大多具有较强的生物被膜形成能力，广泛分布于牛、猪、鸡、火鸡、马、羊等动物体内。金黄色葡萄球菌不仅能够引起食品变质，而且分泌的葡萄球

菌肠毒素也会引发食物中毒，主要表现为摄入 24 小时内出现腹泻、恶心、腹部绞痛和呕吐。Wu 等分析了 2011 年 7 月至 2016 年 6 月国内肉制品中金黄色葡萄球菌污染情况，从北京、上海、广州、郑州、南宁等 39 个城市采集了 1850 个样本，包括 604 份生肉、601 份速冻肉和 645 份即食肉。结果表明，在 647 个样品中检出了金黄色葡萄球菌，覆盖了所有采样城市；同时测定了 868 株金黄色葡萄球菌对 24 种抗生素的敏感性，发现 94.6%的菌株对 3 种以上的抗生素具有抗性，12%的菌株对 10 种以上的抗生素具有抗性。

③志贺氏菌　志贺氏菌属（*Shigella*）通常存在于肉制品、乳制品和瓜果蔬菜中，是引起人类细菌性痢疾的常见食源性病原菌，在我国感染性腹泻病原菌中居首位。志贺氏菌主要是通过侵染人体结肠而引发肠道炎症、溃疡等，严重时会导致抽搐、低血糖、低钠血症、溶血性尿毒综合症、肠道穿孔甚至死亡。痢疾志贺氏菌（*Shigella dysenteriae*）和弗氏志贺菌（*Shigella flexneri*）是引起人类胃部感染的常见致病菌。有学者研究了取自不同品牌和工厂的 80 份牛肉、50 份汉堡包、50 份烤肉和 40 份萨拉米发酵香肠样品的志贺氏菌污染情况。结果表明，牛肉、汉堡包、烤肉和萨拉米发酵香肠中志贺氏菌的检出率分别为 8.75%、6%、4%和 2.5%。

④假单胞菌　假单胞菌属（*Pseudomona*）是一类革兰氏阴性好氧杆菌，在有氧条件下能够快速繁殖。某些嗜冷假单胞菌容易在冷藏肉制品中生长，利用肉中的营养物质产生一系列代谢物（如有机酸、醛类、醇类、酮类、酯类、硫化物、胺类等），从而导致肉色变绿、发黏和变味等现象。研究发现，变质的肉品中通常可检出多种假单胞菌。例如，低温有氧贮藏条件下的肉中可分离出莓实假单胞菌（*Pseudomonas fragi*）、荧光假单胞菌（*Pseudomonas fluorescens*）和隆德假单胞菌（*Pseudomonas lundensis*）等；真空包装和气调包装的肉类中也可检测到莓实假单胞菌。莓实假单胞菌会促进多种挥发性有机化合物的形成，是冷藏肉类产生异味的重要原因之一。

⑤梭状芽孢杆菌　梭状芽孢杆菌属（*Clostridium*）是一类革兰氏阳性、厌氧或微需氧的粗大芽孢杆菌的总称。某些梭状芽孢杆菌能够引起真空包装肉制品变质，通过发酵葡萄糖形成丁酸、丁醇和 CO_2 等，从而改变肉的色泽。研究发现，藻酸梭菌（*Clostridium algidicarnis*）和腐化梭状芽孢杆菌（*Clostridium putrefaciens*）与真空包装肉制品的变色有关；而藻酸梭菌、腐化梭状芽孢杆菌、解木聚糖梭菌（*Clostridium algidixylanolyticum*）、酯化梭状芽孢杆菌（*Clostridium estertheticum*）、冰冻梭状芽孢杆菌（*Clostridium frigidicarnis*）和气生梭状芽孢杆菌（*Clostridium gasigenes*）与真空包装肉制品的"胀袋"现象有关。另外，梭状芽孢杆菌还会使冷藏真空包装的肉类（如牛肉和羊肉）产生异味，在贮藏过程中

可能会伴有硫黄味、水果味、溶剂味和干酪臭味。

⑥热死环丝菌　热死环丝菌（*Brochothrix thermosphacta*）是一种革兰氏阳性嗜冷菌，也是冷藏肉制品中常见的腐败菌。当污染肉制品时，热死环丝菌能迅速分解蛋白质和脂肪，导致有毒、有害代谢产物和异味的产生。通过消耗肉中的营养物质，热死环丝菌可代谢产生乙偶姻、乙酸、异丁酸、2-甲基丁酸、异戊酸和3-甲基丁醇等，其中乙偶姻和3-甲基丁醇的存在可能会使肉制品产生干酪臭味。

⑦单增李斯特菌　单增李斯特菌（*Listeria monocytogenes*）是一种革兰氏阳性、短杆状的兼性厌氧菌，可在较宽的温度范围内（0~45℃）生长繁殖。单增李斯特菌是肉及肉制品中常见的食源性致病细菌之一，可造成患者腹泻、昏迷、呼吸困难和脑膜炎等，致死率高达 20%~30%。据报道，相对熟肉制品，国内生鲜畜禽肉污染单增李斯特菌情况严重，生畜肉污染率高达 56%，生禽肉污染率为 38.3%，而熟肉制品污染率为 15%。国外研究发现，不同即食肉制品中单增李斯特菌的检出率为 1.04%~53.00%。

⑧乳酸菌　乳酸菌（Lactic acid bacteria，LAB）在真空包装的肉类中占据主导地位。LAB 的主要作用底物为葡萄糖，作用方式可分为同型发酵和异型发酵。同型发酵的 LAB 只产生乳酸，这是肉类产生酸味的原因。异型发酵的 LAB 可产生乙醇、丁酸、硫化物、乳酸和乙酸等与肉类腐败有关的化合物，其中丁酸与肉类酸败的味道相关。乳杆菌（*Latilactobacillus* spp.）、肉食杆菌（*Carnobacterium* spp.）和明串珠菌（*Leuconostoc* spp.）会导致真空包装或气调包装肉制品的腐败，主要涉及弯曲乳杆菌（*Latilactobacillus curvatus*）和清酒乳杆菌（*Latilactobacillus sakei*）等。例如，清酒乳杆菌与硫化氢的产生有关，而硫化氢会使肌红蛋白转化为绿色的硫代肌红蛋白，导致肉制品的颜色变绿并产生臭鸡蛋的难闻气味。

⑨其他　肠杆菌科（Enterobacteriaceae）、希瓦氏菌属（*Shewanella*）和气单胞菌属（*Aeromonas*）等革兰氏阴性菌也会引起肉品腐败变质。导致肉品腐败的肠杆菌主要包括沙雷氏菌属（*Serratia*）、肠杆菌属（*Enterobacter*）、泛生菌属（*Pantoea*）、克雷伯氏菌属（*Klebsiella*）、变形杆菌属（*Proteus*）和哈夫尼菌属（*Hafnia*）等。其中，液化沙雷氏菌（*Serratia liquefaciens*）可在不同贮藏环境条件下的肉类中生长，蜂房哈夫尼菌（*Hafnia alvei*）和拉恩氏菌（*Rahnella* spp.）可污染气调包装或真空包装的牛肉，成团肠杆菌（*Enterobacter agglomerans*）可污染有氧包装和气调包装的肉制品。腐败希瓦氏菌（*Shewanella putrefaciens*）曾在许多肉品中检出，能够代谢产生硫化氢使肉色变绿。嗜水气单胞菌（*Aeromonas hydrophila*）可分解含硫氨基酸产生二甲基二硫、二甲基三硫和硫代乙酸甲酯等硫化物，从而产生强烈异味。

（2）细菌引起肉品腐败变质的原因

细菌会分解利用肉中的营养物质进行生长繁殖，并产生一系列不良代谢物。如表1-1所示，不同细菌消耗底物的顺序存在差异。一般情况下，当葡萄糖被耗尽时，其他底物如乳酸、葡萄糖酸、葡萄糖-6-磷酸、丙酮酸、丙酸、甲酸、乙醇、乙酸、氨基酸、核苷酸、甘油和水溶性蛋白质等，几乎能被肉类中的所有细菌代谢利用。

表1-1 细菌利用底物的顺序

细菌	贮藏方式	葡萄糖	葡萄糖酸盐-6-磷酸	乳酸	丙酮酸	葡萄糖酸	葡萄糖-6-磷酸	乙酸	氨基酸	核糖	甘油
假单胞菌属	有氧贮藏	1	2	3	4	5	6		7		
	真空/气调包装贮藏	1	2		3	3		3	3		
梭菌属	有氧贮藏										
	真空/气调包装贮藏	1	2								
热死环丝菌	有氧贮藏	1	2						3	4	5
	真空/气调包装贮藏	1	2								
乳酸菌	有氧贮藏	1	2								
	真空/气调包装贮藏	1	2						3		
肠杆菌	有氧贮藏	1	2	3					4		
	真空/气调包装贮藏	1	2				3				

细菌引起肉品腐败变质的原因可概括如下：

①碳水化合物的分解　肉类中的葡萄糖是大多数细菌优先利用的底物，也是肉类在贮藏过程中许多异味产生的前体物质。肉类的碳源含量会影响腐败的速率和类型，当葡萄糖含量变得很少时，发酸等腐败现象已较为明显。

②蛋白质的分解　细菌产生的蛋白酶可促使肉品中蛋白质水解产生肽和氨基酸，进而分解产生氨、胺、吲哚、硫化氢、硫醇、酚和粪臭素等。肉类中的碳源

不足会促使细菌从碳水化合物代谢转变到氨基酸代谢。例如，假单胞菌、热死环丝菌、清酒乳杆菌和肠杆菌等在葡萄糖限量时，会继续消耗利用氨基酸而产生硫化物、氨及生物胺等，致使肉类表现出变色、异味等明显的腐败特征。

③脂肪的分解　某些细菌产生的脂肪酶可促使脂肪分解产生甘油、脂肪酸、醛和酮等化合物。例如，大多数假单胞菌属能够分泌脂肪酶，产生的代谢物会给肉类带来异味。

1.1.2　真菌

（1）酵母

虽然肉品的变质通常与细菌有关，但一些抑制细菌生长的加工和储藏技术会为酵母的生长繁殖提供机会，因为酵母可以在糖和有机酸含量较高或者水分活度和 pH 较低的肉品中生长。某些情况下，酵母对肉品的感官品质具有积极影响，如汉逊德巴利酵母（*Debaryomyces hansenii*）和产朊假丝酵母（*Candida utilis*）能够促进发酵香肠风味的形成，并稳定产品的色泽。然而，某些酵母也可能在肉品表面形成肉眼可见的菌落或菌膜，进而引发肉品的腐败变质。酵母可造成肉制品包装发生胀袋，或在香肠表面形成黏液、使其变色并产生异味，导致产品质量劣变和保质期缩短。

污染生鲜肉的酵母主要包括假丝酵母属（*Candida*）、红酵母属（*Rhodotorula*）、德巴利酵母属（*Debaryomyces*）和毛孢子菌属（*Trichosporon*）；而污染腌制和烟熏肉制品的酵母主要包括汉逊德巴利酵母、解脂耶氏酵母（*Yarrowia lipolytica*）、诞沫假丝酵母（*Candida zeylanoides*）、卵形丝孢酵母（*Trichosporon ovoides*）、白吉利丝孢酵母（*Trichosporon beigelii*）、浅白隐球酵母（*Cryptococcus albidus*）和胶红酵母（*Rhodotorula mucilaginosa*）等。Nielsen 等对培根、火腿、腊肠等肉制品中酵母引发的腐败现象进行了研究，发现诞沫假丝酵母、汉逊德巴利酵母和清酒假丝酵母（*Candida sake*）等能够导致气调包装的肉制品保质期缩短并产生气体、黏液、变色和异味等腐败现象。

酵母引起肉品腐败变质的原因可概括如下：

第一，酵母可以利用肉品中的碳水化合物代谢产生 CO_2，最终导致产品包装胀袋、变形甚至破裂，同时产生乙醇、有机酸、醛类、酮类、酯类、挥发性含硫化合物和甘油等次级代谢产物，影响产品的感官品质。

第二，酵母能够降解淀粉，造成以淀粉或谷物作为配料的肉品（如香肠和发酵酸肉）变质。

第三，酵母能够产生二氧化硫、硫化氢、二甲基硫、硫醇和硫酯等多种挥发性含硫化合物。当挥发性含硫化合物含量高于气味阈值时，会对肉品的风味造成不利影响。

第四，某些酵母能够分解肉品中的脂质，如假丝酵母属、红酵母属、隐球酵母属（*Cryptococcus*）和地霉属（*Geotrichum*）会分解脂质并产生游离脂肪酸，产生油臭味、似肥皂味或奶臭味而影响产品感官品质。

（2）霉菌

霉菌也是肉类和肉制品中的常见污染物，主要包括曲霉菌属（*Aspergillus*）、毛霉菌属（*Mucor*）、青霉菌属（*Penicillium*）和散囊菌属（*Eurotium*）等。一些霉菌可在产品表面形成黑色、白色或蓝绿色的斑点，从而影响其营养和感官品质。研究发现，曲霉、青霉和散囊菌能够耐受低 pH 和高盐环境，容易污染干腌肉制品。Alía 等从变质的火腿中分离出了腐败霉菌，并证明尖孢枝孢（*Cladosporium oxysporum*）、枝状枝孢（*Cladosporium cladosporioides*）和多主枝孢（*Cladosporium herbarum*）是造成干腌火腿产生黑斑的主要微生物。Iacumin 等从变质的鹅肉香肠中分离出了纳地青霉（*Penicillium nalgiovense*）、产黄青霉（*Penicillium chrysogenum*）和纯绿青霉（*Penicillium viridicatum*），并证实其与挥发性盐基氮和乙酸的产生有关，这可能是产品具有氨臭味的原因。

霉菌污染不仅会影响肉品质量，还会产生霉菌毒素而引发食品安全问题。霉菌毒素是有毒的霉菌次级代谢物，其中肉制品中最受关注的是赭曲霉毒素 A（ochratoxin A，OTA）、黄曲霉毒素 B_1（aflatoxin B_1，AFB_1）和环匹阿尼酸（cyclopiazonic acid，CPA）。OTA 被国际癌症研究机构（International Agency for Research on Cancer，IARC）列为 2B 类致癌物，并被发现是肉类产品的主要污染物；而 AFB_1 属于 IARC 公布的 1 类致癌物，但在肉类产品中出现的频率和浓度相对较低。另外，CPA 会损害消化器官、心肌和骨骼肌，曾在某些腌腊肉制品中出现。

据报道，肉类产品中的 OTA 污染主要源于鲜绿青霉（*Penicillium verrucosum*）和北青霉（*Penicillium nordicum*），AFB_1 污染主要源于黄曲霉（*Aspergillus flavus*）和寄生曲霉（*Aspergillus parasiticus*），而 CPA 污染主要源于普通青霉（*Penicillium commune*）。其中，一些黄曲霉不仅能产生 AFB，还能产生 CPA，二者同时存在可能会表现出更强的细胞毒性。Franciosa 等从发酵香肠中分离出了多种青霉菌，在肠衣中也分离出了皮壳青霉（*Penicillium crustosum*）和北青霉，可能会造成 OTA、青霉震颤素 A 和异烟棒曲霉素 C 污染。虽然霉菌毒素与产品中的霉菌直接相关，但肉制品的生产环境条件也会对其产生间接影响。Lešić 等调查了产自克罗地亚不同地区的共 250 种传统干腌肉制品霉菌毒素污染情况，发现 AFB_1、OTA、CPA、杂色曲霉素和桔霉素的含量与产品原产地地理区域和天气有关，其中气候温和地区的污染样品数量最多。值得注意的是，在干式发酵香肠的生产中，虽然冲洗、刷洗和包装等操作能够去除产品表面的霉菌，但一些霉菌次级代谢物能够扩散到产品内部，污染深度达到 3 cm。

1.1.3　病毒

除细菌与真菌之外，病毒也可导致食源性疾病。引起食源性感染的病毒主要包括人源诺如病毒（NoV GGI 和 NoV GGII）、甲型肝炎病毒、轮状病毒、戊型肝炎病毒和流感病毒等。其中，诺如病毒和轮状病毒感染是造成人类急性肠胃炎的常见原因，而甲型肝炎病毒和戊型肝炎病毒是全世界肝炎的病原体。食源性病毒通常具有很强的传染性，如诺如病毒、轮状病毒和甲型肝炎病毒主要在人与人之间传播，大多数食源性疾病的暴发与受感染的食品加工人员（甚至无症状者）有关，戊型肝炎病毒已被确定为一种重要的人畜共患病。

多数研究表明，肉品可能在整个加工链中受到病毒污染，从而引发食源性疾病。Moor 等从瑞士零售市场收集了 90 种即食肉制品，在其中的 7 种猪肝香肠和 3 种生肉香肠中均检测到戊型肝炎病毒的 RNA，阳性样本占比达到 11.1%。Soares 等从巴西零售市场收集了 55 份牛肉、29 份猪肉和 47 份鸡肉样品，在 29% 和 5.34% 的样品中分别检出轮状病毒和腺病毒，但未检出戊型肝炎病毒。与牛肉和猪肉相比，鸡肉中检出腺病毒和轮状病毒的比例更高。Wu 等在广州市采集了畜禽养殖场、屠宰场、活禽批发和零售市场、活猪市场、猪肉市场中工人和消费者的血清，进行两轮横断面调查。结果显示，养猪场工人、家禽养殖场工人中的戊型肝炎病毒阳性率分别为 47.0%（156/332）和 40.2%（119/296），而普通消费者的阳性率为 26.1%（35/134）。Wu 等指出，生猪屠宰场和猪肉供应链中的工人是感染戊型肝炎病毒的高危人群。

1.2　微生物污染途径

肉类的微生物水平不仅与动物在屠宰前的饲养环境和健康状况等有关，还与后续屠宰加工、贮藏、运输和销售过程中的操作规范程度、设备清洁程度等有关。

1.2.1　养殖环境中的污染

动物养殖环境中常伴有各类病原微生物，如空气中的粉尘和气溶胶颗粒可能携带溶血性链球菌和流感病毒等病原体。土壤中也存在肉毒梭菌等微生物，未经净化的水源可能含有多种病原微生物。健康动物的肌肉中几乎没有微生物，但是随着畜禽自身免疫力的下降和环境条件的改变，自然界中的微生物会通过呼吸道、消化道、伤口等途径入侵动物体，导致动物发病和传染病流行。例如，在不良的养殖环境中，沙门氏菌、弯曲杆菌、蜡样芽孢杆菌和单核细胞增生李斯特菌等病原菌可导致动物感染；非洲猪瘟等疫病可通过疫区进口的动物和肉制品进行传播。当畜禽受到微生物污染后，相应的肉及肉制品若未经严格检疫或无害化处理，则会危害人类健康和生命安全。

1.2.2　屠宰加工过程中的污染

动物屠宰加工是肉类和肉制品受到微生物污染的主要途径，包括屠宰、剥皮、开膛、冲洗、胴体修整和分割等。如表1-2所示，畜禽在屠宰加工环节中的主要污染源如下：

第一，操作台表面存在的微生物会污染动物胴体，并且细菌能够黏附在加工设备表面形成生物膜，可导致肉类发生连续或交叉污染。

第二，肠道内容物和粪便微生物也会造成污染。研究人员已从动物的皮肤、胃肠道内容物和粪便中分离出葡萄球菌、埃希氏杆菌和蜡样芽孢杆菌。此外，畜禽屠宰过程中的开膛破肚可能会使胴体和加工设备受到肠杆菌的污染，如将牛和羊剥皮开膛后，可从胴体中分离出肠炎沙门氏菌、粪肠球菌和大肠杆菌等。

第三，屠宰场工人也是主要的污染源。研究人员曾分别从工人的手、牛肉糜和牛胴体等表面分离出了相同的金黄色葡萄球菌菌株。

第四，在屠宰场的不良卫生条件和处理下，空气和水等环境中的微生物也会污染畜禽肉类。

表1-2　畜禽屠宰加工过程中微生物污染的主要来源

畜禽	关键污染源
猪	操作台、传送带、刀具、案板、肠道内容物、粪便、手、水、空气
牛	案板、操作台、传送带、刀具、镊子、手钩、围裙、肠道内容物、粪便、皮肤、手、手套、空气、水
羊	案板、刀具、肠道内容物、粪便、手、水、空气
鸡	操作台、案板、传送带、刀具、肠道菌群、粪便、手、水、空气

1.2.3　贮藏过程中的污染

在肉品贮藏过程中，不良卫生环境或工作人员的不当操作常会带来污染。例如，鲜肉制品在裸露状态下会被环境中的微生物所污染；熟肉制品若长时间存放于常温环境下，会造成肉品的腐败变质。

从鲜肉中分离出的常见微生物包括不动杆菌、假单胞菌、环丝菌、黄杆菌、嗜冷杆菌、莫拉氏菌、葡萄球菌、微球菌、乳酸菌和肠杆菌等。在适宜的环境因素下,上述微生物会大量繁殖而引发污染。例如,假单胞菌、热死环丝菌、大肠杆菌和金黄色葡萄球菌等能够在冷藏环境中生长繁殖,从而造成肉品的腐败变质。在肉类贮藏过程中,影响微生物生长繁殖的主要因素如下:

(1) 肉的 pH

动物正常死亡后,肉的 pH 会下降到 5.4~5.8。但是,如果动物在屠宰前受到刺激,则肉的 pH 升高、色泽加深、肉质坚实且干燥。研究表明,肉的细菌菌落数与其 pH 密切相关。在 pH 较高（pH>6.5）的肉类中,细菌的营养成分通常较少,微生物会迅速水解氨基酸,导致肉类在较短时间内发生变质。众所周知,乳酸菌可通过产生乳酸而使 pH 略微下降,但在没有乳酸菌的情况下,肉的 pH 会明显升高。肉类腐败菌适合生长的 pH 各不相同,如热死环丝菌可以在冷藏温度高于 4℃ 且 pH 较高的肉类中生长,大多数假单胞菌最适生长 pH 在 6.5~8.0,霉菌和酵母能在低 pH 条件下生长,膨胀青霉菌在 pH 5.1 时生长迅速。

(2) 贮藏温度

贮藏温度是影响肉类中微生物生长的重要因素之一。例如,对于在 -1.2℃ 贮藏的真空包装羊肉,污染的微生物主要为肉食杆菌属、梭菌属和耶尔森菌属;而在 8℃ 贮藏时,羊肉污染微生物主要为哈夫尼菌属、乳球菌属和普罗威登菌属。据报道,冷藏肉类可检出假单胞菌属、梭菌属、乳酸菌、不动杆菌属、环丝菌属、黄杆菌属、嗜冷杆菌属、莫拉氏菌属、葡萄球菌属、微球菌属和肠杆菌科,上述微生物能够导致低温储藏的肉品发生变质。另外,一些致腐霉菌能够在 -5℃ 下生长,但低温能够减缓其繁殖速度,肉品在 4 个月后才会出现明显的菌落。

(3) 包装条件

氧气显著影响肉类中的菌群多样性,不同微生物在有氧或无氧条件下的生长潜力存在差异。因此,包装条件是决定肉类中微生物选择性生长的另一重要因素。如表 1-3 所示,不同包装肉品中的腐败微生物有所不同。据报道,真空包装袋或气调包装袋的透氧性普遍较差,可以有效抑制好氧性腐败菌的生长,从而延长肉制品的保质期。另外,气调包装可设置不同比例的气体成分,如 70% O_2 和 30% CO_2、80% O_2 和 20% CO_2、65% N_2 和 35% CO_2 等,这类气调环境能够抑制肉类中腐败微生物的生长。

表 1-3　不同包装肉品在贮藏过程中的腐败菌

腐败菌	有氧贮藏	真空包装贮藏	气调包装贮藏
革兰氏阳性菌			

续表

腐败菌	有氧贮藏	真空包装贮藏	气调包装贮藏
芽孢杆菌属 （*Bacillus*）	+		
环丝菌属 （*Brochothrix*）		+	+
热死环丝菌 （*B. thermosphacta*）	+		+
肉食杆菌属 （*Carnobacterium*）		+	+
麦芽香肉杆菌 （*C. maltaromaticum*）			+
梭菌属 （*Clostridium*）		+	
酯化梭状芽孢杆菌 （*C. estertheticum*）		+	
棒状杆菌属 （*Corynebactenum*）	+		
肠球菌属 （*Enterococcus*）	+		
库特氏菌属 （*Kurthia*）	+		
考克氏菌属 （*Kocuria*）	+		
乳杆菌属 （*Lactobacillus*）	+		
清酒乳杆菌 （*L. sakei*）	+	+	
乳球菌属 （*Lactococcus*）		+	+
明串珠菌属 （*Leuconostoc*）	+	+	+
肉质明串珠菌 （*L. carnosum*）			+
肠膜明串珠菌 （*L. mesenteroides*）	+		
李斯特菌属 （*Listeria*）	+		
微球菌属 （*Micrococcus*）	+		
微杆菌属 （*Microbacterium*）	+	+	+
类芽孢杆菌属 （*Paenibacillus*）			
葡萄球菌属 （*Staphylococcus*）			
链球菌属 （*Streptococcus*）			
魏斯氏菌属 （*Weissella*）			
革兰氏阴性菌			
气单胞菌属 （*Aeromonas*）	+		
杀鲑气单胞菌 （*A. salmonicida*）	+		

续表

腐败菌	有氧贮藏	真空包装贮藏	气调包装贮藏
柠檬酸杆菌属（*Citrobacter*）	+		+
浅黄金色单胞菌（*C. luteola*）			+
肠杆菌属（*Enterobacter*）	+		+
成团肠杆菌（*E. agglomerans*）	+		+
河生肠杆菌（*E. amnigenus*）	+		
埃希氏杆菌属（*Escherichia*）	+		
哈夫尼菌属（*Hafnia*）		+	
蜂房哈夫尼亚菌（*H. alvei*）	+		+
莫拉氏菌属（*Moraxella*）	+		
摩根氏菌属（*Morganella*）	+		
泛菌属（*Pantoea*）	+		
变形杆菌属（*Proteus*）	+		+
普罗威登菌属（*Providencia*）	+		
假单胞菌属（*Pseudomonas*）	+	+	+
荧光假单胞菌（*P. fluorescens*）	+		
莓实假单胞菌（*P. fragi*）	+	+	+
嗜冷杆菌属（*Psychrobacter*）	+		
水生拉恩氏菌（*R. aquatilis*）		+	
沙雷氏菌属（*Serratia*）	+	+	+
液化沙雷氏菌（*S. liquefaciens*）	+		
希瓦氏菌属（*Shewanella*）	+		
弧菌属（*Vibrio*）	+		
耶尔森菌属（*Yersinia*）		+	+

注："+"代表含有。

（4）水分活度

肉类的水分活度（A_w）对贮藏期间微生物的生长具有重要影响。在肉制品中使用氯化钠可以降低 A_w，从而有助于抑菌和防腐。例如，在肉制品中添加 4%

的氯化钠可使 A_w 从 0.99 降至 0.97，并能抑制假单胞菌和肠杆菌的生长，但乳酸菌和酵母不受影响。此外，霉菌更容易在低 A_w 和高温环境中生长繁殖。有学者从水分含量为 37.8%、盐含量为 5.07% 和 A_w 为 0.89 的干熏肉制品中分离出了青霉菌。

1.2.4　运输销售过程中的污染

肉品在运输中也会受到微生物污染，其风险因素主要包括温度的突然变化、装载区的卫生条件差、不适当的装卸方式以及工作人员的不良习惯等。例如，肉品在搬运过程中与不清洁表面直接接触，分割肉的不同部位（如内脏、头、蹄、胴体）混装，运输工具如果未经清洁消毒或者没有相应的防尘设备，都可能造成微生物污染。

畜禽肉批发市场和农贸市场环境大多为露天形式或邻近公路，由于空气中含有病原微生物和灰尘等有害物质，可以直接或间接导致肉品污染。此外，一些经营者随意将猪头、胴体以及其他肉品摆放在不洁净的水泥地、帆布和塑料布上，或者缺乏防尘和防蝇设施，都可能造成二次污染，导致运输和销售过程中的微生物数量升高。

1.3　微生物污染对肉品的危害

由于产业链中一系列环节的复杂性，肉品几乎不可避免地会受到各类微生物的污染。微生物污染不仅会降低肉品的营养价值和感官品质，还会影响其安全。

1.3.1　对肉品营养成分的影响

肉类受到微生物污染后，各种营养物质会发生分解，主要包括以下三类：

（1）碳水化合物的分解

肉品中的碳水化合物在微生物、动物组织中的各种酶及其他因素的作用下，能够发生水解反应并形成醛、酮和羧酸等产物，同时使肉品带有这些产物特有的气味。

（2）蛋白质和氨基酸的分解

在芽孢杆菌属、梭菌属、假单胞菌属等分泌的蛋白酶和肽链内切酶的作用下，肉品中的蛋白质首先分解为多肽和氨基酸。随后，氨基酸进一步分解形成相应的胺类、挥发性含硫化合物和有机酸类，使肉品表现出腐败特征。其中，胺类（如氨、伯胺、仲胺和叔胺等）是具有挥发性的碱性含氮化合物，而含硫氨基酸可分解产生硫化氢、乙硫醇等，均会给肉品带来特异的臭味。

（3）脂肪和脂肪酸的分解

在微生物或肉类组织中的脂酶作用下，肉品的中性脂肪会被分解形成甘油和脂肪酸。脂肪酸会进一步断裂形成具有不愉快味道的酮类或酮酸，也可分解成具有特异臭味的醛类和醛酸，从而产生"哈喇味"。此外，不饱和脂肪酸还可形成过氧化物，有助于促进一系列降解反应的发生，导致多种挥发性化合物形成。具有分解脂肪能力的细菌主要包括荧光假单胞菌、黄杆菌属、无色杆菌属和产碱杆菌属等。能够分解脂肪的霉菌主要包括黄曲霉、黑曲霉和灰绿青霉等。

1.3.2　对肉品感官品质的影响

肉品中只有最初存在的少数微生物被称为特定腐败菌，导致羊肉变质的特定腐败菌主要包括假单胞菌属、希瓦氏菌属、环丝菌属和梭菌属，导致干制牛肉变质的主要是肠杆菌科和假单胞菌属。冷藏猪肉的变质主要源于假单胞菌属和环丝菌属，室温下猪肉的变质主要源于不动杆菌属、库特氏菌属和香味菌属（*Myroides*）。另外，假单胞菌属、气单胞菌属和沙雷氏菌属可引起禽肉的变质，其中假单胞菌属主要包括荧光假单胞菌（*P. fluorescens*）、铜绿假单胞菌（*P. aeruginosa*）和脆弱假单胞菌（*P. fragilis*）等。表 1-4 列举了肉品中常见的特定腐败菌对感官品质的影响。

表 1-4　特定腐败菌对肉品感官品质的影响

畜禽肉	微生物	常见腐败特征
畜肉	热死环丝菌（*B. thermosphacta*）	黏液，酸味/奶酪味
	梭菌属（*Clostridium*）	产气，胀包
	肠杆菌科（*Enterobacteriaceae*）	黏液，硫味/腐味，干酪味，变色
	乳酸菌（LAB）	黏液，酸味/奶酪味，肉暴露在空气中会变绿
	乳杆菌属（*Lactobacillus*）	黏液
	明串珠菌属（*Leuconostoc*）	黏液，产气，变色
	假单胞菌属（*Pseudomonas*）	黏液，硫味/腐味，变色
	沙雷氏菌属（*Serratia*）	变色
	魏斯氏菌属（*Weissella*）	黏液，变色
禽肉	不动杆菌属（*Acinetobacter*）	形成菌膜
	气单胞菌属（*Aeromonas*）	形成菌膜
	环丝菌属（*Brochothrix*）	变色

畜禽肉	微生物	常见腐败特征
禽肉	肠球菌属（*Enterococcus*）	变色
	假单胞菌属（*Pseudomonas*）	黏液，肉质变软
	希瓦氏菌属（*Shewanella*）	变色
	葡萄球菌属（*Staphylococcus*）	产酸

在污染微生物分解肉品中的营养成分时，形成的代谢物也会对产品的质地、风味和色泽等感官特征产生负面影响。

（1）质地变化

微生物在肉品表面大量繁殖时，会产生黏液状物质，这是微生物繁殖形成的菌落或微生物代谢物，将其拉起时如丝状并伴有强烈的臭味。肉类在低温有氧贮藏（0~5℃）时，一般于5~10天后会出现发黏、拉丝现象，此时表面的菌落数通常为 7 lg CFU/cm^2。这些黏液物质主要由假单胞菌等革兰氏阴性菌和热死环丝菌、乳酸菌等革兰氏阳性菌所产生。例如，铜绿假单胞菌分泌的细胞外酶对成肌纤维蛋白具有很强的分解能力，有助于渗透到禽肉中获取新的营养成分，从而形成黏液并使肉质变软。

（2）风味变化

被微生物污染的肉品在发生腐败时会产生挥发性物质，主要包括有机酸、挥发性脂肪酸、酯类、硫化物、酮类、醛类、醇类和氨等，会使肉类产生异味。例如，挥发性脂肪酸和酮类物质通常赋予肉类脂肪味及奶臭味；己醛在低浓度时会产生青草味，但在较高浓度时则产生酸败味；某些醇类和酯类可产生霉味及花果味；硫化物和氨可产生蔬菜味及腐臭味。一般而言，当肉品表面的菌落数达到 7 lg CFU/cm^2 时会出现腐败味，达到 8 lg CFU/cm^2 时会产生脂肪味、奶臭味和黄油味等腐败气味，而达到 9 lg CFU/cm^2 时会出现水果的酸腐味。

（3）色泽变化

在有氧贮藏条件下，微生物的大量繁殖会使肉品表面的氧气分压降低，紫红色的肌红蛋白转变为棕褐色的高铁肌红蛋白，从而导致肉色变暗。另外，假单胞菌属、明串珠菌属、魏斯氏菌属、肠球菌属、环丝菌属、希瓦氏菌属等微生物可分解蛋白质产生硫化物，这些硫化物能与肉品中的肌红蛋白结合形成暗绿色的硫代肌红蛋白，从而导致肉色绿变。

事实上，肉类及肉制品在受到微生物污染后，往往呈现出感官品质的综合变化。例如，丁珊珊等将绿色魏斯氏菌（*W. viridescens*）接种于火腿上，进行真空包装后于4℃贮藏。结果表明，贮藏9天时火腿的气味发生显著劣变，14天时色泽和质地出现显著劣变，在 21 天时达到完全腐败的状态，而对照组火腿的感官品质在储藏期间未发生显著变化。另外，在贮藏期间，火腿中的酪胺含量增加，风味物质（酸类、酯类和酮类等）相对含量减少，可能是由于绿色魏斯氏菌利用火腿中的营养物质产生了乙酸、乳酸乙酯、2-乙基-3-羟基-4-吡喃酮和二氧化碳等物质，导致产品快速腐败变质。

1.3.3 对肉品安全性的影响

（1）引发食源性疾病

根据国家食源性疾病监测系统收集的数据和相关数据库信息，Zhao 等汇总并分析了 2002—2017 年我国与肉类和肉品相关的食源性疾病暴发的流行病学特征（表1-5）。在此期间，我国报告了 2815 起与肉类和肉制品有关的食源性疾病暴发事件，共导致 52122 人患病，25361 人住院，96 人死亡。

调查显示，造成食源性疾病暴发的主要肉类包括家畜肉（28.67%）、家禽肉（21.31%）、预制肉品（18.72%）和熟肉制品（12.36%）。畜禽肉类引起的食源性疾病以猪肉、牛肉、羊肉和鸡肉为主。此外，肉品的细菌污染是食源性疾病暴发的主要原因（占 51.94%），沙门氏菌、副溶血弧菌和金黄色葡萄球菌等是导致人员患病及住院的主要食源性致病菌，而肉毒杆菌是导致人员死亡的主要食源性致病菌。据统计，由真菌和病毒造成的食源性疾病暴发率较低，分别为 0.07% 和 0.21%。

表 1-5　2002—2017 年我国与肉类及其产品相关的食源性疾病统计信息

致病源		暴发		患病		住院		死亡	
		数量/件	比例/%	数量/人	比例/%	数量/人	比例/%	数量/人	比例/%
致病肉类	猪肉	393	13.96	7415	14.23	3658	14.42	5	5.21
	牛肉	210	7.46	3737	7.17	1863	7.35	16	16.67
	羊肉	120	4.26	942	1.81	427	1.68	13	13.54
	驴肉	38	1.35	411	0.79	215	0.85	2	2.08
	狗肉	28	0.99	264	0.51	172	0.68	2	2.08
	兔肉	6	0.21	228	0.44	89	0.35	0	0.00
	其他	12	0.43	342	0.66	49	0.19	1	1.04
家畜肉总计		807	28.67	13339	25.59	6473	25.52	39	40.63

续表

致病源		暴发		患病		住院		死亡	
		数量/件	比例/%	数量/人	比例/%	数量/人	比例/%	数量/人	比例/%
致病肉类	鸡肉	407	14.46	7129	13.68	3056	12.06	6	6.25
	鸭肉	164	5.83	2656	5.10	1063	4.19	2	2.08
	鹅肉	23	0.82	326	0.63	127	0.50	1	1.04
	其他	6	0.21	105	0.20	27	0.11	0	0.00
	家禽肉总计	600	21.31	10216	19.60	4273	16.85	9	9.38
	预制肉品	527	18.72	10587	20.31	4697	18.52	24	25.00
	熟肉制品	348	12.36	6664	12.79	3625	14.29	5	5.21
	动物内脏或甲状腺	112	3.98	1701	3.26	783	3.09	5	5.21
	野味肉	9	0.32	49	0.09	18	0.07	0	0.00
	其他	412	14.64	9566	18.35	5492	21.66	14	14.58
	总计	2815	100.00	52122	100.00	25361	100.00	96	100.00
致病因子	沙门氏菌	420	14.92	13374	25.66	7641	30.13	8	8.33
	副溶血弧菌	240	8.53	5953	11.42	2380	9.38	0	0
	金黄色葡萄球菌	206	7.32	3612	6.93	1412	5.57	2	2.08
	变形杆菌	156	5.54	4718	9.05	2113	8.33	1	1.04
	大肠杆菌	87	3.09	2500	4.80	1286	5.07	2	2.08
	蜡样芽孢杆菌	49	1.74	1088	2.09	484	1.91	0	0
	肉毒杆菌	25	0.89	110	0.21	72	0.28	33	34.38
	志贺氏菌	19	0.67	717	1.38	407	1.60	0	0
	肠球菌	7	0.25	649	1.25	549	2.16	0	0
	产气荚膜梭菌	5	0.18	117	0.22	6	0.02	0	0
	嗜水气单胞菌	4	0.14	171	0.33	123	0.48	0	0
	超过两种致病菌	31	1.10	829	1.59	314	1.24	0	0
	其他	213	7.57	4743	9.10	2250	8.87	3	3.13
	细菌总计	1462	51.94	38581	74.02	19037	75.06	49	51.04

续表

致病源		暴发		患病		住院		死亡	
		数量/件	比例/%	数量/人	比例/%	数量/人	比例/%	数量/人	比例/%
致病因子	真菌	2	0.07	76	0.15	0	0	0	0
	病毒	6	0.21	247	0.47	17	0.07	0	0
	化学制剂	387	13.75	3826	7.34	2384	9.40	27	28.13
	动植物毒素	47	1.67	567	1.09	380	1.50	14	14.58
	其他	911	32.36	8825	16.93	3543	13.97	6	6.25
	总计	2815	100.00	52122	100.00	25361	100.00	96	100.00

（2）产生有害化合物

生物胺是一类具有生物活性的小分子含氮有机化合物，主要由氨基酸脱羧而成。肉制品（尤其是发酵肉制品、干腌肉制品、酱卤肉制品等）中的蛋白质在加工、贮藏过程中可水解形成游离氨基酸，在某些微生物分泌的氨基酸脱羧酶作用下脱羧形成相应的生物胺。生物胺适量时可以维持正常的生理功能，而过量时则会对人体心脏和中枢神经系统等造成损害。其中，组胺毒性最大，过量组胺引起神经性中毒；酪胺毒性次之，过量引起头痛、高血压等；尸胺和腐胺自身毒性小，但能抑制代谢酶活性，加重人体的不适症状。目前，国外一些机构已相继出台食品中生物胺的限量标准（表1-6），我国暂未制定肉品中生物胺限量标准。

表1-6 不同国家机构/组织关于肉品中生物胺限量

国际机构/组织	生物胺种类	限量/（mg/kg）
美国食品药品监督管理局	组胺	50
	生物胺总量	1000
欧盟	组胺	100
	酪胺	100~800
	β-苯乙胺	30
荷兰乳品协会	组胺	100~200

原料肉及肉制品中的生物胺与微生物污染密切相关，乳酸菌、肠杆菌、假单胞菌等是肉类中生物胺的主要产生菌。徐晔等以发酵牛肉香肠为对象，研究了加工过程中不同污染程度的原料肉生物胺含量的变化规律。结果表明，随着原料肉

污染程度的升高，产品中微生物数量和生物胺含量均呈上升趋势，其中有轻度污染牛肉制作的发酵香肠中菌落总数和总生物胺含量最高分别为 $3.24×10^7$ CFU/g 和 118.82 mg/kg，而重度污染组分别为 $2.48×10^8$ CFU/g 和 182.32 mg/kg。

1.4　肉品微生物污染的控制

为了减少微生物污染造成的肉品变质与召回情况，需要在产业链的关键环节中遵循相应标准和良好生产规范来控制微生物水平，并且需要开发和应用新型高效的杀菌保鲜技术来保证肉品质量安全。

1.4.1　微生物污染的预防

在产业链的各个环节尤其是屠宰分割过程中，可以通过保持规范的操作和良好的卫生条件来降低微生物污染的发生率。雷元华等对畜禽屠宰加工中的关键环节进行了调研，其中预防微生物污染的主要措施见表1-7，如严格控制温度和时间、及时对刀具和从业人员的手部进行消毒、保持良好的车间卫生等。采取这些措施可使畜肉的菌群总数下降至最初的 1/10~1/5，从而维持产品新鲜的外观，并延缓了腐败。

表1-7　畜禽屠宰加工关键环节中微生物污染的原因及预防措施

畜禽	关键环节	污染原因	预防措施
畜类	厂房建址	厂房建址靠近污染源	屠宰厂应远离居民区，不得靠近并影响城市水源，位于城市居住区夏季主导风向下风侧，至少间隔500 m，远离污染源，周围环境清洁卫生；交通便捷，水源充足，有污水排放和净化途径
	验收、候宰	畜类携带致病微生物和寄生虫；抗生素、瘦肉精等有毒有害物质含量未达标	对采购的原料畜类进行严格检疫，对抗生素、瘦肉精等物质进行抽检
	宰前冲淋	体表未冲洗掉的微生物会污染整个屠宰分割工序	控制淋浴动物数量、淋浴水温和时间，一般来说，夏天控制在30℃，冬天控制在38℃。淋浴时间控制在5 min左右，至体表面污物清除干净为止
	屠宰放血	切断食管、气管、血管时，被细菌污染的刀具会使微生物侵入胴体；放血不净会影响肉色；食管不结扎，胃内容物外溢造成污染	刀具使用前要严格遵守食品卫生标准操作程序（sanitation standard operation procedures，SSOP）消毒处理，并且刀具需宰杀一次，消毒一次；结扎食管；宰杀环境应避免令动物紧张而造成放血不充分

畜禽	关键环节	污染原因	预防措施
畜类	冲洗血脖	水质不符合要求, 溅起的水引起交叉污染	抽检水质, 将冲洗畜类与其他畜类隔离
	烫毛、打毛、褪毛	打毛机、蒸汽隧道清洗不干净, 微生物容易污染猪体; 肉皮损伤或褪毛不净而造成污染	烫毛隧道内温度保持在60℃左右; 生产结束后清洗打毛机和烫毛隧道, 并用80℃清水消毒; 褪毛工具消毒, 培训操作员
	剥皮	牛羊剥皮时操作不当, 毛皮表面污染物和残毛造成胴体污染; 未消毒的刀具和员工的手上存在大量微生物, 污染胴体	对剥皮处进行冲淋, 以冲掉残毛和减少微生物; 剥皮刀具及员工手要定时消毒, 每处理一头动物后消毒一次
	去头、蹄、尾、生殖器	员工手及刀具未按时消毒, 微生物污染胴体; 因刀具长期使用不锋利, 造成残屑污染胴体; 生殖器结扎不牢, 内容物溢出污染胴体	去头前先冲洗颈部, 使切口处减少残毛、血污; 严格按照SSOP消毒处理, 每处理一头动物后, 刀具及手消毒一次; 刀锯及时检修、更换; 生殖器官必须结扎牢固
	扎食管、扎肛门	结扎不当, 胃内容物回流, 肠道内容物污染胴体	员工要操作认真、熟练, 检查人员随时纠正错误
	开膛去内脏	开膛时划破内脏, 导致肠道内容物、胆汁、致病菌等污染胴体, 随后的清洗工作难以去除; 员工手臂、刀具对胴体造成污染	员工严格执行操作程序, 刀尖朝外避免划破内脏; 每处理一头动物, 员工手臂要清洗消毒, 刀具用82℃以上热水消毒
	胴体劈半	劈半锯偏离中心使二分体不均等, 导致其他部位肉损伤; 劈半锯清洗、消毒不及时会滋生大量微生物而污染胴体; 劈半锯生锈污染胴体	员工操作要熟练、仔细, 避免劈半锯偏离胴体中心; 工作前要用82℃清水冲洗劈半锯, 工作后要对劈半锯清洗、消毒、避免生锈
	宰后检验	可能存在宰前临床病症不明显的病畜	由SSOP控制刀具引起的交叉污染; 检出病畜做无害化处理; 对生产线进行消毒; 被污染的产品隔离销毁
	胴体修整	不洁净的刀具、镊子等污染胴体; 去除胃脏、腰油时溅落地面, 造成胴体及环境污染; 胴体上的污物修整不净, 冲洗时会遍布全身, 导致污染更难控制; 去除膈肌、腺体时刀具使用不当, 易刺破部位肉, 导致刀具上的微生物污染胴体	刀具、镊子、围裙要定期清洗消毒; 剥除腰油时要耐心仔细; 对胴体上的可见污物要修整彻底, 员工操作要仔细

畜禽	关键环节	污染原因	预防措施
畜类	换钩	因缺少清洗消毒，钩子上的微生物污染了接触部位的肉	定期对钩子进行清洗消毒
	胴体冲淋	未将前序遗留的污物冲洗干净，如残留的牛羊毛、血污等污染胴体	通体冲刷，必要时用硬尼龙毛刷或竹毛刷进行辅助刷洗
	预冷	预冷温度高、时间长、湿度大导致微生物繁殖加快；预冷间消毒不彻底，空气中微生物含量高，污染胴体	严格控制预冷间温度、湿度，并调整胴体距离
	冷却排酸	冷却处理不当则微生物繁殖加快，相对湿度过低则胴体失重，风速过大则胴体干耗	清洗后立即冷却，严格控制排酸间温度（0~4℃）、相对湿度和风速。操作者每日记录两次，上下班各一次
	剔骨分割	工人的手没有及时冲洗和消毒，分割工人手污染最为严重时，每只手菌落总数高达 1.3×10^6 CFU；分割修整时防止尖刀断裂及肉中残存碎骨；与肉接触的工作台、案板、刀和传送带不洁会污染肉，分割间温度过高、处理时间过长	工人定时洗手消毒和更换手套；经常对刀具进行检修、更换；与肉接触的器具、手套、案板、刀具等每 1 h 消毒一次；分割间温度<12℃、胴体分割时间<1 h。每天对操作用具的洁净度、完整性严格检查，后道产品过金属探测机
	乳酸冲洗	采取喷淋减菌措施时，乳酸浓度及冲洗时间不足	培训操作员
	一次包装	包装车间卫生状况不佳、包装袋破损会造成二次污染；操作不当致使肉品血水增多；员工手对产品的污染；包装车间温度过高、时间过长	保持良好的包装车间卫生状况；严格按照工艺参数对肉类进行包装；操作者手应保持干净清洁；包装车间温度<12℃、时间<1 h
	二次包装	翻扣速冻盒时野蛮操作，致使胀破包装纸箱	员工要轻拿轻放，动作要规范
	冷藏	冷藏时间、温度控制不当，可导致微生物滋生、影响肉品	严格控制时间、温度，冷库维持在0~4℃
	运输	运输车厢温度高、卫生条件差等都可引起污染	冷藏车内温度在0~4℃，严格使用食品用包装材料
	销售	存储温度不合格、卫生条件恶劣等都可引起污染	严格控制销售冷藏温度，严格按照销售卫生规范标准进行

续表

畜禽	关键环节	污染原因	预防措施
禽类	屠宰车间	在班前、班后及生产过程中，车间的地面、墙壁、屋顶、生产设备及器具等清洗消毒不彻底留下卫生死角。血污、粪污、油污等是微生物良好的培养基，在适宜的温度条件下，微生物会大量繁殖。禽类被倒挂于铁钩上，倒挂后的禽类会用力挣扎并拍打翅膀造成灰尘散布，将禽类自身携带的微生物散布于空气中	保持屠宰车间的清洁是避免微生物污染的有力措施。每天要用紫外线灯照射或采用臭氧消毒。另外，各车间的布局要合理，既要相互联系又要相互隔离，要按照原料→半成品→成品的顺序流水作业，不能相互接触或逆行操作，以免交叉污染
	毛鸡验收	在运输过程中，羽毛、鸡皮、鸡爪、消化道和粪便中都不同程度地携带某些微生物，粪便与泥土可附着在羽毛上带入屠宰场，若毛鸡进厂未经严格检疫，混入的病、残、弱的鸡带有一些致病菌，可成为微生物污染源	捉鸡及卸车时应力度适中，避免因淤血、出血等现象造成的胴体表面微生物污染
	宰杀	刺杀放血的刀具使用前后清洗消毒不彻底，微生物污染程度与放血方式和刀口大小有关	屠宰前严格清洗可有效降低病原体的出现频率和胴体的污染程度
	浸烫和拔毛	烫毛水的雾气和打毛机扬起的灰尘、绒毛等可使空气中的微生物数量相对较高。清膛工序后，禽类内脏携带的微生物成为主要污染源，并且操作过程中可能与加工环境、主要接触面等形成交叉污染。肉鸡浸烫时，体表的粪便、泥土等直接进入烫池中，烫池水未经及时补充更新，导致体表微生物剧增。烫池污水也会通过放血刀口污染肌肉及内脏	用流动水冲洗或增加水循环次数
	净膛	经过脱毛工序后，胴体在摘嗉及净膛过程中，若操作不当会将肠胃刺破，致使胃肠内微生物污染胴体腹腔与体表。若被污染的刀具、容器未经及时彻底清洗消毒，将会污染更多的胴体与内脏	对掏内脏的器具及清膛工人的手部卫生进行严格控制

畜禽	关键环节	污染原因	预防措施
禽类	预冷	嗜冷腐败菌经常定植在预冷水槽和冷却用冰上，导致交叉污染	根据检测结果选择合适的消毒剂类别和浓度，验证预冷水的置换时间，并定期清洗预冷池，避免预冷池对禽肉胴体造成间接污染
	分割包装	在分割整形工序中，胴体反复接触加工器具、案板以及工人的手等污染源，若消毒不够彻底，胴体表面的菌落总数会比较高，造成产品装袋前的交叉污染。分割车间鸡腿、鸡翅、鸡架传送带及案板的金黄色葡萄球菌污染较严重	对副产车间分级台面、分割车间扣油工人的手及翅胸分离的案板进行控制

除在上述环节中采取预防措施之外，还须注意以下方面来控制微生物污染：

第一，根据各区域设备功能及洁净度的不同来调整消毒方式，如紫外线和臭氧的使用，同时应注意消毒的操作规范。

第二，加强工作人员的卫生意识，进行定期培训并做记录；针对操作人员出现的意外情况（如外伤），根据严重程度进行处理，伤口较小的可清洗、包扎加戴乳胶手套后重新上岗，伤口较重的经处理后须调离原岗位，不得接触肉品；除了定期健康检查外，屠宰企业安排卫生检查员每天对进车间员工的健康状况进行检查。

第三，注意屠宰操作程序要求，如冲淋时控制水压和水温；去内脏时不允许碰坏红腔的任何部位，避免染病脏器污染胴体和病菌传播；胴体修整所用的刀具、镊子、围裙要定期清洗消毒；禽类浸烫的水温和时间根据企业需要进行规定，且在浸烫过程中须保持适当的溢流量以保证水的清洁度和防止交叉污染。

第四，要求条件好的大型农贸市场和超市必须坚持每周消毒一次；要求批发市场、露天市场和农村集市每天消毒一次；可用次氯酸钠或0.5%过氧乙酸消毒液；夏季在露天市场经营肉品的业户要配备防尘防蝇设施。

1.4.2 肉品杀菌保鲜技术

食品工业中常用传统热处理和非热杀菌技术来净化肉制品。其中，传统热处理主要是通过热效应杀灭微生物和使酶失活。该技术的处理强度较大，可使肉品具有较长保质期，但是较高的处理温度会破坏营养成分并产生异味，且能耗大、处理时间较长。非热杀菌技术是通过非热效应使细胞损伤、胞内物质外泄，造成细胞结构产生可逆或不可逆破坏，从而杀灭微生物。非热杀菌技术可最大限度地保持肉品品质，具有处理时间短、效率高、低能耗等优点，但是操作过程中的变量难以控制，并且设备昂贵、投资成本较高。目前，多种杀菌保鲜技术已被广泛应用于肉品行业中（表 1-8），主要包括生物保鲜剂、电离辐射、超高压、脉冲电场、脉冲强光、超声波、微波、欧姆加热和射频技术等。为了更好地保证微生物安全性和延长肉品保质期，可将这些技术相互结合，也可与传统手段相结合。

表 1-8　肉品保鲜技术

保鲜技术	具体措施
低温保鲜	冷却、冷冻、过冷
化学防腐剂和生物保鲜	氯化钠、亚硝酸盐、亚硫酸盐、乳酸、抗坏血酸、苯甲酸、山梨酸、乳铁蛋白、二氧化碳、臭氧、植物精油、低聚糖、乳酸链球菌素、溶菌酶
包装保鲜	真空包装、气调包装、活性包装、抗菌包装、静电纺丝纳米纤维薄膜包装
电场技术	电离辐射、高压静电场、冷等离子体
栅栏技术	温度、水分活度、pH、氧化还原电位、压力、化学防腐剂和竞争性微生物（乳酸菌）等技术之间的不同组合

1.5　结论与展望

1.5.1　结论

肉品营养丰富且水分活度较高，在屠宰、加工等各个环节中都存在被微生物污染的风险，不仅导致产品营养价值和感官品质下降，严重时更会危及消费者健康和损害生产者经济利益。因此，对肉品的质量控制应贯穿从农场到餐桌的整个链条，包括严格把关原辅料质量、环境卫生条件以及人员操作规范等。同时，结合后期冷链、保鲜剂、包装和电场技术等一系列措施，能够将微生物控制在适当的水平，从而延缓肉品腐败变质、保证质量稳定性和食用品质。

1.5.2　展望

目前，我国在肉品微生物污染防控工作上已取得较多成效，但肉品加工和流通过程中的质量监督和风险监测体系仍待完善。此外，肉品杀菌保鲜技术常存在操作变量难以控制等问题，无法达到便捷高效的保鲜效果。因此，研究人员后续还需围绕肉品新型保鲜技术的开发应用、保鲜效果、抑菌机理和经济成本等方面进行深入研究，为肉品加工保鲜领域的发展提供理论依据。

参考文献

［1］ Sun T, Liu Y, Qin X, et al. The prevalence and epidemiology of *Salmonella* in retail raw poultry meat in China：A systematic review and meta-analysis ［J］. Foods, 2021, 10 (11)：2757.

［2］ 向显玉, 黄静, 刘爱平, 等. 即食干发酵香肠生产过程中干预措施对沙门氏菌的影响及其应激机制研究进展 ［J］. 食品科学, 2022, 43 (5)：275-285.

［3］ Yang X, Wu Q, Zhang J, et al. Prevalence bacterial load, and antimicrobial resistance of *Salmonella* serovars isolated from retail meat and meat products in China ［J］. Frontiers in Microbiology, 2019, 10：2121.

［4］ Thwala T, Madoroba E, Basson A, et al. Prevalence and characteristics of *Staphylococcus aureus* associated with meat and meat products in African countries：A review ［J］. Antibiotics, 2021, 10 (9)：1108.

［5］ Howden B P, Giulieri S G, Lung T W F, et al. *Staphylococcus aureus* host interactions and adaptation ［J］. Nature Reviews Microbiology, 2023, 21 (6)：380-395.

［6］ 阮雁春. 肉制品微生物检测中金黄色葡萄球菌监测数据分析 ［J］. 食品安全质量检测学报, 2020, 11 (21)：8041-8046.

［7］ Wu S, Huang J, Wu Q, et al. *Staphylococcus aureus* isolated from retail meat and meat products in China：Incidence, antibiotic resistance and genetic diversity ［J］. Frontiers in Microbiology, 2018, 9：2767.

［8］ Rahimi E, Shirazi F, Khamesipour F. Isolation and study of the antibiotic resistance properties of *Shigella* species in meat and meat products ［J］. Journal of Food Processing and Preservation, 2017, 41 (3)：e12947.

［9］ 张若煜, 董鹏程, 朱立贤, 等. 生鲜肉中假单胞菌致腐机制的研究进展 ［J］. 食品科学, 2020, 41 (17)：291-297.

［10］ Odeyemi O A, Alegbeleye O O, Strateva M, et al. Understanding spoilage microbial community and spoilage mechanisms in foods of animal origin ［J］. Comprehensive Reviews in Food Science and Food Safety, 2020, 19 (2)：311-331.

［11］ Palevich N, Palevich F P, Gardner A, et al. Genome collection of *Shewanella* spp. isolated from spoiled lamb ［J］. Frontiers in Microbiology, 2022, 13：976152.

［12］ Bahlinger E, Dorn-In S, Beindorf P-M, et al. Development of two specific multiplex qPCRs to determine amounts of *Pseudomonas*, *Enterobacteriaceae*, *Brochothrix thermosphacta* and *Staphylococcus* in meat and heat-treated meat products ［J］. International Journal of Food Microbiology, 2021, 337: 108932.

［13］ 张园园, 周聪, 郭依萍, 等. 肉及肉制品中单核细胞增生李斯特菌交叉污染的研究进展 ［J］. 食品科学, 2022, 43 (11): 293-300.

［14］ Saraoui T, Leroi F, Björkroth J, et al. *Lactococcus piscium*: apsychrotrophic lactic acid bacterium with bioprotective or spoilage activity in food – A review ［J］. Journal of Applied Microbiology, 2016, 121 (4): 907-918.

［15］ Hernández A, Pérez-Nevado F, Ruiz-Moyano S, et al. Spoilage yeasts: What are the sources of contamination of foods and beverages? ［J］. International Journal of Food Microbiology, 2018, 286: 98-110.

［16］ Nielsen D S, Jacobsen T, Jespersen L, et al. Occurrence and growth of yeasts in processed meat products-Implications for potential spoilage ［J］. Meat Science, 2008, 80: 919-926.

［17］ Monu E A, Techathuvanan C, Wallis A, et al. Plant essential oils and components on growth of spoilage yeasts in microbiological media and a model salad dressing ［J］. Food Control, 2016, 65: 73-77.

［18］ Kabisch J, Erl-Höning C, Wenning M, et al. Spoilage of vacuum-packed beef by the yeast *Kazachstania psychrophila* ［J］. Food Microbiology, 2016, 53: 15-23.

［19］ 饶瑜, 常伟, 唐洁, 等. 食品中腐败酵母的研究进展 ［J］. 食品与发酵科技, 2013, 49 (4): 61-64.

［20］ Nasser L A. Molecular identification of isolated fungi, microbial and heavy metal contamination of canned meat products sold in Riyadh, Saudi Arabia ［J］. Saudi Journal of Biological Sciences, 2015, 22 (5): 513-520.

［21］ Montanha F P, Anater A, Burchard J F, et al. Mycotoxins in dry-cured meats: A review ［J］. Food and Chemical Toxicology, 2018, 111: 494-502.

［22］ Iacumin L, Osualdini M, Bovolenta S, et al. Microbial, chemico-physical and volatile aromatic compounds characterization of *Pitina* PGI, a peculiar sausage-like product of North East Italy ［J］. Meat Science, 2020, 163: 108081.

［23］ Alía A, Andrade M J, Rodríguez A, et al. Identification and control of moulds responsible for black spot spoilage in dry-cured ham ［J］. Meat Science, 2016, 122: 16-24.

[24] Iacumin L, Manzano M, Panseri S, et al. A new cause of spoilage in goose sausages [J]. Food Microbiology, 2016, 58: 56-62.

[25] Lešić T, Zadravec M, Zdolec N, et al. Mycobiota and mycotoxin contamination of traditional and industrial dry-fermented sausage *Kulen* [J]. Toxins, 2021, 13: 798.

[26] Magistà D, Susca A, Ferrara M, et al. *Penicillium* species: Crossroad between quality and safety of cured meat production [J]. Current Opinion in Food Science, 2017, 17: 36-40.

[27] Stefanello A, Gasperini A M, Copetti M V. Ecophysiology of OTA-producing fungi and its relevance in cured meat products [J]. Current Opinion in Food Science, 2022, 45: 100838.

[28] Franciosa I, Coton M, Ferrocino I, et al. Mycobiota dynamics and mycotoxin detection in PGI Salame Piemonte [J]. Journal of Applied Microbiology, 2021, 131: 2336-2350.

[29] Perši N, Pleadin J, Kovačević D, et al. Ochratoxin A in raw materials and cooked meat products made from OTA-treated pigs [J]. Meat Science, 2014, 96: 203-210.

[30] Lešić T, Vulić A, Vahčić N, et al. The occurrence of five unregulated mycotoxins most important for traditional dry-cured meat products [J]. Toxins, 2022, 14: 476.

[31] Peromingo B, Sulyok M, Lemmens M, et al. Diffusion of mycotoxins and secondary metabolites in dry-cured meat products [J]. Food Control, 2019, 101: 144-150.

[32] Li T-C, Chijiwa K, Sera N, et al. Hepatitis E virus transmission from wild boar meat [J]. Emerging Infectious Diseases, 2005, 11 (12): 1958-1960.

[33] Markantonis N, Vasickova P, Kubankova M, et al. Detection of foodborne viruses in ready-to-eat meat products and meat processing plants [J]. Journal of Food Safety, 2018, 38 (2): e12436.

[34] Moor D, Liniger M, Baumgartner A, et al. Screening of ready-to-rat meat products for hepatitis E virus in Switzerland [J]. Food and Environmental Virology, 2018, 10: 263-271.

[35] Soares V M, Dos Santos E A R, Tadielo L E, et al. Detection of adenovirus, rotavirus, and hepatitis E virus in meat cuts marketed in Uruguaiana, Rio Grande do Sul, Brazil [J]. One Health, 2022, 14: 100377.

［36］ Wu J Y, Lau E H Y, Lu M L, et al. An occupational risk of hepatitis E virus infection in the workers along the meat supply chains in Guangzhou, China ［J］. One Health, 2022, 14：100376.

［37］ Doulgeraki A I, Ercolini D, Villani F, et al. Spoilage microbiota associated to the storage of raw meat in different conditions ［J］. International Journal of Food Microbiology, 2012, 157：130-141.

［38］ Bakhtiary F, Sayevand H R, Remely M, et al. Evaluation of bacterial contamination sources in meat production line ［J］. Journal of Food Quality, 2016, 39 （6）：750-756.

［39］ 雷元华, 孙宝忠, 谢鹏, 等. 畜禽屠宰微生物污染控制技术现状 ［J］. 食品安全质量检测学报, 2019, 10 （24）：8531-8538.

［40］ Rouger A, Tresse O, Zagorec M. Bacterial contaminants of poultry meat：Sources, species, and dynamics ［J］. Microorganisms, 2017, 5 （3）：50.

［41］ 丁珊珊, 蔡淑珍, 韩衍青, 等. 绿色魏斯氏菌对真空包装低温火腿的致腐效应研究 ［J］. 南京农业大学学报, 2020, 43 （1）：164-171.

［42］ Xu M M, Kaur M, Pillidge C J, et al. Microbial biopreservatives for controlling the spoilage of beef and lamb meat：Their application and effects on meat quality ［J］. Critical Reviews in Food Science and Nutrition, 2022, 62 （17）：4571-4592.

［43］ Zhu Y, Wang W, Li M, et al. Microbial diversity of meat products under spoilage and its controlling approaches ［J］. Frontiers in Nutrition, 2022, 9：1078201.

［44］ Zhao J, Cheng H, Wang Z, et al. Attribution analysis of foodborne disease outbreaks related to meat and meat products in China, 2002-2017 ［J］. Foodborne Pathogens and Disease, 2022, 19 （12）：839-847.

［45］ 徐晔, 杨月, 王艺伦, 等. 原料肉污染程度对发酵牛肉香肠中微生物、生物胺及含氮化合物的影响 ［J］. 四川农业大学学报, 2020, 38 （4）：484-492.

［46］ Saucier L. Microbial spoilage, quality and safety within the context of meat sustainability ［J］. Meat Science, 2016, 120：78-84.

［47］ Echegaray N, Yegin S, Kumar M, et al. Application of oligosaccharides in meat processing and preservation ［J］. Critical Reviews in Food Science and Nutrition, 2022, 62 （10）：1-12.

［48］ Nasiru M M, Frimpong E B, Muhammad U, et al. Dielectric barrier discharge cold atmospheric plasma：Influence of processing parameters on microbial inactivation in meat and meat products ［J］. Comprehensive Reviews in Food Science and Food Safety, 2021, 20 (3): 2626-2659.

[49] Ravensdale J T, Coorey R, Dykes G A. Integration of emerging biomedical tech-
    nologies in meat processing to improve meat safety and quality [J]. Comprehen-
    sive Reviews in Food Science and Food Safety, 2018, 17 (3): 615-632.

第 2 章　超高压技术与肉品保鲜

超高压技术是一种新型非热加工技术，可高效灭活食品中的微生物，同时保持其色泽、风味、营养等品质，被广泛应用于食品保鲜和加工等领域。本章主要介绍了超高压技术的概念及原理、超高压装置、超高压对食品有害微生物的杀灭作用和机制，总结了超高压技术应用于肉品杀菌保鲜、品质改善等领域的国内外最新研究进展，并展望了今后的研究方向，旨在为超高压技术在肉品保鲜和加工中的应用提供参考。

2.1　超高压技术概述

超高压（high pressure，HP）通常是指不低于 100 MPa 的液压，产生与维持超高压的一系列技术称为超高压技术（high pressure processing，HPP）或高静压技术（high hydrostatic pressure processing，HHPP）。目前，超高压技术已广泛应用于肉制品、果蔬制品和乳制品等的加工与保鲜，并在一些产品领域初步实现了商业化应用。

食品超高压技术通常是在常温或较低温度下对密封在超高压容器的包装食品原料进行处理，其传压介质一般为水。食品物料在高压处理过程中体积被压缩，使其原有的生物高分子立体结构中的氢键、离子键和疏水键等非共价键发生变化，导致物料中蛋白质、酶类、淀粉等大分子物质变性、失活和糊化；其中微生物的核酸、多糖类、脂肪、细胞膜等结构会受到超高压剪切力的破坏，从而达到灭菌、物料改性等效果。超高压技术对霉菌、酵母和细菌都有较强的杀灭作用，在一定条件下还能使芽孢和病毒失活，从而有效降低食品安全风险。

作为一种新型的非热加工技术，超高压技术是一个物理过程，此过程不改变食品中糖、维生素、色素和风味物质等分子内的共价键。因此，相对于传统的热加工技术，超高压技术不仅能高效杀灭食品中的有害微生物，还可避免高温处理造成的食品品质、营养价值下降等问题，甚至可以调控食品质构，有十分广阔的应用前景（表2-1）。

表 2-1　食品超高压技术与传统杀菌技术的比较

优势	主要体现方面
加工迅速、能耗低	超高压杀菌技术不需向食品中加入化学物质，可在常温或更低温度下瞬间压缩，作用均匀、操作安全、能耗低，从原料到产品的生产周期短，提高了加工效率
高效杀菌、保持食品品质	超高压主要作用于非共价键，可以破坏微生物细胞中由非共价键构成的重要结构和物质，杀菌效果显著。其对食品中的风味物质、色素等各种小分子物质的天然结构影响较小，可有效保持食品原有的色、香、味等感官品质
改善食品感官特性	超高压会使食品组分间的美拉德反应速度减缓，多酚反应速度加快，改善传统热加工工艺所带来的色泽劣变等问题；食品的均匀性及黏度等特性对超高压较为敏感，可在较大程度上改变食品的感官特性
适用范围广、安全隐患低	超高压处理过程是一个物理过程，产品的安全水平高、对环境污染少，安全隐患低；超高压技术不仅被应用于各种食品的杀菌，而且广泛应用于动物蛋白和淀粉等食品组分的改性处理

2.1.1　食品超高压技术的基本原理

超高压处理食品通常遵循等静压（isostatic pressing）原理、勒夏特列（Le Chatelier）原理和微观有序原理（principle of microscopic ordering）。

（1）等静压原理

等静压原理也称为帕斯卡定律（Pascal's principle），是指施加在流体表面的压力可以瞬时均匀地传递到静止流体的各个位置。在超高压处理过程中，无论食品形状还是大小的差异，相同的压力都会从所有方向瞬时、均匀地施加在食品上，进而破坏其中的离子键、疏水键和氢键等非共价键。

（2）勒夏特列原理

压力使系统平衡向体积减小的方向转变，因此超高压处理会使食品物料成分发生的理化反应向着最大压缩状态的方向进行，反应速度常数 K 的增加或减小则取决于反应的"活性体积"的正负。超高压引起的体积改变使物质原子间的距离发生变化，进而影响与距离相关的非共价键，导致食品物料产生相变、分子构型变化和化学反应等。共价键由于原子间的距离极小，不能被进一步压缩，从而不受超高压作用的影响。

（3）微观有序原理

当温度一定时，物质内部分子的有序程度随着压力增加而增加，这是由于加压会抑制分子的旋转、振动和平动运动导致的。经超高压处理后，食品物料体积被压缩，形成高分子物质立体结构的氢键、离子键和疏水键等非共价键发生变化，抑制与食品物料中分子构象相关的反应。

2.1.2 超高压装置

超高压的产生是通过加压手段对密闭容器中的传压介质进行增压，通过传压介质将压力传递给被处理的物料。超高压装置一般由处理室（超高压容器）、压力发生系统、密封系统和控制系统等部分组成，其中超高压容器和压力发生系统是设备的主体部分，且超高压容器是整个设备的核心。通常超高压的工作压力保持在数百兆帕，仅依靠材料本身无法满足其强度要求，因此超高压容器常设计为多层结构的圆筒形，以提高承压能力并使结构轻型化。超高压装置按加压方式可分为以下两种（图 2-1）：

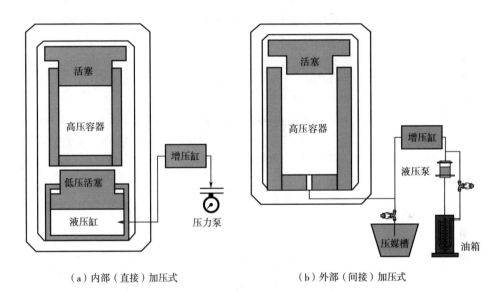

（a）内部（直接）加压式　　　　　　（b）外部（间接）加压式

图 2-1　超高压设备装置示意图

（1）内部（直接）加压式

内部加压式是以活塞直接加压或由液压装置推动活塞压缩高压容器内压媒产生高压。利用变径活塞将压力施加到传压介质上，加压泵通过传压介质将压力作用于活塞的大直径端，通过活塞的移动，在小直径端将压力传递给处理室内的传压介质。内部加压式可以分成分体式和一体式两种方式，前者的高压容器顶盖兼具活塞功能，后者的液压装置与高压容器经高压活塞连成一体。活塞和处理室筒体内表面间的密封问题使内部加压方式一般只用在小型设备。

（2）外部（间接）加压式

外部加压式超高压容器和加压装置为分离状态，通过高压增加器将液态压力介质泵送到密闭的压力处理室内产生高压。一个增压器可以对单个或多个超高压容器加压，而且它可用于控制降压的速率。目前的工业化设备多采用这种加压方式。

此外，根据处理的物料状态可分为液态物料超高压灭菌设备和固态物料超高压灭菌设备；根据处理过程和操作方式可分为间歇式超高压设备、半连续式超高压设备、连续式超高压设备和脉冲超高压处理设备等（表2-2）。

表2-2　不同类型超高压设备特征对比

分类方式	类型	特点
加压方式	内部加压式	容积随外压增加而减小，利用率低，高压容器与活塞之间为滑动密封，维修较困难，适用于较高压力及小容量的研究开发
	外部加压式	容积固定，利用率高，保压性好，高压容器为非静密封，使用寿命长，维修容易，但单高压泵维修较难；对处理物料或包装基本无污染，适用于大容量生产装置
加工方式	间歇式	可以实现机械化操作，安全系数高、稳定性好，但在装料、加压、保压、卸料等操作过程中存在时间和能量的耗费，导致加工成本增加。当前用于工业生产的超高压灭菌装置大多数为此方式
	连续式	食品装入料仓中，提升高压腔压力至设定值，送入高压腔停留一定时间进行保压，随后泄压并推出。超高压连续化食品加工装备需要解决物料的连续加压、保压、卸压3个关键工作过程问题，目前尚未有应用于工业化生产的超高压连续式处理设备
物料状态	固态物料	固态物料一般须经过包装后进行处理，由于超高压容器内的液压具有各向同压特性，压力处理不会影响固态物料的形状，但物料本身耐压性差异可能会影响物料处理后的体积
	液态物料	采用液态物料代替传压介质进行处理时，对超高压容器的要求较高，每次使用后容器必须经过清洗、消毒等处理，液体食品的超高压处理可以实现连续化作业

2.1.3　超高压杀菌技术的发展概况

1885年，Roger首次报道了高压能杀死细菌。此后Hite和Berthitel发现经高压处理后的牛乳和果汁储存时间更久。之后的报道相继证实了高压对各种食品和饮料的灭菌效果。20世纪初，美国物理学家Bridgeman研究发现，蛋白质在静水压处理后发生了变性和凝固。1980 年，Elgasion 和 Kennicks 报道了加压处理对牛肉蛋白质品质的影响。1987 年，日本学者开展了采用超高压技术杀灭食品中微生物的研究，并开发了超高压处理果酱、果汁等食品的商品化生产技术。超高压食品因其良好的品质和生产过程中较低的能耗，被誉为新一代绿色食品。2001年，美国食品药品监督管理局（Food and Drug Administration，FDA）批准超高压技术可应用于果蔬汁加工。2004 年，美国农业部食品安全检验局批准了超高压技术应用于熟食肉制品等即食食品的处理。2009 年，FDA 批准了压力辅助热杀菌工艺。随着超高压设备开发技术的日趋成熟，目前全球范围内已有上百家企业投入使用食品超高压加工技术，其中绝大多数应用于肉制品及果蔬加工方面。

20 世纪 90 年代，我国开始了包装食品超高压处理技术的研究工作。1995 年张玉诚等研制了国内首台食品超高压设备，可承受 600 MPa 的压强，容量为15 L。随后潘见研制了 600 MPa、30 L 的食品超高压处理中式设备，以及可控温度的 600 MPa、1 L 的食品超高压处理试验设备，在超高压技术领域获得较大进展。1996 年后，国内学者开展了超高压处理热敏性果蔬汁和动物源性食品的相关研究工作（表 2-3）。近年来，我国超高压加工理论与应用发展快速，《超高压食品质量控制通用技术规范》（GB/T 41645—2022），标准的实施标志着我国在超高压技术应用方面日趋成熟和标准化，有利于推动超高压技术的进一步推广。尽管如此，我国食品超高压技术的研究及应用与发达国家相比还有一定的差距，如何提高超高压杀菌效率、优化超高压杀菌工艺和提高超高压技术在食品加工中的应用仍然是当前研究工作的重点。

表 2-3　国内食品超高压技术的主要研究方向

研究方向	主要研究内容
杀菌作用及机制研究	研究超高压处理以及与其他方法的协同处理对细菌、芽孢、真菌和病毒的杀灭效果及作用机制
对酶结构和活性的影响	研究超高压处理对多酚氧化酶、果胶甲酯酶、脂肪氧合酶等食品内源酶构象和活性的影响
对食品品质的影响	主要研究对象为肉品、果蔬类及乳制品，尤其是超高压处理对肉制品（如鸡肉、牛肉、猪肉等）凝胶品质的影响、对肉的嫩化作用
对食品组分改性的研究	主要应用于对食品中蛋白质和淀粉等大分子物质的改性，包括对蛋白质构象、溶解性、起泡性、乳化性、凝胶性、水解物活性等的影响；对淀粉结晶结构、淀粉糊化性、回生性、溶液性等的影响
辅助提取食品组分的研究	包括蛋白质（猪皮胶原蛋白、猪皮明胶等）、多酚、多糖、色素、黄酮、有机酸、有机醛、油脂以及其他功能性成分的提取

2.2 超高压处理对微生物的杀灭作用及机制

超高压对细菌、真菌（如霉菌和酵母）、病毒、芽孢等都有杀灭作用。超高压处理主要是通过改变微生物的细胞形态、破坏细胞结构、改变细胞内生物化学反应平衡以及影响遗传等途径杀灭微生物。

2.2.1 超高压处理对细菌的杀灭作用及机制

细菌主要由细胞壁、细胞膜、细胞质和内含物等组成。超高压可以破坏离子键、疏水键和氢键等非共价键，使细胞膜、核糖体、酶等结构发生改变，破坏细菌形态结构、基因表达和生理生化反应等，最终导致其死亡（图 2-2）。

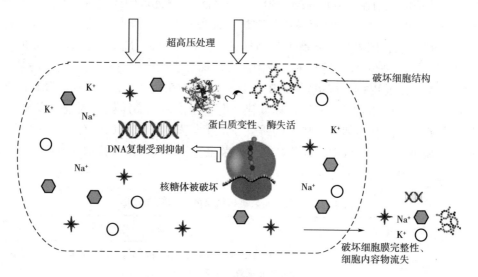

图 2-2　超高压杀菌的作用机制

超高压对不同细菌的杀灭效果有所不同，经 275 MPa 超高压处理 15 min 后，磷酸盐缓冲溶液中的小肠结肠炎耶尔森氏菌（*Yersinia enterocolitica*）较初始活菌数降低了 5.0 lg CFU/mL；而在相同处理时间下要达到同样的灭菌效果，鼠伤寒沙门氏菌（*Salmonella* Typhimurium）、单增李斯特菌（*Listeria monocytogenes*）、肠炎沙门氏菌（*Salmonella enteritidis*）、大肠杆菌 O157∶H7（*Escherichia coli* O157∶H7）和金黄色葡萄球菌（*Staphylococcus aureus*）所需的压力分别为 350 MPa、375 MPa、450 MPa、700 MPa 和 700 MPa。而且，与缓冲溶液相比，肉品基质在超高压处理时对细菌具有保护作用（表 2-4）。

表 2-4　超高压对肉和肉制品中细菌的杀灭作用

细菌	处理基质	处理条件	灭菌效果	参考文献
大肠杆菌 O157∶H7 (*E. coli* O157∶H7)	禽肉、牛奶	600 MPa、20℃、15 min	在牛奶和禽肉中处理后分别降低了 3.0 lg CFU/mL 和 4.5 lg CFU/g	[5]
金黄色葡萄球菌 (*S. aureus*)	禽肉、牛奶	600 MPa、20℃、15 min	在牛奶和禽肉中处理后分别降低了 2.6 lg CFU/mL 和 3.1 lg CFU/g	[5]
单增李斯特菌 (*L. monocytogenes*)	禽肉、牛奶	375 MPa、20℃、15 min	在牛奶和禽肉中处理后分别降低了 1.6 lg CFU/mL 和 4.6 lg CFU/g	[5]
空肠弯曲菌 (*C. jejuni*)	猪肉	300 MPa、25℃、10 min	降低了 6.0 lg CFU/g	[6]
荧光假单胞菌 (*P. fluorescens*)	牛肉	200 MPa、20℃、20 min	降低了 5.0 lg CFU/g	[7]
绿色乳杆菌 (*L. viridescens*)	火腿	500 MPa、25℃、5 min	降低了 4.0 lg CFU/g	[8]

(1) 改变细胞形态结构

超高压处理可使细胞壁、细胞膜、细胞质中的液泡等发生一定程度的形态结构改变，破坏其内部的物理化学平衡。不同种类细菌对压力的敏感度有所差异，金黄色葡萄球菌等革兰氏阳性菌的细胞壁结构紧密且肽聚糖层较厚（约占细胞壁的 90%），对压力具有一定的耐受性。而大肠杆菌等革兰氏阴性菌的细胞壁结构松散肽聚糖层薄弱，同时含有对压力敏感的外膜成分，因此其压力耐受性弱于革兰氏阳性菌，易在压力作用下发生机械损伤，导致细菌死亡。采用 200 MPa 的超高压处理接种于缓冲液、牛奶和苹果汁中的大肠杆菌和金黄色葡萄球菌，大肠杆菌分别降低了 3.4 lg CFU/mL、3.7 lg CFU/mL 和 3.2 lg CFU/mL，而金黄色葡萄球菌分别降低了 2.2 lg CFU/mL、1.0 lg CFU/mL 和 2.3 lg CFU/mL。以上结果表明，超高压对 3 种体系中的大肠杆菌杀灭作用均强于金黄色葡萄球菌。电镜观察发现，经超高压处理后的大肠杆菌表面结构被破坏，而金黄色葡萄球菌无明显结构损坏。综上所述，与革兰氏阳性菌相比，革兰氏阴性菌细胞结构更易在超高压处理过程中发生损伤（表 2-5）。

表 2-5　超高压对细菌形态结构的作用

细菌	处理条件	细胞形态变化	参考文献
腐败希瓦氏菌 (S. putrefaciens)	200～400 MPa、9 min	经 200 MPa 压力处理后的菌体结构比较完整，未发生明显破坏，只有个别部位出现损伤并可在后期进行恢复。经 300 MPa 压力处理后，菌体破坏严重，出现畸形和表面扭曲痕迹。当压力达到 400 MPa 时，菌体形态发生扭曲、表面粗糙并开始裂解、细胞质渗漏	[11]
肠炎沙门氏菌 (S. enterica)	350～400 MPa、10 min	经 350 MPa 压力处理 10 min 后，菌体表面呈现凹凸不平，部分细胞破碎裂解；压力升高至 400 MPa 时，菌体形态发生扭曲、表面粗糙、裂解，细胞内容物外泄	[12]
副溶血性弧菌 (V. parahaemolyticus)	200～300 MPa、5 min	经 200 MPa 压力处理后，菌体无显著变化；当压力增至 300 MPa 时，菌体出现形态不规则、细胞破裂的现象，并产生泡状物	[13]
金黄色葡萄球菌 (S. aureus)	300～400 MPa、5 min	经 300 MPa 压力处理后，菌体出现形态不规则且表面粗糙的现象；当压力增加至 400 MPa 时，部分细胞表现出内陷，但并未出现严重收缩和破损	[10]
单增李斯特菌 (L. monocytogenes)	250～450 MPa、15 min	经 250 MPa 压力处理后菌体出现一定程度的变形，细胞内细胞质局部皱缩；当压力增至 450 MPa 时，细胞变形严重，细胞膜完整性遭到破坏，部分出现缺口，细胞内含物结构紊乱，出现泄漏，细胞中出现大面积的透电子区	[14]

（2）改变细胞膜流动性和通透性

细菌的细胞膜是一种具有流动性的半透性薄膜，是细胞合成代谢和产能代谢的重要场所，并具有控制细胞内外物质输送、维持细胞内外渗透压等多种生理功能。细胞膜对压力极为敏感，被认为是超高压处理导致细菌失活的主要靶点。超高压可以增加细胞膜上磷脂分子的有序度，类脂成分从液晶态向凝胶态转变，从而降低流动性，引起细胞渗透性和转运系统发生改变、丧失渗透响应、胞内 pH 失衡等一系列反应。

由于细胞膜结构成分和性质的差异，导致不同细菌对超高压处理的敏感度不同。通常细胞膜流动性较低（饱和脂肪酸含量高）的细菌对压力更加敏感，尤其是当细胞膜中二磷酸甘油酯含量相对较高时，对超高压的敏感性更强。相反，当细胞膜中多不饱和脂肪酸含量升高时，细菌对压力的耐受性也会增加，从而降低了超高压杀菌的效果。

此外，超高压处理可以提高细菌细胞膜通透性，致使细胞内容物流失。经 400 MPa 超高压处理后，金黄色葡萄球菌细胞膜中的蛋白质变性、磷脂双分子层结构发生改变，导致细胞膜完整性被破坏和通透性增强，核酸和蛋白质等胞内组分发生泄漏，从而引起细胞死亡。综上所述，超高压处理对细菌的杀灭作用可能与其降低细胞膜流动性和增加细胞膜通透性有关。

（3）改变酶的结构及活性

研究发现，超高压能够破坏维持蛋白质三级结构的疏水键及氢键等非共价键，使酶的结构和活性中心发生改变，进而影响正常细胞代谢，导致细菌死亡。如超高压可以引起细菌细胞膜上 ATP 合成酶失活或脱离，减少 ATP 的合成，影响质子转运功能，使细胞内的 pH 降低，最终使细胞内酸化而死亡。另外，在超高压条件下，酶的辅助因子容易游离出来导致酶失活。由于酶的结构差异性以及微生物体内酶种类的多样性，不同微生物的耐压性具有差异。通常，由 100~300 MPa 超高压引起的酶变性是可逆的，并且压力较低时反而对一些酶具有激活作用。

2.2.2　超高压处理对真菌的杀灭作用及机制

超高压对酵母和霉菌具有较强的杀灭作用。超高压对棒棒鸡、夫妻肺片和红油兔丁 3 种川菜熟食中的霉菌、酵母具有显著的杀灭效果；经 300 MPa、400 MPa 和 500 MPa 超高压处理 2 min 后，上述样品中霉菌与酵母数均小于 2.0 lg CFU/g，满足《食品安全国家标准　熟肉制品卫生标准》（GB 2726—2016）的要求。

（1）超高压对酵母的作用及机制

①改变细胞结构　超高压处理使酵母细胞表面出现凹陷及裂缝，细胞膜出现明显孔洞，细胞周质空间宽度增大，细胞器破裂。同时，细胞膜发生相变，磷脂双分子层上的脂肪酰基链聚集，膜流动性降低，细胞膜通透性升高，胞内物质大量外泄从而造成酵母细胞的失活。

②影响胞内酶活力　超高压可使胞内酶活性降低甚至失活，从而使酵母的生理代谢紊乱，导致菌体死亡。研究发现，超高压处理后，酵母胞内的 Na^+/K^+-ATP 酶、Ca^{2+}/Mg^{2+}-ATP 酶和总 ATP 酶活力分别降低 31.1%、16.0% 和 20.1%。Na^+/K^+-ATP 酶和 Ca^{2+}/Mg^{2+}-ATP 酶分别负责驱动膜内外 Na^+ 和 K^+、Ca^{2+} 和 Mg^{2+} 离子的对向运动，调节细胞渗透压，维持细胞的稳态，对信息运送和能量转换等生理活动也具有重要意义。超高压处理后 ATP 酶活性下降引起胞内外离子运输及能量供应失衡，导致菌体死亡。

③影响胞内蛋白质结构　酵母细胞壁、细胞膜等结构富含蛋白质，超高压可引起蛋白质结构发生改变，失去原有功能。研究表明，超高压可以导致 α-螺旋含量下降，蛋白结构变得松散。另外，蛋白质的三级和四级结构的改变与体积变

化有关。超高压处理可使蛋白质体积减小、疏水分子的交联使蛋白质分子聚集或凝胶化、寡聚蛋白解离为亚基等，破坏蛋白质原有结构和功能，导致菌体死亡。

④损伤核酸　超高压可通过作用于核酸结构使酵母失活。雷雨晴等研究了超高压对仙人掌有孢汉逊酵母（*Hanseniasporauvarum*）的损伤机理。结果表明，经300 MPa 超高压处理 5 min 后，菌体中单链核酸增加至 60.8%，而双链核酸降低至 38.8%，即 DNA 发生解旋。DNA 结构的改变可使碱基失去保护而暴露，DNA 稳定性降低，丧失生理功能，最终导致菌体死亡。

（2）超高压对霉菌的作用及机制

霉菌主要由菌丝和孢子组成，其中菌丝营养体对超高压的敏感性高于孢子，分生孢子（无性）对超高压的敏感性高于子囊孢子（有性）。研究表明，在25℃、300 MPa 压力的处理条件下，雪白丝衣霉（*Byssochlamys nivea*）、纯黄丝衣霉（*Byssochlamys fulva*）、费氏曲霉（*Aspergillus fischeri*）、散囊菌属（*Eurotiales*）和拟青霉属（*Paecilomyces*）等的菌丝营养体仅需几分钟就被灭活，而子囊孢子则需要在 60℃、600 MPa 压力下处理 60min 才可被有效杀灭。如果需要对孢子起到更强的杀灭作用，可先利用热处理先将子囊孢子激活后再进行超高压处理。主要作用机制为改变子囊孢子细胞壁的刚性、渗透性，破坏细胞膜完整性（表 2-6）。

表 2-6　超高压对霉菌孢子的作用

处理对象	处理条件	杀灭效果	参考文献
纯黄丝衣霉 （*B. fulva*）子囊孢子	300 MPa、60℃、 10~30 min	在生理盐水体系中处理 10 min 可降低 3.0 lg CFU/mL，处理 30 min 可将其完全杀灭	[22]
费希新萨托菌 （*N. fischeri*）子囊孢子	600 MPa、70~75℃、 10~20 min	结合 70℃和 75℃热处理后，分别降低了 1.5 lg CFU/mL 和 2.0 lg CFU/mL	[23]
大孢蓝状菌 （*T. macrosporus*）子囊孢子	200~700 MPa、 10~60℃、 0~60 min	使子囊孢子失活最少需要 500~700 MPa， 700 MPa 压力处理 60 min，该条件下灭活了 2.0 lg CFU/mL	[24]
禾谷镰刀菌 （*F. graminearum*）孢子	380~550 MPa、 60℃、30 min	缓冲液体系中，60℃、380 MPa 压力下处理 30 min 后孢子被完全杀灭；45℃、550 MPa 压力下处理 20 min 后，玉米中 *F. graminearum* 孢子被完全杀灭	[25]

2.2.3　超高压处理对病毒的杀灭作用及机制

研究发现，超高压可以有效灭活病毒。利用超高压灭活病毒的过程中，压力是影响病毒灭活效果的主要因素，其次是温度（表 2-7）。由于结构多样且形态差别较大，不同病毒对超高压的敏感度存在较大差异。与烟草花叶病毒相比，人类病毒对压力更敏感。研究表明，400 MPa 压力基本上能满足使大多数人类病毒灭活。经 400~600 MPa 的超高压处理 10 min 后，人类免疫缺陷型病毒（human immunodeficiency virus，HIV）降低了 4~5 lg CFU/g；在 25℃、400 MPa 压力下处理 10 min 可灭活组织中感染剂量为 5.5 lg CFU/g 的 HIV。超高压主要通过病毒蛋白质外壳分解或变性、改变衣壳蛋白或受体识别蛋白等途径导致病毒失去感染性，但一般不能破坏病毒的 DNA 或 RNA 等遗传物质。

表 2-7　超高压对病毒的灭活作用

处理对象	处理条件	灭活效果	参考文献
甲型肝炎病毒（hepatitis A virus，HAV）	300~500 MPa、18~20℃、5 min	经（300、400 和 500）MPa 压力处理后，分别降低了约（1.0、2.0 和 3.5）lg CFU/g	[26]
诺如病毒（norwalk viruses，NV）	350~450 MPa、5~20℃、5 min	在 20℃、450 MPa 压力下处理 5 min，培养基体系中的诺如病毒降低 6.9 lg CFU/g；5℃、400 MPa 压力下处理 5 min，牡蛎组织中的诺如病毒可降低 4.1 lg CFU/g	[27]
猫杯状病毒（feline calicivirus，FCV）	200 MPa、室温、0~72 min	200 MPa、室温下处理 20 min 和 72 min，分别降低了（2.8 和 3.7）lg CFU/g	[28]
轮状病毒（duovirus）	400 MPa、4℃、2 min	降低了 5.0 lg CFU/g	[29]

2.2.4　超高压处理对芽孢的杀灭作用及机制

芽孢作为细菌的休眠体具有厚壁、含水量低等特点，并且极为耐压。普通的超高压处理对芽孢的杀灭效果较弱，但在一定压力范围内能诱导芽孢萌发形成营养体。通常 50~300 MPa 的压力可通过激活萌发受体往下传导萌发信号，引起芽孢核内 2,6-吡啶二羧酸钙大量释放和皮层降解，芽孢核水化及核内保护 DNA 的酸溶性小分子蛋白降解进行诱导萌发。在压力为 400~600 MPa 时可直接作用于芽孢内膜或相关通道蛋白引起 2,6-吡啶二羧酸钙释放诱导萌发。提高温度以及添加萌发剂可增加芽孢的萌发率。因此，在处理芽孢时通常需要循环压力处理、高低压联合处理或结合其他杀菌方式（如温度、酸、抗菌剂、脉冲电场、辐射处理等）实现对芽孢地有效杀灭。

2.3 影响超高压杀菌效果的因素

食品超高压技术的杀菌效果受多种因素的影响，包括处理条件（压力、施压方式、处理时间和处理温度）、微生物种类及生长状态和食品性质（食品组分、介质的 pH、水分活度等）等。

2.3.1 处理条件

（1）压力和保压时间

压力和保压时间是影响超高压杀菌效果的最主要因素。在一定压力范围内，超高压灭菌效果与压力和保压时间成正比。多数微生物经 100 MPa 以上的加压处理会逐渐失活。施压范围为 300~600 MPa 时，细菌、霉菌和酵母等营养体有可能达到全部致死的效果。经 300 MPa 超高压处理 5 min 后，泡椒凤爪中的菌落总数为 3.7 lgCFU/g，当压力增加至 400 MPa 处理 5 min 后，菌落总数降至 1.4 lg CFU/g。经 400 和 600 MPa 超高压处理后，烟熏火腿片的保质期分别延长至 60 天和 75 天，贮藏过程中残留乳酸菌和肠杆菌的生长受到抑制，其数量分别低于 4.0 lg CFU/g 和 2.0 lg CFU/g。延长保压时间可增强超高压杀菌效果，但继续延长保压时间至超过一定范围之后，这种杀菌效果增强逐渐减弱。

（2）处理温度

温度是影响微生物生长繁殖和代谢活动的主要环境因素，对超高压灭菌的效果也有重要影响。低温或高温条件均能提高微生物对超高压的敏感性。高温处理本身就有杀菌效果，因此高温与超高压协同作用对微生物具有更强的杀灭效果。在一定温度范围内，超高压的杀菌效果会随温度的升高而加强。在 20℃ 条件下，经 400 MPa 超高压处理 15 min 后，牛肉中大肠杆菌 O157∶H7 仅降低了 <1.0 lg CFU/g；而将温度提高至 50℃ 时，细菌数量降低 6.0 lg CFU/g。在 45~50℃ 的温度下，致病菌和腐败菌失活速率增加。500~700 MPa 的压力与 90~110℃ 的温度相结合，有利于杀灭细菌芽孢。大多数微生物在低温下对压力更加敏感，这主要是因为压力使细胞因低温冰晶析出而出现的破裂程度加剧，菌体细胞膜流动性降低，结构更易受损伤。此外，食品加工中的低温条件也可增加细胞膜修复所需的时间。

（3）施压方式

超高压灭菌有多种施压方式，与单次静态高压相比，重复加压能够对微生物造成多次伤害，可累积细胞壁、细胞膜、酶和核酸等所受的损伤。快速升降压能够增加微生物对高压环境的敏感性，降低其环境适应性。间歇式循环加压对产芽孢菌的杀灭效果优于连续式加压。此外，静态高压的杀菌效果比脉冲式更好，在300 MPa 压力下 10 次脉冲处理大肠杆菌，可杀灭 1.0 lg CFU/g；而多次静态高压处理可杀灭 2.6 lg CFU/g。

2.3.2　微生物种类及生长状态

研究发现，不同种类微生物对超高压具有不同的抗性。其中，芽孢抗性最强，细菌的抗性强于酵母和霉菌，而革兰氏阳性菌的抗性又强于革兰氏阴性菌。此外，处于不同生长期的微生物对超高压的敏感性也不同。一般而言，处于对数生长期的细菌对压力反应较为敏感，稳定期的细菌耐压性最强。研究表明，在400 MPa、20℃条件下处理不同生长阶段的单增李斯特菌（初始浓度 7.0 lg CFU/mL）时，稳定期细菌降低 5.0 lg CFU/mL 所需保压时间与对数期细菌相比显著增加。这是由于微生物的耐压能力与卸压后细胞的修复能力有关，处于稳定期的细胞在卸压后能够将因压力而受损的细胞膜重新修复。菌龄大的微生物通常抗逆性较强，600 MPa 超高压处理 10 min 可使 3 周龄的星状丝衣霉菌孢子数量下降 2.5 lg CFU/g，而 9 周龄的孢子只下降 0.5 lg CFU/g。

2.3.3　食品性质

（1）食品组分

食品的化学成分对超高压杀菌的效果有显著影响。研究发现，微生物在营养性基质（蛋白质、脂类和碳水化合物等食品组分）中比在非营养基质中的耐压性更强。这是由于营养物质在压力环境中对微生物有保护作用，并且能够增强超高压处理后微生物的繁殖和自我修复能力。另外，食品中某些抗菌添加剂等能与超高压产生协同作用，显著提升杀菌效率。周頔等研究了超高压协同天然保鲜剂处理对卤牛肉制品杀菌效果及品质的影响。结果表明，超高压（500 MPa、25 min）协同溶菌酶和壳聚糖处理对小包装卤牛肉有显著的抑菌作用，且能改善卤牛肉的色泽和质构。

（2）pH

微生物具有适合生长的 pH 范围，当 pH 超出范围，其生长繁殖将受到抑制甚至引起死亡。食品的 pH 会影响微生物的生命活动，经超高压处理后食品体积相对减少，氢离子浓度相对增加，从而改变食品的 pH。研究发现，在 68 MPa 压力下，中性磷酸盐缓冲液的 pH 下降了 0.4。超高压处理苹果汁时，压力每提高100 MPa，其 pH 会降低 0.2。pH 的变化可改变微生物的耐压性，较高浓度的氢离子能引起微生物细胞壁表面蛋白质和核酸的水解，并且能破坏其酶活性，加速微生物的死亡。当 pH 从 6.5 降至 4.5 时，345 MPa、5 min 超高压处理对大肠杆菌的杀灭效果提升了 2 倍。此外，酸性环境也能显著抑制微生物的自我修复功能。

（3）水分活度

超高压对微生物的杀灭作用受食品水分活度的影响。在低水分活度环境下，微生物细胞质压缩性减小，蛋白质稳定性提高，耐压性升高。例如，降低水分活度至 0.8 能明显削弱超高压对单增李斯特菌的杀灭效果。可利用蔗糖、食盐等调节食品物料的水分活度，当水分活度调整为 0.96 时，400 MPa、15 min 的超高压处理可使红酵母减少 6.0 lg CFU/g；当水分活度减至 0.94 时，酵母仅降低了 2.0 lg CFU/g；当水分活度低于 0.91 时，几乎没有灭活效果。因此，控制水分活度对固态和半固态食品的超高压杀菌和加工保藏有重要意义。

2.4　超高压技术在肉品保鲜中的应用

超高压技术可以有效杀灭生鲜肉及卤煮肉、腌制肉等肉制品污染的微生物。此外，与传统热杀菌相比，超高压技术还可以显著改善肉及肉制品的品质。

2.4.1　超高压技术在生鲜肉保鲜中的应用

（1）生鲜猪肉

猪肉是我国居民最重要的动物蛋白质来源之一，其肉质细软、鲜嫩可口，深受国内消费者喜爱，在肉类消费市场中占据主体地位。生鲜肉在储存过程中由于微生物和酶的作用，会在短时间内发生腐败变质，导致肉体发黏、产生臭味。白艳红等将冷却猪肉经 100~400 MPa 超高压处理后于低温（4℃）贮藏，发现贮藏第 6 天时肉样中的乳酸菌、假单胞菌、肠杆菌的数量都有不同程度地减少，霉菌与酵母、葡萄球菌与微球菌未检出，表明超高压处理对霉菌与酵母、葡萄球菌和微球菌具有更好的杀灭效果；随着处理压力的升高，猪肉中的乳酸菌、假单胞菌和肠杆菌数量呈下降趋势，3 种菌对压力的敏感性为：肠杆菌>乳酸菌>假单胞菌。市售新鲜猪肉经 200 MPa 压力处理 5 min 后初始菌落总数为 $2.3×10^4$ CFU/g，置于高温高湿（40℃、相对湿度 90%）环境中贮藏，第 9 天时的菌落总数为 $5.0×10^4$~$5.0×10^6$ CFU/g，显著延长了货架期。常江等将冷鲜猪肉（初始菌落总数为 $2.3×10^4$ CFU/g）经 100~500 MPa 的压力处理 5 min 后置于常温储存，发现猪肉中菌落总数随着存储时间的延长呈现增长趋势，增长幅度与所施加的压力成反比；经 200 和 500 MPa 超高压处理并储存 15 天后，猪肉菌落总数分别为 $6.3×10^4$ CFU/g 和 $4.2×10^4$ CFU/g；经 300~500 MPa 压力处理并储存 15 天后，猪肉的菌落总数均满足《中华人民共和国农业行业标准：冷却猪肉》（NY/T 632—

2002）的要求。张根生等使用 207 MPa 超高压处理真空包装的调理猪肉馅 15 min 并置于 4℃ 贮藏。结果表明，经超高压处理后猪肉馅的菌落总数降至 2.5 CFU/g；贮藏期间未经超高压处理的真空包装预调理猪肉馅的菌落总数始终高于处理组，在储藏第 10 天时，菌落总数超过了国家农业行业标准（NY/T 632—2002）中冷却肉菌落总数的限定值（1.0×10^6 CFU/g）；超高压处理组的菌落总数在储存前期数值变化不显著，当储存时间超过 6 天后，样品的菌落总数开始显著增加（$P <$ 0.05），在 16 天时超过限定值，超高压处理将调理猪肉的货架期延长至 14 天。

（2）生鲜鸡肉

鸡肉是一种生长周期短、供应足、物美价廉的优质肉类，富含多种营养成分，并以其高蛋白和低脂肪著称。研究表明，超高压能够有效杀灭鸡肉中的微生物。李楠等利用（150、250、350 和 450）MPa 的压力处理冰鲜鸡肉，保压（5、10 和 15）min 后冷藏储存（0～4℃）。发现储藏至第 10 天时，（250、350 和 450）MPa 处理组的菌落总数与对照组相比降低约 2.0 lg CFU/g；经 350 MPa 和 450 MPa 压力处理后的冰鲜鸡肉中大肠菌群降至 10 CFU/g 以下。结果表明，250 MPa 以上的超高压处理能有效延长冰鲜鸡肉货架期至第 8 天，与未处理对照组相比货架期延长了 2～3 天。另外，超高压可有效杀灭生鲜鸡肉中的沙门氏菌、单增李斯特菌等致病菌，并有效延长其货架期（表 2-8）。

表 2-8　超高压对生鲜鸡肉中致病菌的杀灭作用

处理对象	微生物指标	处理条件	作用效果	参考文献
鸡胸肉	沙门氏菌 （Salmonella）	100～600 MPa、4℃、1～9 min	经（100、200、300 和 400）MPa 处理后鸡胸肉中沙门氏菌分别由初始的 6～7 lg CFU/g 降低了（0.64、1.15、1.73 和 2.79）lg。当压力升至 500～600 MPa 时未检测到活菌	[35]
绞碎鸡肉	大肠杆菌 O157：H7 （E. coli O157：H7）	200～400 MPa、4℃、15 min	经 200～400 MPa 压力处理后，较初始值降低了 0.43～2.67 lg CFU/g；对大肠杆菌 O157：H7 的杀灭作用随压力的升高而增强	[36]
绞碎鸡肉	单增李斯特菌 （L. monocytogenes） 和沙门氏菌 （Salmonella）	250～450 MPa、4℃、10 min	经 250～450 MPa 压力处理后，沙门氏菌和单增李斯特菌分别降低了 0.52～5.13 lg CFU/g 和 0.19～5.41 lg CFU/g	[37]
鸡肉	金黄色葡萄球菌 （S. aureus）	200～400 MPa、5℃、5～25 min	利用（200、300 和 400）MPa 压力下杀灭 90% 金黄色葡萄球菌所需要的时间分别为（15.5、9.43 和 3.54）min	[38]

（3）生鲜牛肉

牛肉味道鲜美，并且具有低脂肪、高蛋白等营养特性，深受消费者的青睐。新鲜牛肉极易腐败变质，超高压处理可以钝化或杀灭微生物，延长牛肉的保质期。利用250 MPa的压力处理生鲜牛肉10min，以微生物总数为衡量指标，可以延长牛肉冷却保鲜（1~4℃）1周以上。利用400 MPa、550 MPa和700 MPa的压力分别处理生鲜牛肉并保压20~60 min，处理后置于37℃储藏，结果表明，处理后牛肉中残存微生物的数量随处理压力的升高和处理时间的延长而减少。

2.4.2　超高压技术在肉制品保鲜中的作用

（1）猪肉制品

研究发现，超高压处理可以有效杀灭猪肉制品中的微生物并延长其货架期。韩衍青等以400 MPa和600 MPa的压力在12℃时对切片烟熏火腿进行10 min超高压处理，置于4℃储藏，测定其微生物和理化指标。结果表明，超高压能有效灭活烟熏火腿中的腐败微生物，包括肠杆菌、耐冷菌等；经400 MPa和600 MPa超高压处理的烟熏火腿，与未处理的对照样品相比（货架期为2周），其货架期分别延长了6周和8周，同时处理不会造成脂质氧化和色泽改变。此外，超高压处理可有效灭活法兰克福香肠中的微生物，包括嗜冷菌、乳酸菌和大肠菌群等，经600 MPa超高压处理10 min可使法兰克福香肠的4℃储藏货架期从9天延长至60天以上，同时会提高香肠亮度、降低硬度、增加内聚力。张建等的研究表明超高压可以有效控制烤乳猪中的菌落总数，经过500 MPa超高压处理25 min后，乳猪样品中的菌落总数由初始的5.0 lg CFU/g降低了2.0 lg CFU/g，可分别在常温和4℃条件下储存10天和15天。

（2）牛肉制品

超高压处理可显著降低酱牛肉中的菌落总数，抑制细菌的生长，延长储藏期。经400 MPa超高压处理10 min后，酱牛肉中无微生物检出，灭菌效果显著，其感官评价指标与未处理组无明显差异；超高压处理后的酱牛肉在4℃下贮藏期由未处理的10天延长至25天。500 MPa、5 min的超高压处理可抑制干腌牛肉中肠细菌、肠球菌和假单胞菌的生长，延缓乳酸菌、微球菌、霉菌和酵母的生长，并有效延长其货架期，同时不会对其理化性质和感官品质造成不良影响。对低脂熏牛肉的研究表明，经600 MPa、3 min的超高压处理后，李斯特菌可降低4.0 lg CFU/g，且在贮藏过程中，处理组肉制品中菌落总数显著降低。张鑫等研究了超高压处理对低盐牛肉乳化肠菌落总数及品质的影响。结果表明，当压力升至200 MPa和300 MPa时，处理组菌落总数与未处理组样品相比分别降低了0.25 lg CFU/g和2.40 lg CFU/g；经超高压处理后低盐乳化肠的硬度、弹性、咀嚼性、内聚性都有所增加，并提高了产品的咸味分数，亚硝酸盐含量不受超高压处理的影响。因此，超高压处理能够改善低盐牛肉乳化香肠的品质特性。

（3）禽肉制品

我国禽肉制品种类丰富，是人们膳食中不可或缺的重要组成部分。刘勤华等研究了高压处理强度（200～600 MPa）和保压时间（10～30 min）对烧鸡贮藏性的影响。结果表明，杀菌效果与压力和保压时间呈正相关，500～600 MPa 超高压处理 10 min 使菌落总数和乳酸菌总数分别降低了 3.0 lg CFU/g 和 4.0 lg CFU/g，贮藏期延长了 2 周。超高压处理可有效杀灭酱卤鸡肉中的微生物，并对其品质具有改善作用。经 200 MPa 压力处理 15 min 后，酱卤鸡肉菌落总数降至 3.0×10^4 CFU/g。此外，随着处理压力的升高，酱卤鸡肉的硬度、咀嚼度、弹性和回复性随压力增大，且增长率升高，并在 300～400 MPa 保压 20 min 时具有最佳感官品质。沈旭娇等研究表明，200～400 MPa 压力处理 10 min 能够有效地杀灭南京盐水鸭中的微生物，抑制贮藏期间的微生物生长，有效延长其货架期，并且能较好地保持产品原有的风味和口感。

超高压应用于川菜的研究表明，经 487 MPa 超高压处理可显著杀灭白切鸡中假单胞菌、肠杆菌属和乳酸菌属等致腐微生物，保质期延长 40 天以上。将超高压技术应用于泡椒凤爪的加工过程，不仅能显著降低菌落总数、大肠菌群数和乳酸菌数，还可以降低在贮藏过程中亚硝酸盐含量。经 400 MPa 保压 5 min 后，泡椒凤爪菌落总数从 2.1×10^4 CFU/g 降到 23 CFU/g，在 4℃ 和 25℃ 贮藏 15 天后，菌落总数分别增加到 425 CFU/g 和 6600 CFU/g，符合《食品安全国家标准　熟肉制品》（GB 2726—2016）的要求。

2.5　超高压处理对肉品品质的影响

2.5.1　超高压处理对肉品蛋白质的影响

超高压主要作用于蛋白质的疏水作用力、离子键、二硫键等，改变蛋白质的二级、三级、四级结构，从而间接改变蛋白质的保水性、凝胶性、乳化性和酶活性等功能性质（表 2-9）。

超高压处理过程中压力大小和保压时间的不同会对蛋白质结构产生不同的影响。在较高压力下，蛋白质的二级结构会发生变化，导致不可逆变性。蛋白质的三级和四级结构受压力的影响较大，超高压通过压缩蛋白质分子体积，改变蛋白质分子的非共价键，引起蛋白质解聚、分子结构伸展等变化。通常当压力小于 150 MPa 时，低聚蛋白质的结构可发生解离；压力大于 150 MPa 时，蛋白质单体易发生解离，分离后的低聚体亚单位易重新结合；压力超过 200 MPa 时，可观察到三级结构显著变化；当压力为 400 MPa 时，部分蛋白亚基发生凝聚（图 2-3）。

表 2-9　超高压对肉品蛋白质功能和性质的影响

功能性质	影响效果及机制	实例	参考文献
保水性	经超高压处理过的纤维肌动蛋白和球状肌动蛋白容易发生解聚，提高蛋白质的溶解性，增强自由水与蛋白质之间的水化作用，进而提高蛋白质凝胶的保水性 压力通过静电相互作用破坏了二价阳离子与蛋白分子之间的作用力，并在卸压期间降低了蛋白复合体重新形成盐桥的概率，从而影响了凝胶的保水性 超高压处理能改变蛋白质的二级结构，当蛋白质分子折叠或者无规卷曲时，分子有更多的空隙，能够容纳更多的水分	经 100~600 MPa 超高压于室温处理 15 min 处理后，牛肉保水性高于未处理组；随着压力的增大，牛肉的保水性呈先上升后下降趋势，且在 400 MPa 时呈现出最佳的保水性	[46]
凝胶性	加压可使蛋白构象发生改变，内部疏水基团暴露形成二硫键，促使网状结构更加致密，可以保留更多水分，从而使持水性上升，凝胶强度增大 蛋白质之间的疏水相互作用导致乳状液的凝胶状网络结构形成。高压使水分子聚合，溶液液滴粒径减小，可以将牛顿流体乳液转化为乳液凝胶，使蛋白质变性形成的凝胶网络结构更均匀、紧密 经超高压处理的蛋白质所形成的凝胶会更透明、柔软、光滑，而且更富有弹性	100~600 MPa 压力处理猪背最长肌，随着压力的增加，肌原纤维蛋白中总巯基含量显著降低，二硫键含量极显著上升；当压力大于 200 MPa 时，疏水性极显著增大	[47]
乳化性	超高压使蛋白质暴露出疏水基团，同时提高蛋白质的亲水性和亲油性，增加蛋白质之间的相互作用，从而增强乳化性能，在乳化类肉制品中起到重要作用 超高压可以使蛋白粒子直径降低，比表面积增大，蛋白质分子之间的相互作用增强，有利于蛋白质吸附至油水界面形成致密稳定的界面膜，降低表面张力，提高其乳化稳定性	超高压处理鸡肉蛋白，当压力为 75 MPa 时，蛋白粒子直径大于 500 μm；而压力升至 100~150 MPa 时，直径降至 10 μm 以下，使蛋白的乳化特性得到改善	[48]
酶活性	超高压处理可以改变蛋白质的二级、二级、三级和四级结构。当改变发生在酶的活性位点时，可导致酶活性丧失 超高压处理可能通过暴露酶活性位点提高酶促效率 在较低压力下破坏组织中的酶和基质的隔离状态可使二者相互接触，从而加速酶促反应活性	400~750 MPa 压力处理后，猪肉中超氧化物歧化酶的失活速率常数随处理压力的增加而增大	[49]

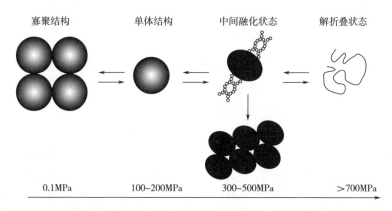

图 2-3　超高压处理对蛋白质结构的作用

2.5.2　超高压处理对肉品肌肉的影响

肌肉含水量为 75%~80%，根据其存在的状态不同可分为结合水、不易流动水和自由水，水的存在形式与肉制品的嫩度关系紧密。在一定压力范围内，超高压处理可使自由水含量逐渐降低，不易流动水的流动性增强，结合水的相对比例显著增加，从而提高肉的嫩度。肌纤维是肉的基本组成物质，肌纤维越细，其系水能力越强，肌纤维直径变粗是导致肉质粗硬的主要原因。超高压处理可使肌肉纤维内肌动蛋白和肌球蛋白的结合发生解离，肌纤维崩解和肌纤维蛋白解离成小片段，造成肌肉剪切力的下降，即提高了肉的嫩度。红肌纤维由于其含有较多的线粒体且红肌血球素含量较高而显示红色，白肌纤维呈现白色。研究表明，当压力在 200~350 MPa 时，肉色亮度值（L^*）增大；当压力超过 400 MPa 时，肉的红度（a^*）会降低，其与红肌纤维中的亚铁肌红蛋白会因氧化而变成高铁肌红蛋白相关。但是，僵直前的牛肉如果以 100~150 MPa 处理则不会引起色泽变化，而且肉质显著变嫩。

2.5.3　超高压处理对肉品结缔组织的影响

肌肉结缔组织的稳定性与其中的胶原蛋白的交联、胶原纤维的尺寸和排列有关，当胶原纤维的排列趋向规则化时，肌内膜中的胶原蛋白分子更加稳固，肌肉的嫩度下降。在高于 300 MPa 超高压处理时，随着压力的升高和保压时间的延长，胶原蛋白的机械强度增大，嫩度降低；而当压力达 600 MPa 时，胶原蛋白的机械强度出现下降趋势。超高压处理可使肌肉结缔组织胶原蛋白的热稳定性增加。不额外施加压力时，经 40℃热处理后的牛肉有 43%的肌球蛋白发生变性，胶原蛋白和肌动蛋白无变化；而经 200 MPa 处理后，肌动蛋白和胶原蛋白发生部分变性；当压力为 400 MPa 时，肌动蛋白完全变性，肉的嫩度提高。

2.5.4 超高压处理对肉品脂肪的影响

脂肪是肉类食品的主要组成成分，显著影响肉及肉制品的品质及风味。脂肪氧化是导致肉制品变质的一个重要原因。研究发现，超高压处理能显著降低肌肉中脂肪的稳定性，加速脂肪氧化过程，氧化程度与压力及处理温度有关。在研究不同压力（300~700 MPa）和温度（20~50℃）处理对猪肉中肌内脂肪酸组成的影响时，测定总脂肪、甘油三酯、磷脂和游离脂肪的脂肪酸组成变化表明，压力对猪肉脂肪酸组成的影响显著，脂肪酸组成变化主要由磷脂和游离脂肪酸引起，而总脂和甘油三酯在整个处理中变化较小。300 MPa 及以上的压力结合热处理可使磷脂发生明显的降解作用。300~600 MPa 的超高压是诱导禽肉中脂肪氧化的关键。研究表明，随着处理压力的上升，鸡肉的硫代巴比妥酸反应物（TBARS）值缓慢增加，脂肪氧化增强，并在 800 MPa 压力时达到最高值。另外，超高压处理可以使肌蛋白和氧合肌红蛋白变性，释放出金属离子，从而促进脂肪氧化并破坏肉品的风味和营养。

2.5.5 超高压处理对肉品色泽的影响

色泽是评价肉及肉制品新鲜度和品质的重要指标，取决于氧合肌红蛋白、肌红蛋白、高铁肌红蛋白之间的比例。当高铁肌红蛋白质量分数超过 40% 时，肉品表现为褐色，品质下降。而肌细胞内部的高铁肌红蛋白还原酶可以将高铁肌红蛋白还原为肌红蛋白，从而稳定肉色。研究证实，超高压处理会对肉类颜色产生影响，包括肉的亮度（L^*）、红度（a^*）和黄度（b^*），并在一定的条件下可改善肉类的色泽（表 2-10）。

表 2-10 超高压对肉类色泽的影响

处理对象	处理条件	色泽变化	参考文献
牛肉半腱肌	200~600 MPa、室温、10 min	随着压力的升高，牛肉逐渐变白，L^* 值升高，a^* 和 b^* 呈递减趋势。压力升高过程中，高铁肌红蛋白含量先降低后升高，在 400 MPa 压力时达到最低值；随着压力升高，牛肉高铁肌红蛋白还原酶活性先升高而后迅速降低，在 400 MPa 达到最高	[53]
碎牛肉	200~500 MPa、10℃、10 min	L^* 值在 200~350 MPa 范围内随着压力的增大而升高，肉质呈粉红色；而 a^* 值在 400~500 MPa 压力范围内降低，肉质呈灰褐色。在 200~500 MPa 压力范围内，肌红蛋白总量显著降低，高铁肌红蛋白的比例在 200~400 MPa 压力范围内时显著增加，氧合肌红蛋白比例减少	[54]

续表

处理对象	处理条件	色泽变化	参考文献
猪背最长肌	50~300 MPa、4℃、10 min	L^* 值随着压力的增大呈现出逐渐上升的趋势，高于 250 MPa 时上升速度趋于减缓并逐渐保持稳定。a^* 值和 b^* 值分别在从常压至 200 MPa 和 250 MPa 时呈现出逐渐上升的趋势，之后随着压力的增加而下降。4℃、150~200 MPa、10 min 有助于提高猪背最长肌冷藏期间的 a^* 值，并有益于维持冷藏期间肉品色泽的稳定性	[55]
鸡胸肉	100~600 MPa、4℃、1~9 min	与 500 MPa 压力处理 1 min 相比，400 MPa 压力处理 5 min 时，鸡胸肉的 L^* 值显著升高（$P<0.05$），b^* 和 a^* 值相同。500 MPa 压力处理 1 min 是最适合保存鸡胸片外观色泽的处理条件	[35]
碎鸡肉	250~350 MPa、4℃、4~12 min	250 MPa 压力处理 4 min 后，L^* 值和 b^* 值分别提高了 19.30% 和 26.90%，a^* 值略有增加。在 250~300 MPa 压力范围内，L^* 值呈上升趋势，a^* 值和 b^* 值无显著变化	[56]

2.6　结论与展望

2.6.1　结论

超高压可有效杀灭细菌、霉菌、酵母及病毒，钝化内源酶，并可协同其他技术灭活芽孢，从而有效延长肉及肉制品的货架期，并且能够较好地保持产品质构特性及营养成分。在一定条件下，超高压可以改善肉品的保水性、乳化性和凝胶性等品质指标，提高肉品嫩度并发挥护色作用。

2.6.2　展望

虽然超高压技术在肉品领域具有广阔的应用前景，但目前对于超高压技术的开发和应用仍处在起步阶段，仍有一些理论和技术瓶颈有待解决。在今后的研究中，应系统揭示超高压对肉类大分子物质及品质的影响机理（如在细胞层面解释高压嫩化机理）；阐明肉品基质对超高压杀菌效果的影响规律，明确其适用条件。另外，超高压设备成本较高、处理体积较为有限且压力强度要求高等，亟须优化和完善超高压设备，降低技术使用成本，推动其产业化应用。

参考文献

［1］Rajendran S, Mallikarjunan K P, O´Neill E. High pressure processing for raw meat in combination with other treatments：A review ［J］. Journal of Food Processing and Preservation, 2022, 46（10）：e16049.

［2］徐圣捷, 赵东, 高祥, 等. 超高压食品加工设备现状及发展趋势 ［J］. 食品工业, 2019, 40（12）：222-225.

［3］蓝蔚青, 张炳杰, 谢晶. 超高压联合其他保鲜技术在水产品中应用的研究进展 ［J］. 高压物理学报, 2022, 36（2）：197-204.

［4］姜志东, 张君怡, 马嘉欣, 等. 超高压杀菌效果及机制研究进展 ［J］. 食品安全质量检测学报, 2023, 14（5）：145-154.

［5］Patterson M F, Quinn M, Simpson R, et al. Sensitivity of vegetative pathogens to high hydrostatic pressure treatment in phosphate-buffered saline and foods ［J］. Journal of Food Protection, 1995, 58（5）：524-529.

［6］Shigehisa T, Ohmori T, Saito A, et al. Effects of high hydrostatic pressure on characteristics of pork slurries and inactivation of microorganisms associated with meat and meat products ［J］. International Journal of Food Microbiology, 1991, 12（2-3）：207-215.

［7］Carlez A, Rosec J P, Richard N, et al. High pressure inactivation of *Citrobacter freundii*, *Pseudomonas fluorescens* and *Listeria innocua* in inoculated minced beef muscle ［J］. LWT-Food Science and Technology, 1993, 26（4）：357-363.

［8］Won Park S, Sohn K H, Shin J H, et al. High hydrostatic pressure inactivation of *Lactobacillus viridescens* and its effects on ultrastructure of cells ［J］. International Journal of Food Science & Technology, 2001, 36（7）：775-781.

［9］田迎春, 蔡晶晶, 高世鹰, 等. 物理超高压处理对细菌和病毒的杀灭效果研究 ［J］. 中国消毒学杂志, 2022, 39（9）：644-646.

［10］Dong P, Zhou B, Zou H, et al. High pressure homogenization inactivation of *Escherichia coli* and *Staphylococcus aureus* in phosphate buffered saline, milk and apple juice ［J］. Letters in Applied Microbiology, 2021, 73（2）：159-167.

［11］蓝蔚青, 张溪, 赵宏强, 等. 超高压处理条件对腐败希瓦氏菌的影响 ［J］. 中国食品学报, 2020, 20（6）：122-128.

［12］Wang C Y, Hsu C P, Huang H W, et al. The relationship between inactivation and morphological damage of *Salmonella enterica* treated by high hydrostatic pressure ［J］. Food Research International, 2013, 54 （2）: 1482-1487.

［13］ Phuvasate S, Su Y C. Alteration of structure and cellular protein profiles of *Vibrio parahaemolyticus* cells by high pressure treatment ［J］. Food Control, 2015, 50 （3）: 831-837.

［14］ 陆海霞, 黄小鸣, 朱军莉. 超高压对单增李斯特菌细胞膜的损伤和致死机理 ［J］. 微生物学报, 2014, 54 （7）: 746-753.

［15］ Ma J J, Wang H H, Yu L L, et al. Dynamic self-recovery of injured *Escherichia coli* O157: H7 induced by high pressure processing ［J］. LWT-Food Science and Technology, 2019, 113: 108308.

［16］ Pilavtepe-Çelik M, Yousef A, Alpas H. Physiological changes of *Escherichia coli* O157: H7 and *Staphylococcus aureus* following exposure to high hydrostatic pressure ［J］. Journal Für Verbraucherschutz Und Lebensmittelsicherheit, 2013, 8 （3）: 175-183.

［17］ Alpas H, Kalchayanand N, Bozoglu F, et al. Interactions of high hydrostatic pressure, pressurization temperature and pH on death and injury of pressure-resistant and pressure-sensitive strains of foodborne pathogens ［J］. International Journal of Food Microbiology, 2000, 60 （1）: 33-42.

［18］ 奚秀秀, 徐宝才, 许世闯, 等. 超高压对肉制品的杀菌效果及杀菌机制的研究进展 ［J］. 肉类研究, 2016, 30 （8）: 39-43.

［19］ 易建勇, 董鹏, 丁国微, 等. 超高压对双孢蘑菇的杀菌效果和动力学的研究 ［J］. 食品工业科技, 2012, 33 （9）: 78-81.

［20］ 雷雨晴, 郝静怡, 吴傲, 等. 超高压对仙人掌有孢汉逊酵母的损伤机理 ［J］. 农业工程学报, 2021, 37 （2）: 297-303.

［21］ Eicher R, Ludwig H. Influence of activation and germination on high pressure inactivation ofascospores of the mould *Eurotium repens* ［J］. Comparative Biochemistry and Physiology Part A: Molecular & Integrative Physiology, 2002, 131 （3）: 595-604.

［22］ Butz P, Funtenberger S, Haberditzl T, et al. High pressure inactivation of *Byssochlamys nivea* ascospores and other heat resistant moulds ［J］. LWT-Food Science and Technology, 1996, 29 （5-6）: 404-410.

［23］ Silva F V M. Differences in the resistance of microbial spores to thermosonication, high pressure thermal processing and thermal treatment alone ［J］. Journal of Food Engineering, 2018, 222: 292-297.

［24］ Reyns K M F A, Veraverbeke E A, Michiels C W. Activation and inactivation of-

*Talaromycesmacrosporus*ascospores by high hydrostatic pressure [J]. Journal of Food Protection, 2003, 66 (6): 1035-1042.

[25] Kalagatur N K, Kamasani J R, Mudili V, et al. Effect ofhigh pressure processing on growth and mycotoxin production of *Fusarium graminearum* in maize [J]. Food Bioscience, 2018, 21: 53-59.

[26] Grove S F, Forsyth S, Wan J, et al. Inactivation of hepatitis A virus, poliovirus and a norovirus surrogate by high pressure processing [J]. Innovative Food Science & Emerging Technologies, 2008, 9 (2): 206-210.

[27] Kingsley D H, Holliman D R, Calci K R, et al. Inactivation of a norovirus by high-pressure processing [J]. Applied and Environmental Microbiology, 2007, 73 (2): 581-585.

[28] Chen H, Hoover D G, Kingsley D H. Temperature and treatment time influence high hydrostatic pressure inactivation of feline calicivirus, a norovirus surrogate [J]. Journal of Food Protection, 2005, 68 (11): 2389-2394.

[29] Araud E, Dicaprio E, Yang Z, et al. High-pressure inactivation of rotaviruses: Role of treatment temperature and strain diversity in virus inactivation [J]. Applied and Environmental Microbiology, 2015, 81 (19): 6669-6678.

[30] 周頔, 蔡华珍, 杜庆飞, 等. 超高压协同保鲜剂对卤牛肉杀菌效果和品质的影响 [J]. 食品工业, 2017, 38 (7): 93-97.

[31] 白艳红, 毋尤君, 张翔, 等. 超高压处理提高冷却肉生物安全性的研究 [J]. 食品工业科技, 2008, 29 (6): 99-101.

[32] 常江, 巩雪. 超高压处理对冷鲜肉品质影响 [J]. 包装工程, 2015, 36 (9): 60-63.

[33] 张根生, 王军茹, 刘志彬, 等. 超高压处理预调理猪肉馅工艺优化及贮藏品质变化 [J]. 包装工程, 2023, 44 (3): 96-105.

[34] 李楠, 张艳芳, 韩剑飞, 等. 超高压杀菌对冰鲜鸡肉感官品质及微生物的影响 [J]. 肉类工业, 2015 (3): 19-23.

[35] Cap M, Paredes P F, Fernández D, et al. Effect of high hydrostatic pressure on *Salmonella* spp inactivation and meat-quality of frozen chicken breast [J]. LWT-Food Science and Technology, 2020, 118: 108873.

[36] Huang C Y, Sheen S, Sommers C, et al. Modeling the survival of *Escherichia coli* O157: H7 under hydrostatic pressure, process temperature, time and allyl isothiocyanate stresses in ground chicken meat [J]. Frontiers in Microbiology, 2018, 9: 1871.

[37] Chuang S, Sheen S, Sommers C H, et al. Modeling the reduction of *Salmonella* and *Listeria monocytogenes* in ground chicken meat by high pressure processing and trans-cinnamaldehyde [J]. LWT-Food Science and Technology, 2021, 139: 110601.

[38] Sommers C, Sheen S, Scullen O J, et al. Inactivation of *Staphylococcus saprophyticus* in chicken meat and purge using thermal processing, high pressure processing, gamma radiation, and ultraviolet light (254 nm) [J]. Food Control, 2017, 75: 78-82.

[39] 韩衍青, 张秋勤, 徐幸莲, 等. 超高压处理对烟熏切片火腿保质期的影响 [J]. 农业工程学报, 2009, 25 (8): 305-311.

[40] 张建, 夏杨毅, 陈立德, 等. 超高压处理对烤乳猪微生物指标及物理性质的影响 [J]. 食品科学, 2009, 30 (23): 60-64.

[41] Rubio B, Martinez B, Garcia-Cachan M D, et al. Effect of high pressure preservation on the quality of dry cured beef "Cecina de Leon" [J]. Innovative Food Science & Emerging Technologies, 2007, 8 (1): 102-110.

[42] 张鑫, 闫玉雯, 朱迎春. 超高压处理对低盐牛肉乳化肠品质的影响 [J]. 核农学报, 2021, 35 (10): 2352-2360.

[43] 刘勤华, 马汉军, 潘润淑, 等. 高压处理强度和保压时间对烧鸡贮藏性的影响 [J]. 食品科学, 2011, 32 (5): 39-44.

[44] 沈旭娇. 超高压处理对盐水鸭货架期的影响 [D]. 南京: 南京农业大学, 2012.

[45] 张隐, 赵靓, 王永涛, 等. 超高压处理对泡椒凤爪微生物与品质的影响 [J]. 食品科学, 2015, 36 (3): 46-50.

[46] 马汉军, 董建国, 马瑞芬, 等. 高压处理对碎牛肉重组特性的影响 [J]. 现代食品科技, 2014, 30 (4): 189-195.

[47] 郭丽萍, 熊双丽, 黄业传. 超高压结合热处理对猪肉蛋白质相互作用力及结构的影响 [J]. 现代食品科技, 2016, 32 (2): 196-204.

[48] Saricaoglu F T, Gul O, Tural S, et al. Potential application of high pressure homogenization (HPH) for improving functional and rheological properties of mechanically deboned chicken meat (MDCM) proteins [J]. Journal of Food Engineering, 2017, 215: 161-171.

[49] 孙娟, 黄业传, 李婷婷. 猪肉超氧化物歧化酶超高压失活动力学研究 [J]. 食品工业科技, 2016, 37 (1): 126-129.

[50] Ferrini G, Comaposada J, Arnau J, et al. Colour modification in a cured meat

model dried by quick‐dry‐slice process ® and high pressure processed as a function of NaCl, KCl, K‐lactate and water contents ［J］. Innovative Food Science & Emerging Technologies, 2012, 13（2）：69‐74.

［51］马汉军, 王霞, 周光宏, 等. 高压和热结合处理对牛肉蛋白质变性和脂肪氧化的影响［J］. 食品工业科技, 2004, 25（10）：63‐65.

［52］马汉军, 赵良, 潘润淑, 等. 高压和热结合处理对鸡肉 pH、嫩度和脂肪氧化的影响［J］. 食品工业科技, 2006, 27（8）：56‐59.

［53］王璐, 韩衍青, 杨伯冰, 等. 超高压处理对冷却牛肉色泽稳定性的影响［J］. 食品工业科技, 2015, 36（2）：138‐142.

［54］Carlez A, Veciana‐Nogues T, Cheftel J C. Changes in colour and myoglobin of minced beef meat due to high pressure processing［J］. LWT‐Food Science and Technology, 1995, 28（5）：528‐538.

［55］王玮, 葛毅强, 王永涛, 等. 超高压处理保持猪背最长肌冷藏期间肉色稳定性［J］. 农业工程学报, 2014, 30（10）：248‐253.

［56］Chai H E, Sheen S. Effect of high pressure processing, allyl isothiocyanate, and acetic acid stresses on *Salmonella* survivals, storage, and appearance color in raw ground chicken meat［J］. Food Control, 2021, 123：107784.

［57］袁龙. 软包装食品超高压及其微波协同杀菌工艺与动力学研究［D］. 无锡：江南大学, 2017.

第3章　辐照与肉品保鲜

食品辐照技术是利用射线的辐射能量照射食品，杀灭各种微生物，对食品起到防腐、杀菌等作用的一种物理杀菌技术。目前，用于食品辐照的辐射源主要包括 γ 射线、电子束和 X 射线等。

3.1　辐照技术概述

3.1.1　辐照保鲜原理及特点

（1）技术原理

食品辐照保鲜是利用电离辐射（γ 射线、电子束和 X 射线等）与物质相互作用所产生的物理、化学和生物效应的一种保鲜技术。食品中的微生物吸收辐照射线能量后，化学键发生断裂，菌体代谢减慢甚至失活，从而起到杀菌、保鲜和延长货架期等作用。辐照技术杀灭微生物一般有两种机制：第一种为直接效应，利用辐照射线破坏微生物的分子键，通过使 DNA 结构降解、蛋白质变性，让细胞整体生理代谢紊乱和染色体复制功能丧失，从而使微生物细胞损伤或死亡；第二种为间接效应，利用水或氧分子电离形成强氧化或强还原的活性物质，如羟基自由基、质子化水等，并作用于生物大分子，使生物大分子的结构被破坏，生物体活性受到损伤。

（2）分类

目前食品辐照处理主要采用 ^{60}Co 或 ^{137}Cs 辐射装置产生的 γ 射线、高能加速器产生的电子束及 X 射线。^{60}Co 辐射源是应用最多的一种 γ 射线源，^{60}Co 的半衰期是 5.25 年，衰变后变成稳定的同位素镍。工业上也有用 ^{137}Cs 作为辐射源，其半衰期是 30 年。电子束辐照（electron beam irradiation，EBI）是利用电子加速器产生的脉冲电子束射线穿透并作用于物质，使其发生物理、化学和生物变化，目前能量为 10 MeV 的高能电子束应用较多。快速电子在原子核的库仑场中减速时会产生连续谱的 X 射线。加速器产生的高能电子打击在重金属靶子上同样会产生能量从零到入射电子能量的 X 射线（食品辐射应用多指这种形式的 X 射线）。在入射电子能量低时，产生的 X 射线向四面八方发射（发散）。随着能量增大，X 射线逐渐倾向前方。X 射线穿透力强（与 γ 射线类似），电子加速器作为 X 射线源效率低，能量中已含大量低能部分，难以均匀地照射大体积样品，故尚未得到广泛应用。

（3）技术特点

辐照技术是一种"冷杀菌"技术，具有穿透性强、无残毒、易控制等独特优势，对食品和生鲜农产品具有良好的保鲜效果。此外，辐照处理食品能耗低，对环境的污染小，是一种环境友好型的物理保鲜技术。食品辐照技术在食品工业中的应用发展十分迅速，并且得到国际食品法典委员会的认可。与传统食品保鲜技术相比，辐照技术具有节能、操作简便、绿色环保等优点。但是，高剂量的辐射可能会对一些食品组分和感官品质造成不良影响，这影响着消费者对辐照产品的认可。辐照设备的价格相对较高，在一定程度上制约了辐照技术的推广应用。

3.1.2 辐照产生方法与装置

食品辐照装置主要包括电子加速器、自动控制与安全系统、防护设备等，核心部分是电子加速器。

（1）电子加速器

电子加速器（简称加速器）是用电磁场使电子获得较高能量，将电能转变成射线（高能电子射线）的装置。电子加速器可以作为电子射线辐射源。为保证食品的安全性，辐照保藏食品多使用 5 MeV 的电子加速器。常用的电子加速器主要有静电加速器、高频高压加速器、绝缘磁芯变压器、微波电子直线加速器和脉冲电子加速器等。电子射线又称电子流、电子束，其能量越高，穿透能力就越强。电子加速器产生的电子流强度大，剂量率高，聚焦性能好，并且可以调节和定向控制，便于改变穿透距离、方向和剂量率。加速器可在任何需要的时候启动与停机，停机后便不再产生辐射，无放射性污染，便于检修。但加速器装置造价高，且电子加速器的电子密度大，电子束射线射程短（由于能量有限制，不超过10 MeV），穿透能力差，一般仅适用于食品表层的辐照。

（2）自动控制与安全系统

为了防止射线伤害辐射源附近的工作人员和其他生物，必须对辐射源和射线进行严格的屏蔽。屏蔽 γ 射线的安全结构一般选用密度大的材料。铅的密度大（11.34 g/cm³），屏蔽性能好，因此铅容器可以用来贮存辐射源。钢材在加工较大的容器和设备中常用作结构骨架。水屏蔽的优点是具有可见性和可入性，常用深水井贮存辐射源（如 ^{60}Co、^{137}Cs 等）。混凝土墙，既是建筑结构又是屏蔽物，混凝土含有的水可以较好地屏蔽中子。各种屏蔽材料的厚度必须大于射线所能穿透的厚度，屏蔽材料在施工过程中要避免产生空洞及缝隙过大等问题，防止 γ 射线泄漏。辐照室是照射样品的场所，其防护墙的几何形状和尺寸的设计，不仅要满足食品辐照条件的要求，还要有利于 γ 射线的散射，使铁门外的剂量达到自然本底。辐照室空气中的氧气经 $^{60}Co-\gamma$ 射线照射后会产生臭氧，臭氧生成的浓度大小与使用的辐射源强度成正比，为防止其对照射样品质量的影响及保护工作人员健康，在辐照室内须有通风设备。

工业用食品辐照装置是以辐射源为核心，并配有严格的安全防护设施和自动输送、排风系统。食品辐照采用的设备应有权威管理部门审批，符合安全、卫生、有效的要求，符合国际操作规范（《国际辐照食品加工通用标准》CODEX STAN106，Rev. 1-2003）。所有的运转设备、自动控制、报警与安全系统必须稳定、可靠。只有在完成这些安全操作手续，确保辐照室没有任何射线时，工作人员才能进入辐照室。

3.2　辐照技术在肉品保鲜中的应用

3.2.1　辐照技术在生鲜肉保鲜中的应用

随着我国人民消费水平的提高，消费者对生鲜肉的需求越来越大。生鲜肉营养物质丰富，容易受外界微生物污染，因此生鲜肉的杀菌保鲜一直是食品工程领域的研究热点。辐照杀菌作为一种非热杀菌方式在生鲜肉的保鲜中具有广阔的应用前景。雷英杰等分别采用剂量为（1、3、5、7 和 9）kGy 的电子束处理生鲜猪肉并在 4℃进行储藏，发现辐照处理能够显著降低单增李斯特菌的数量，将生鲜猪肉的货架期由原来的 2~3 天延长了 6~9 天。Xavier 等使用剂量为 2~5 kGy 的 γ 射线处理牛肉馅，并对其各项指标进行评估。研究表明，辐照处理能显著减少牛肉馅中存在的 *E. coli* O157：H7，并且不影响其色泽、气味等感官品质。王国霞等使用 0.1~1.0 kGy 剂量的 X 射线处理冷鲜猪肉，发现沙门氏菌数量随辐照剂量的增加而降低；辐照处理可将冷鲜猪肉的货架期由 2 天延长至 8 天，辐照处理组样品的感官无明显变化，但硫代巴比妥酸反应物（thiobarbituric acid reactants，TBARS）含量有所升高。

3.2.2　辐照技术在即食肉制品保鲜中的应用

即食肉制品如猪肉脯、酱牛肉、烤鸡、烤鸭等深受年轻人的喜爱，是年轻人的主要消费方向。但即食食品营养丰富，容易受到腐败菌和食源性病原菌的污染，从而危害消费者的身体健康。

研究表明，使用（0、2、4、6 和 10）kGy 剂量的电子束辐照处理烧鸡，随后在 37℃恒温培养箱贮藏，发现随着辐照剂量的增加，贮藏期间烧鸡的菌落总数、TBARS 和 pH 均有所下降，货架期与对照组相比延长了 15 天。张扬等使用 (0、4、6、8 和 10) kGy 剂量的 ^{60}Co-γ 射线处理烤鸭和盐水鸭，发现辐照处理可以显著降低其中的微生物数量，并指出辐照处理烤鸭和盐水鸭等产品，辐射剂量不宜超过 4 kGy。吴锐霄发现 3 kGy 的电子束辐照不会对即食腊肉的脂肪、蛋白质氧化和风味等产生影响；9 kGy 的电子束辐照处理会降低其安全性，并显著影响即食腊肉的品质，因此控制好辐照剂量既可以减少微生物，又可以保证其原有的风味。

3.2.3　辐照技术在预制肉品保鲜中的应用研究

预制肉制品是一种以肉为基础原料，根据消费者个人饮食爱好或营养需求调配而成肉制品，简单加工便可食用的一类肉制品。随着生活节奏的加快以及人们营养、健康意识的提升，方便快捷的预制肉制品成为人们生活中必不可少的肉制品，其需求呈现逐年递增的趋势。

辐照在预制肉制品中应用研究起步相对较晚，前期研究主要集中在辐照对肉类的杀菌效果，对辐照剂量、包装材料、感官变化、微生物的变化进行初步地探索。文献报道的结果显示，不同种类的微生物对辐照敏感程度不同，并且不同种类的肉制品辐照杀菌效果也不同，微生物的致死剂量也存在显著的差异。早期的西方国家预制肉制品主要以冷冻形式销售，随着人们消费观的转变，冷冻肉制品已不能满足消费者的需求。国际原子能机构（IAEA）共同开展了关于辐照保障肉制品安全性、延长预制肉制品保鲜期的发展项目研究，主要集中研究肉类制品等预制肉制品，种类也较广泛，包括中国传统的肉制品，如无锡的排骨、四川腊肉、河南酱卤牛肉等地方特色肉制品 26 种。利用辐照技术保障预制肉制品的安全性的研究取得了显著进展，研究表明辐照作为一种冷杀菌技术在预制肉制品是行之有效的方法。辐照保鲜技术的实施，加快了发达国家肉制品冷链销售的步伐，并且保证了产品的货架期和微生物的安全性。在发展中国家，预制肉制品的销售无论是冷链销售还是常温销售，均能保证其微生物的安全性。随着生活节奏的改变，预制肉制品具有广阔的发展前景和空间。

近年消费者对便捷的肉制品的需求在不断增长。自 20 世纪中期后，随着全球经济的复苏和发展，许多发达国家人们的生活方式和节奏在不断加快，对生活质量的需求不断提高，为方便家庭肉制品及简单烹调肉食带来发展空间。日本、韩国的预制肉类占肉食总量的 60% 以上，他们还根据饮食习惯，开发出具有特色的 BBQ 等预制肉制品。我国的许多肉类菜肴已经成为预制肉品，但预制肉制品卫生安全性很难保障，危害人们的健康。为了提高和保障肉制品的质量安全，我国研究人员开展了辐照技术的研究，使辐照技术的应用在预制肉制品中应运而生，而且获得了快速的发展。

3.2.4　辐照技术在发酵肉制品加工中的应用

食品辐照已经被用于改善发酵肉制品食品安全，并且进行了大量研究来确定辐照对肉类安全和质量的影响。研究表明，在生产香肠之前对生肉材料进行辐照（1.5 kGy 和 3.0 kGy）可减少大肠杆菌 O157∶H7 数量，使产品的质量特征非常类似于传统生产的干香肠。此外，电离 γ 射线辐射能够有效杀灭李斯特菌属菌种。研究结果表明，对冷冻肉/脂肪切边进行 2~4 kGy 范围内的辐照能够使大肠杆菌 O157∶H7 减少 5 lg CFU/g，但对乳酸杆菌的控制作用较弱。包括相似剂量和相似加工条件下的单增李斯特菌。结果进一步表明，肉馅的 γ 射线辐射对随后的香肠酸化、脱水速率和细菌发酵剂的生长没有显著影响。有研究人员使用（0.5、1.0、2.0 和 4.0）kGy 的 γ 射线辐射对冷藏期间的真空包装干发酵香肠进行处理，探究其对香肠品质的影响，包括色泽、挥发性碱性氮、脂质氧化、微生物计数和感官特性等。结果表明，辐照对真空包装的干发酵香肠的色泽、挥发性碱性氮、脂质氧化和微生物计数（菌落总数、大肠菌群和乳酸菌）产生显著影响，且呈剂量依赖性。感官评价表明，在 4.0 kGy 辐射的样品因脂质氧化产生的腐臭味道明显更高。

有研究表明贮藏过程中通过 γ 射线辐照，减少了意大利辣香肠中的大多数生物胺，但促进了亚精胺、苯乙胺、尸胺和色胺的形成。辐照处理，然后熟化，是造成这些结果的原因。火腿自然条件下的成熟可能导致其中存在大量微生物，这些微生物可能参与了成熟阶段生物胺的产生。此外，研究人员用不同剂量（2.0、4.0 和 6.0 kGy）的 γ 射线辐射对自然发酵的埃及香肠中生物胺形成的影响进行了研究。结果表明，随着储存时间的推移，所有生物胺水平呈下降趋势，组胺水平显著降低。综上所述，γ 射线辐射已经被证明是一种对发酵肉制品有益的保存技术。

在商业上，与电子束辐射相比，γ 射线辐射已经显示出更有前景的结果，因为电子束辐射的产品穿透深度有限。但电子束辐射相比于 γ 射线辐射也有优点，电子束辐射不需要放射性同位素源。研究表明电子束辐射和各种抗氧化剂的联用会对冷藏期间发酵香肠质量属性产生综合影响。2.0 kGy 的电子束辐照在发酵香肠的生产中最有效，添加迷迭香提取物有效地控制了贮藏期间异味的产生和脂肪氧化。2.0 kGy 的电子束辐照结合添加玫瑰提取物可以提高冷藏期间发酵香肠的质量和安全性，且 2.0 kGy 电子束辐照处理干发酵香肠对香肠外观、气味和味道等感官指标的影响可以忽略不计。

3.2.5　辐照技术在肉制品有害残留物降解中的应用

辐照技术不仅在肉制品保鲜方面大有作为，还能降解食品中的有害残留物。适当剂量的辐照能改变有害残留物的结构和特性，从而将其去除，达到保障食品安全的目的。烟熏食品会产生较多的致癌物，辐照能有效地减少其含量。Otoo 等使用（2.5、5 和 7.5）kGy 剂量的 γ 射线处理烟熏鸡肉，发现辐照处理后的样品多环芳烃及其致癌衍生物的含量明显降低。铬是一种对人体有较大危害的重金属，食用含有高价铬的猪肉会导致其在人体内累积，危害人体健康。Ren 等使用电子束辐照，成功地将猪肉中游离的高价铬还原成低毒性的三价铬，还原效率高达 98.03%。氯霉素是一种常见的畜禽用药，使用后会在畜禽肉中残留，食用危害人体健康。李军等采用电子束辐照对鸡肉中残留的氯霉素进行降解，取得了良好的降解效果。使用 4 kGy 剂量的电子束辐照处理残留氯霉素浓度为 5.42 mg/kg 的鸡肉，能降解 89.7%氯霉素。辐照技术在降解有害物残留方面有着重要作用，需要更多的研究挖掘其潜力。

3.3　辐照技术对肉品品质的影响

3.3.1　辐照技术对肉品感官的影响

辐照对肉品的感官特性产生重要影响，主要表现两方面：一是对肉品色泽的影响；二是对肉品风味的影响。

（1）辐照技术对肉品色泽的影响

色泽是影响肉品品质的重要感官指标之一，是决定消费者是否有购买意愿的影响因素之一。辐照剂量、动物种类、肌肉类型、添加剂和包装类型等各种因素都会影响辐照处理肉品的色泽变化。

在有氧和真空包装系统中，辐照提高了家禽胸肉的 a^* 值（红度），但在储存期间，真空包装的肉比有氧包装的肉 a^* 值明显更高，辐照未加工的熟肉制品会产生粉红色，但辐照会导致加工熟肉制品褪色（a^* 值降低）。辐照过的肉的鲜红色是由于高铁肌红蛋白与羟基自由基反应后形成了氧肌红蛋白。红色素不可能是氧肌球蛋白，因为辐射形成的红色在缺氧条件下产生。辐照肉中的红色色素是由一氧化碳—肌红蛋白引起的。一氧化碳可以由有机组分如醇、醛、酮、羧酸、酰胺和酯产生。肉类成分如甘氨酸、天冬酰胺、谷氨酰胺、丙酮酸、甘油醛、α-酮戊二酸和磷脂也是通过辐照进行联合生产的良好底物。辐射会产生水合电子（含水电子），这是一种辐射分解自由基，可以作为一种强有力的还原剂，降低肉类的氧化还原电位。氧合肌红蛋白样色素是由水合电子将高铁细胞色素还原为亚铁细胞色素，并在照射过程中被剩余氧或产生的氧中氧化而形成的。肉类中氧化还原电位的减少在钴-肌红蛋白形成中起了非常重要的作用，因为钴-肌红蛋白复合物只能在血红素色素处于还原形式时形成。另外，植物色素对辐照的抗性强，而动物色素对辐照更敏感。

Sweetie 等应用剂量率为 3 kGy/h，照射剂量为（1.0，2.0 和 3.0）kGy 的 γ 射线辐照处理新鲜鸡肉和羊肉串，后放置在 0~3℃ 的介质中观察到色泽的变化，两组感官评定结果差异无明显差异。Park 用于辐照的牛肉饼 a^* 和 b^* 值下降。然而，有研究发现冰鲜猪肉馅用 5 kGy 的 γ 射线辐照，猪肉馅的 a^* 值高于未辐照组，L^* 没有显著差异，与 Park 的发现存在一定差异。这可能是因为研究对象原料组成不同引起的，牛肉饼是一种肉制品，与冰鲜猪肉馅、牛肉馅和牛肉等原料的性质不同。尚颐斌使用冷鲜猪肉作为研究的对象，研究电子束辐照对其品质的影响，结果表明第 0 天时，处理组 a^* 值明显高于对照组，结果与 Waje 研究结果相同。在合理的剂量范围内，辐照处理会提高冷鲜肉的红度（a^*）值。

（2）辐照技术对肉品风味的影响

在实际应用过程中，辐照处理的肉通常会产生"辐照味"。这种"辐照味"会影响肉类的风味，降低消费者的购买意向。

二甲基三硫醇、顺式-3-和反式-6-壬烯醛、辛-1-烯-3-酮和双（甲硫基）甲烷等挥发性化合物也是产生"辐照味"的因素。研究表明，辐照处理会产生许多新的挥发性化合物，如 2-甲基丁醛、3-甲基丁醛、1-己烯、1-庚烯、1-辛烯、1-壬烯、硫化氢、二氧化硫、巯基甲烷、二甲基硫醚、硫代乙酸甲酯、二甲基二硫醚和三甲基硫醚等。然而，感官结果表明，含硫化合物是造成辐照肉中产生异味的主要挥发性成分。虽然烹饪也会使肉类产生含硫化合物，但辐照产生的硫化合物量远远高于烹饪产生的含硫化合物量。与其他化合物相比，含硫化合物的气味强度更强烈。大多数含硫化合物的气味阈值较低，对辐射气味的影响很大。含硫挥发物样品的气味与它们的组成、含硫挥发物在样品中的含量相关性显著。含硫氨基酸是产生"辐照味"的主要原因，火鸡火腿中含硫化合物的含量、硫黄味强度与辐照剂量有关。来自脂类的挥发物仅占"辐照味"的一小部分，该气味与氧化肉中加热过的气味明显不同。一些研究人员使用模型系统性测试了辐照肉类异味产生的硫理论，发现氨基酸的侧链容易发生辐射降解。辐照含硫氨基酸均聚物的气味特征与辐照肉的气味特征相似。蛋氨酸和半胱氨酸是肉类成分中主要的含硫氨基酸，但蛋氨酸占辐照产生的总含硫化合物的 99% 以上，表明甲硫氨酸的侧链对辐射降解非常敏感。含硫化合物不仅是由侧链的辐射裂解（初级反应）产生的，也是由初级含硫化合物与其周围的其他化合物的次级反应产生的。通过脱氨作用和斯特雷克降解对氨基酸进行辐射降解。辐射可使氢过氧化物的侧链和氨基酸主链在氧气存在下辐射产生（在 α-碳位置），N-乙酰氨基酸、肽 3-甲基丁醛和 2-甲基丁醛是由亮氨酸和异亮氨酸通过氨基酸侧链被辐射降解产生的。

目前，辐照肉中"辐照味"的机理还没有得到充分的研究。大多数研究人员认为，辐照促进了脂肪中自由基的产生，使脂肪氧化自由基的链式反应加速，加深了脂肪的氧化程度。脂肪氧化的主要产物过氧化氢分解成醛、酮、酸等小分子，导致"辐照味"的产生。其他研究人员认为，辐射导致蛋白质变性，生成甲基硫醇和硫化氢，产生了"辐照味"。辐照后去骨鸡的感官评价结果表明，对照组的感官评价评分低于处理组，两组之间存在显著差异。Nagy 等发现，所有辐照过的产品都会产生轻微的"辐照味"，然而产品在辐照后放置一段时间，"辐照味"就消失了。冯晓琳用不同剂量电子束辐照冷冻猪肉处理后有明显气味，但随着储存时间的延长，"辐照味"减少，这与 Nagy 等的研究结果一致。目前，研究人员对肉类"辐照味"控制措施进行了深入研究，发现以下措施可以有效地减少或消除不良的"辐照味"：

①降低辐照温度和储存温度　高温条件下进行辐照，生化反应非常剧烈，自由基的产生速度显著加快，生成量也会加大，这意味着脂肪的氧化程度加大，挥发性物质增加，"辐照味"更明显。

②选择合理的包装形式　在相同贮藏条件下，有氧包装的辐照肉制品比真空包装的辐照肉制品脂肪更易氧化。因此，控制包装内的气体可以降低脂肪氧化，减少挥发性物质的产生，提高辐照肉制品的品质，如抽真空密封包装、采用气调包装（N_2、CO_2 等惰性气体）等。

③添加抗氧化剂或吸附剂　肉制品中加入抗氧化剂能阻止氧化性腐败，减少"辐照味"的产生，提高色泽的稳定性。抗氧化剂能消除自由基，阻断自由基链式反应，减少脂肪氧化和由辐照产生的挥发性物质。

④降低肉制品含水量　食品中含水量的高低对辐照异味的产生影响也较大。通常，含水量较高的食品辐照后容易产生辐照异味，但降低肉品含水量容易引起感官变化。辐照处理对肉品感官品质的影响见表 3-1。

表 3-1　辐照对肉品感官特性的影响

样品	处理方式	剂量	存储条件	感官特征
熏珍珠鸡肉	γ 射线辐照	2.5 kGy、5 kGy 和 7.5 kGy	保存在冰箱（2~4℃）中，保存期为 7 周	不会影响香气、色泽、嫩度或味道

续表

样品	处理方式	剂量	存储条件	感官特征
红肉为主的即食食品	γ 射线辐照	8 kGy 和 45 kGy	泡沫塑料盒子+冰块：非辐照食品。塑料容器：常温辐照食品。周期：5天，共30天	辐照食品的感官特征，包括整体外观、质地、色泽、味道和香气，被消费者认为是可以接受的
卤猪里脊肉	电子束辐照	0.2~3 kGy	在4~8℃的绝缘盒中保存0~20天	延长辐照产品的保质期不会导致任何感官质量的改变
韩国本地牛肉	紫外线照射	4.5 mWs/cm²	用聚氯乙烯包裹；在3~5℃下保存9天	感官测试的结果显示辐照和未辐照样品之间没有明显的差异
兔肉	γ 射线辐照	（0、1.5 和 3）kGy	用聚乙烯袋包装在3~5℃的冰箱中保存3周	γ 辐照对兔肉的感官特性影响不显著
火鸡胸肉	γ 射线辐照	（0.0、0.5、2.0 和 4.0）kGy	在-18℃下保存2个月	在外观和气味方面都是可接受的
生绞牛肉	电子束辐照	（0、1.5、3.0 和 4.5）kGy	真空包装，在4℃下保存24 h	将样品暴露在小于 3 kGy 的辐照下会导致感官特性的微小变化
牛肉	γ 射线辐照	第一次处理：（0.26、0.44、0.67 和 0.86）kGy；第二次处理：1 kGy；第三次处理：2.5 kGy	聚乙烯袋；冷冻保存在-18℃	用 2.5 kGy γ 射线照射样品不影响消费者接受结果
碎驼肉	γ 射线辐照	（0、2、4 和 6）kGy	在 1~4℃ 冰箱储存 2 周、4 周和 6 周	辐照过的肉类样品与未辐照过的样品具有相似的感官品质
生牛肉饼	电子束辐照	（2、4 和 6）kGy	尼龙聚乙烯袋包装；保存在-18℃；储存期长达7个月	电子束辐照对牛肉样品的感官特性没有影响
碎驼肉	γ 射线辐照	（0、2、4 和 6）kGy	放在聚苯乙烯托盘中，用聚乙烯薄膜覆盖；1~4℃冰箱保存；储存6周	辐照过的骆驼肉与未辐照过的骆驼肉具有相似的感官特性

样品	处理方式	剂量	存储条件	感官特征
牛肉边角料（20%脂肪）	γ射线辐照	2~5 kGy	无菌袋、聚乙烯袋；在-18℃（或2℃下保存30天）	经过1天或30天辐照处理后的装饰物在感官上没有差别
麻辣牛肉干	γ射线辐照	（0、0.5、1.5、3、4、6和8）kGy	真空包装；冰箱储存（4~8℃）1周	随着辐照剂量的增加，对麻辣牛肉样品色泽和味道的偏好降低

3.3.2 辐照技术对肉品质地的影响

辐照会通过影响蛋白质水解，直接影响肌原纤维和结缔组织结构，从而引起肉品质构的变化（主要是肉品嫩度的变化）。辐照对肉品质构特性影响的程度取决于辐照的剂量、温度、pH、包装形式、贮藏时间、肌肉类型与含水量。不同种类或不同状态蛋白质的辐照敏感性不同。肉类食品的剪切力大小可以反映肉类食品的嫩度。辐照可以使肉制品肌肉发生物理性的崩塌，导致肌肉组织嫩度上升。在一些样品中，辐照也会因引起蛋白质变性而导致肉品增韧。表3-2总结了一些电子束辐照对肉品质构特性的影响。

表3-2 电子束辐照对肉品质构特性的影响

样品	辐照剂量/kGy	对质构特性的影响
牛肉	2.55	肌束断裂，嫩度增加，对剪切力值及肌原纤维断裂指数无显著影响
牛肉	6.4	剪切力值明显增大
猪肉	4	对嫩度无显著影响
猪肉	4.4	对剪切力值无显著影响
鸡肉	2.2~2.9	剪切力值变大，嫩度下降

低剂量辐照对猪肉的嫩度和剪切力大小并无显著影响，可能是因为低剂量辐照并没有使肉品过度氧化。而以2.5 kGy剂量辐照处理牛肉，可以使牛肉肌肉中的肌束发生断裂，嫩度增加。这主要是因为辐照可以使肉制品发生物理性的肌肉崩塌，从而导致肌肉组织嫩度上升。

3.3.3 辐照技术对肉品营养成分的影响

（1）辐照技术对肉品脂肪的影响

脂肪是食品中挥发性最强的物质之一。肉品一旦受到辐照、金属络合物和酶等因素的作用，就会加速自由基的形成，促进脂肪氧化，产生一些影响肉质的特殊不稳定物质。同时，经过辐照处理后，肉中脂肪酸的种类和数量会发生变化。

辐射会加速肉类中的脂质氧化，因为电离辐射会使肉类产生羟基自由基，这是脂质氧化的一种强引发剂。羟基自由基是最具活性的活性氧物质之一，由水分子通过电离辐射产生，可引发肉类中的脂质氧化。一般来说，肉含有 75% 及以上的水。在有氧包装条件下，辐照会增加生肉和熟肉的 TBARS 值。TBARS 值与有氧包装的辐照肉中醛类、总挥发性物质和酮类的含量有很强的相关性，但与真空条件下的挥发性物质含量没有相关性。与生肉的包装、辐照或储存条件相比，防止烹饪后暴露于氧气对熟肉质量更为重要。具有较高多不饱和脂肪酸的有氧或真空包装香肠的 TBARS 值，高于具有较低不饱和脂肪酸的香肠。在铁离子的存在下，氧可以通过芬顿反应形成羟基自由基。因此，氧气的存在对肉类中脂肪氧化和气味产生有显著影响。即使在辐照后，固化的肉制品比未固化的肉制品更能抵抗氧化变化，因为腌肉制品中添加的亚硝酸盐具有很强的抗氧化作用。烹饪后排除肉类中的氧气对于防止肉制品中的氧化链式反应非常重要。此外，在辐照前后，与生肉的包装和储存条件相比，防止熟肉暴露在氧气中对熟肉质量更重要。

柯欢等使用（1、3、5、7 和 9）kGy 的电子束辐照处理牦牛肉，研究发现辐照剂量对风干牦牛肉的基本营养成分无显著影响（$P>0.05$）。随着辐照剂量的增加，风干牦牛肉的脂肪氧化程度逐渐增加，在保藏 25 天后风干牦牛肉的脂肪氧化程度明显上升。刘福莉对猪肉火腿使用不同剂量的 γ 射线辐照和电子束处理，测定处理后的 TBARS 值。结果表明，当辐照剂量大于 10 kGy 时，TBARS 与对照组无显著差异；但是当辐照剂量超过 15 kGy 时，处理组样品的 TBARS 明显高于对照组的样品，说明减少辐照剂量可以有效调节脂肪氧化。郭淑珍等发现，1.1~4.4 kGy 辐照处理的五花肉，其过氧化值（peroxide value，POV）随着辐照剂量的增加而显著提升。这表明辐照处理会加速脂肪的氧化，氧化速率与辐照的剂量呈正相关关系。Chen 等研究发现，被辐照处理后，牛肉脂质中脂肪酸的种类和含量发生了变化，单不饱和脂肪酸含量增加，多不饱和脂肪酸含量降低，饱和脂肪含量增加，但单不饱和脂肪酸与饱和脂肪酸的比例没有变化。医学研究表明，饱和脂肪酸会增加人体血浆胆固醇和低密度脂蛋白含量，引起心血管疾病，但辐照引起的脂肪酸类型和含量的变化非常小。

（2）辐照技术对肉品蛋白质的影响

肉类中的蛋白质是能量和必需氨基酸的来源。研究表明，即使 30 kGy 的辐射剂量也不会对蛋白质稳定性产生不利影响。蛋白质经过辐照处理产生的气体，已经被鉴定出许多不同的化合物，其中一些化合物如由甲硫氨酸和半胱氨酸形成的含硫化合物，共同导致了与辐照处理过的肉相关的"辐射味"。然而，由于食物固有的保护性，化学变化的程度非常小。使用 3 kGy 和 6 kGy 辐射的鸡肉进行烹调，组成氨基酸的浓度没有出现显著差异。鸡肉和辐照鸡肉在 5℃ 贮藏 4~7 天，然后烹调，蛋白质效率比也表明鸡肉的辐照处理对蛋白质的营养价值没有显著影响。此外，在加热使酶失活、47~71 kGy 剂量灭菌的牛肉中，胱氨酸、蛋氨酸和色氨酸，三种被认为对电离辐射最敏感的氨基酸，即使在室温下储存 15 个月后，浓度也没有受到辐照处理的显著影响。

然而，蛋白质结构非常不稳定，一旦受到高能量射线辐照，它的分子结构将会改变，其基本的生物学功能会改变或丧失。同时，蛋白质和脂肪一样，也会氧化，会导致其结构和功能的变化。陈茜茜等用 3 kGy 的 γ 射线辐照牛背的最长肌，然后测定了反映蛋白质氧化量的羰基和巯基的含量，发现羰基水平增加了 1.53 nmol/mg，巯基的总量降低了 6.04 nmol/mg。这说明辐照处理会引起且加快肉品中蛋白质的氧化。γ 射线和电子射线对牛肉火腿辐照之后，氨基酸总量下降，部分氨基酸含量有增加或减少的趋势。有学者研究辐照和有机酸两种方法降低生物氨对牛肉、猪肉的影响时发现，经过 2 kGy 的 γ 射线辐照处理后，腐胺、酪胺和精胺的含量大幅下降。由于辐照诱导引起肌肉蛋白结构的变化，然后引起肌肉蛋白凝胶性质的改变，高剂量的辐射很容易导致肌肉蛋白持水力下降从而导致汁液流失。有学者使用电子束辐照对细点圆趾蟹蟹肉进行处理，1~9 kGy 电子束辐照处理后蟹肉的氨基酸种类未发生变化，7 kGy 及以上剂量组蟹肉的总氨基酸和非必需氨基酸含量下降比较明显，但辐照处理对蟹肉蛋白质总体营养价值没有明显影响。

（3）辐照对肉品维生素的影响

对溶液或模拟系统中维生素的辐照会导致维生素被破坏，但在肉品辐照保鲜中观察到的影响不明显，可以通过在冷冻温度下照射或在惰性气体中包装产品来使影响最小化。其他食品保存方法如加热，也会破坏维生素，因此辐射对这些微量成分的影响并不仅限于辐照。大多数肉类在食用前都会经过烹饪和储存，因此辐照、储存和烹饪对维生素含量的综合影响非常重要。

硫胺素在水溶性维生素中对辐射最敏感。辐照猪排、鸡肉证实，维生素的破坏与辐照过程中使用的剂量和条件相关。鸡肉中的硫胺素水平随着剂量的增加而降低，但在冷冻温度下进行辐射的结果显著性降低。对猪肉也报告了类似的结果，在辐照剂量为 3~34 kGy 的情况下，计算出的生猪肉硫胺素损失在-20℃时为 15%，0℃时为 35%，在 20℃时为 47%。一般来说，烹饪辐照培根、猪排和鸡胸肉增加了硫胺素的损失率。烹饪剂量效应涉及组织或维生素的化学或物理变化，这些变化导致维生素损失增加或可提取性降低。与这些观察结果相反，当熏肉在辐照前烹饪时，硫胺素具有保护作用。尽管辐照后肉中的硫胺素含量有减少，但硫胺素对热更敏感。剂量约为 45 kGy 的辐射灭菌的猪肉和牛肉保留了大约 85% 的硫胺素，而加热灭菌的猪肉和牛肉中硫胺素的保留率分别为 20% 和 65%。

核黄素是几乎所有食品基质中对辐照最稳定的维生素。在生猪排和鸡胸肉中，核黄素随着辐照剂量的增加而增加。此前有报道称，在 6 kGy 条件下辐照过的熟鸡肉中，核黄素和其他维生素的含量也有类似的增加。这些结果表明，辐射可能通过释放结合的核黄素来改变底物，使核黄素更容易提取或测量。

烟酸在含水系统中的稳定性低于硫胺素和核黄素，但在辐照食品中是稳定的。在剂量高达 5 kGy 辐照的不同温度下的猪排中，烟酸的损失不显著；而在剂量为 6.65 kGy 和辐照温度为 0℃的情况下，损失为 15%。在相同的辐照加工条件下，鸡胸肉中烟酸的浓度表现出不一致的影响。吡哆醇的抗辐射能力更接近核黄素。在剂量为 6 kGy 的辐照过的熟鸡肉中没有发现吡哆醇的损失。氰钴胺素在辐射下也是稳定的。鸡肉受到 3 kGy 和 6 kGy 的辐照剂量进行杀菌没有显示出氰钴胺素的损失；在-20℃的温度下，剂量达到 6.65 kGy 的辐照马铃薯切片中，这种维生素的浓度变化不显著。在经过辐射灭菌的鸡肉中，氰钴胺素的浓度也与冷冻和热灭菌样品中的浓度相似。

用高辐射剂量对猪肉和鸡肉进行杀菌的研究表明，叶酸的损失较小。因此，在低于 10 kGy 的剂量下，叶酸也不会有显著损失。在脂溶性维生素中，维生素 E 在辐射下最不稳定，因此维生素 E 是辐照保鲜对这类维生素影响的最敏感指标。关于电离辐射对肉类中低水平维生素 E 的影响的研究报道相对较少。密封在透氧袋中的鸡肉，在 4~6℃ 下用 10 kGy 的剂量辐照，β-3-生育酚随剂量水平的增加而线性下降；在商业上使用的 3 kGy 剂量下，游离 α-生育酚减少了 15%，游离 γ-生育酚减少了 30%。虽然辐照对肉类中维生素 E 的影响较大，但是肉类不是饮食中维生素 E 的主要来源。虽然维生素 A 对辐射敏感，但人类饮食中这种维生素的重要来源如牛奶和黄油，大多不经过商业辐射。动物肝脏是维生素 A 的良好来源。在储存 1 周和 2 周后，用 0.5 kGy 处理的猪肝含有的维生素 A 比储存相同时间的未辐照样品少 4% 和 18%。在相同条件下，小牛肝香肠维生素 A 的相应损失分别为 10% 和 12%。研究表明，在 3 kGy 或 6 kGy 的辐射下，在 5℃下储存 4~7 天，烹饪后在-20℃下储存的鸡肉中维生素 A 含量不受影响。异辛烷中的维生素 D 比维生素 E 或维生素 A 更稳定，而维生素 K 是脂溶性维生素中最稳定的。用在 46~68 kGy 处理条件的辐照对鸡肉进行杀菌，维生素 K 大约减少 30%。关于低剂量辐射对肉类中这些维生素含量的影响的研究尚未发表。表 3-3 总结了一些辐照对肉类营养特性影响相关的研究。

表 3-3 辐照对肉类营养特性的影响

样品	辐照类型	剂量	样品保存条件	营养特性
山羊肉	γ 射线辐照(0、1、2、4 和 6) kGy		包装在聚苯乙烯泡沫盒，2~4℃	辐照增加了 DHA-磷脂酰胆碱的核心营养含量。辐照后三酰基甘油水平显著升高，二酰基甘油水平显著降低
鸡肉	电子束辐照（3、4、5 和 7）kGy		LDPE 袋真空包装	在 4 kGy 的电子束照射下，维生素 C 含量下降
鸡肉，火鸡肉和混合碎肉	X 射线	（0.5、1、3 和 5）kGy	塑料袋储存-80℃	辐照对游离氨基酸的水平没有任何影响
鸡肉，火鸡肉和混合碎肉	X 射线	（0.5、1、3 和 5）kGy	塑料袋储存-80℃	辐照后，可以检测到牛磺酸，而谷胱甘肽的水平下降。此外，还有游离脂肪酸的形成，但相对较小
麻辣牛肉干	γ 射线辐照	（0、0.5、1.5、3、4、6 和 8）kGy	真空包装；冰箱储存（4~8℃）1 周	随着辐照剂量的增加，自由基逐渐形成
麻辣牦牛肉干	电子束辐照	（0、2、5、7 和 9）kGy	真空包装，在 4~8℃ 的冰箱中保存 1 周	在 9 kGy 高剂量辐照下，蛋白质营养显著降低，而在 0~7 kGy 剂量范围内，蛋白质营养没有显著影响
鸡肉	γ 射线辐照	3 kGy	需氧包装；冰箱在 4℃ 下储存 14 天	辐照鸡肉样品在储存过程中减少了氨基酸和脂肪酸的损失
烟熏鸭肉	电子束辐照	（0、1.5、3.5 和 4.5）kGy	真空包装；在 4℃ 下保存 40 天	在 < 3 kGy 的辐照下，烟熏鸭肉的氨基酸、脂肪酸和挥发物等品质在贮存过程中没有明显变化

3.3.4 辐照技术对肉品中微生物存活及货架期的影响

研究表明，辐照处理可以高效杀灭微生物，提高肉类产品的货架期。通常微生物对辐射非常敏感，微生物对辐照的抗性与介导对多重压力的交叉保护能力、每个细菌菌株修复辐射诱导的 DNA 损伤有关。微生物的辐射敏感性表现为 90% 的微生物种群失活所需的剂量，常用 D_{10} 值表示。微生物在特定剂量的辐射下会出现不同的耐受水平，一般情况下，生物的相对抗辐射性从小到大可排列为：寄生虫<酵母和霉菌<革兰氏阴性菌<革兰氏阳性菌<病毒。

在研究猪肉糜中的 5 株李斯特菌对电子束辐照的敏感性以及其中每株李斯特菌的亚致死辐射损伤程度的过程中，单增李斯特菌 NADC 2841（$D_{10} = 0.638$ kGy）与单增李斯特菌 ATCC 15313（$D_{10} = 0.445$ kGy）、单增李斯特菌 NADC 2783（$D_{10} = 0.424$ kGy）、单增李斯特菌 NADC 2045（$D_{10} = 0.447$ kGy）、伊氏李斯特菌 NADC 3518（$D_{10} = 0.372$ kGy）相比，具有更强的抗辐射能力。Kundu 等在新鲜的牛肉表面用 1 kGy 电子束辐照处理，研究结果显示通过 1 kGy 的电子束辐照，O157：H7 的产毒大肠杆菌和沙门氏菌混合物的生存能力降低。其中，对 1 kGy 电子束辐照的抵抗力最强的是沙门氏菌血清型，与对照组相比降低了 1.9 lg CFU/g 左右；大肠杆菌 O157：H7 减少了 4.0 lg CFU/g。在一项利用电子束辐照技术提高贮藏过程中的牛肉干微生物安全性的研究中表示，在辐照剂量不断增加的条件下，牛肉干中的需氧菌总数明显降低。与其他对照组相比，在 10 kGy 电子束剂量下，牛肉干中的需氧菌总数显著降低了 1.76 lg CFU/g。Tolentino 等用（2、4、6）kGy 的 2.5 MeV 电子束辐照牛肉饼后，放在−18℃储藏，与未经辐照的牛肉饼相比，2 kGy 辐照剂量电子束下的牛肉饼中的需氧菌总数、总大肠菌数、霉菌以及酵母菌数都明显降低。一项利用电子束辐照后的真空包装鸡胸肉的微生物变化研究结果表明，在辐照剂量不断增加的条件下，鸡胸肉中的总大肠菌群、霉菌、酵母菌、细菌总数和沙门氏菌显著减少。Abozaid R 研究了 γ 射线辐射对肉糜微生物负荷的影响。用 ^{60}Co 辐照源辐照碎牛肉，辐照剂量分别为（2.0、4.0、6.0、8.0 和 10.0）kGy，经辐照和未辐照的肉糜在冰箱（4~5℃）中保存 28 天。在辐照后立即进行微生物学检测，并在整个贮存期内每隔 7 天进行一次。结果表明，所有剂量的 γ 射线辐射均降低了牛肉中细菌总数、真菌总数、金黄色葡萄球菌、沙门氏菌、志贺氏菌、总大肠菌群和粪大肠菌群。因此，除了 2.0 kGy 的样品外，所有牛肉样品的微生物保质期都显著延长了 4 周以上。大量研究表明辐照能够有效杀灭肉品中的微生物，表 3-4 总结了一些辐照对肉类微生物特性的影响。

表 3-4 辐照对肉类微生物特性的影响

样品	辐照类型	剂量	样品保存条件	微生物影响	参考文献
烟熏珍珠鸡肉	γ 射线辐照	（2.5、5 和 7.5）kGy	2 ~ 4℃ 贮藏 7 天	葡萄球菌、大肠杆菌和芽孢杆菌的数量随辐照剂量的增加和贮存期的延长而降低	[10]

样品	辐照类型	剂量	样品保存条件	微生物影响	参考文献
牛肉	γ射线辐照	(0、0.5、1、2和3) kGy	商用冷冻袋、4~7℃贮藏3周，-18℃贮藏8个月	在3 kGy的照射下，嗜酸性细菌、大肠菌群和金黄色葡萄球菌的含量降低	[33]
牛肉饼	γ射线辐照和电子束辐照	0~20 kGy	真空包装、30℃贮藏10天	5 kGy、15 kGy辐照后，细菌数量均小于2 lg CFU/g	[15]
肉鸡	γ射线辐照	0~5 kGy	塑料+封口包装，冷藏	5 kGy射线照射对大肠杆菌和金黄色葡萄球菌的抑制作用	[34]
牛肉糜	γ射线辐照	第一次处理：(0.26、0.44、0.67和0.86) kGy。第二次处理：1 kGy。第三次处理：2.5 kGy	-18℃冷藏	1 kGy可使碎牛肉中产志贺毒素的大肠杆菌（STEC）减少5 lg CFU/g	[35]
碎驼肉	γ射线辐照	(0、2、4和6) kGy	1~4℃冰箱保存；储存6周	辐照通过减少中温好氧菌和大肠菌群数量，将保质期从2周增加到6周	[36]
碎驼肉	γ射线辐照	(0、2、4和6) kGy	1~4℃冰箱储存2、4和6周	将样品暴露在2 kGy剂量的电子束下，可使微生物数量减少到安全水平	[37]
牛肉边角料（20%脂肪）	γ射线辐照	(2~5) kGy	在-18或2℃下保存30天	2.5 kGy射线照射可减少单增李斯特菌和大肠杆菌等致病微生物的数量	[38]
麻辣牛肉干	γ射线辐照	(0、0.5、1.5、3、4、6和8) kGy	真空包装、冰箱储存（4~8℃）1周	至少1.5 kGy的辐照导致大肠杆菌水平低于30 MPN/100g；最小辐照剂量为6 kGy时，需氧细菌水平低于10 lg CFU/g	[39]
青蟹肉	γ射线辐照	(2、4和6) kGy	用聚丙烯袋包装0~4℃保存28天	单增李斯特菌在4 kGy和6 kGy γ射线照射下灭活	[40]

样品	辐照类型	剂量	样品保存条件	微生物影响	参考文献
羊腰肉（背最长肌）	γ 射线辐照	1.5 kGy 和 3.0 kGy	真空包装 EV PVDC 塑料袋；在 1℃ 下保存 56 天	在 1℃ 下储存 14~56 天的 3.0 kGy 处理的羊腰肉中的微生物减少	[41]
火鸡胸肉	γ 射线辐照	（0.0、0.5、2.0、4.0）kGy	−18℃ 储存 2 个月	在 4 kGy 剂量下，大肠菌群减少了 5 lg CFU/g 以上，保质期为 6 个月	[42]
兔肉	γ 射线辐照	（0、1.5、3）kGy	用聚乙烯袋包装在 3~5℃ 的冰箱中保存 3 周	3 kGy 辐照抑制了金黄色葡萄球菌、单增李斯特菌、沙门氏菌和肠杆菌科细菌的生长	[43]
生碎牛肉	γ 射线辐照	（2、4、6、8、10）kGy	无菌袋；在 4~5℃ 冰箱中保存 28 天	金黄色葡萄球菌、沙门氏菌、志贺氏菌等危险微生物的生长明显减少，牛肉的保质期延长了 4 周以上	[32]
山羊肉	γ 射线辐照	4 kGy	冰箱储存在 2~4℃；8 天	辐照减少了总需氧细菌、嗜冷菌、总葡萄球菌、酵母和霉菌数量，完全杀灭了肠球菌、大肠杆菌和金黄色葡萄球菌	[44]
肉丸	γ 射线辐照	2 kGy、4 kGy	有氧包装和 MAP；冰箱储存（2~4℃）；0~14 天	使用 5% O_2 和 50% CO_2 改性大气包装（MAP）和 4 kGy 的辐照，大肠杆菌 O157∶H7、肠炎沙门氏菌和单核增生李斯特菌的生长被有效抑制	[45]

　　Javanmard 等结合辐照技术与冷冻技术，将鸡肉经过不同剂量辐照后贮藏在 −18℃ 的条件下，每 3 个月测定一次微生物的总数。结果表明，经过 5 kGy 的 γ 射线辐照处理后，鸡肉中的致病菌和腐败菌均被有效控制，贮藏期可延长至 9 个月。将 γ 射线与微波结合处理冷鲜牛肉的结果表明，辐照处理后其细菌总数下降了 2~3 lg CFU/g，经微波处理后置于 −5℃ 贮藏，与对照组相比货架期延长了 7 天。γ 射线与电子束两种辐照方式对微生物的杀灭效果有所不同，但与对照组相比均能显著降低牛肉饼中的细菌总数。刘福莉分别以牛肉火腿和猪肉火腿为研究对象，采用 γ 射线和电子束两种辐照处理方式，结果表明两种辐照处理方式均能显著杀灭火腿中的微生物，延长其保质期，且在相同的辐照条件下 γ 射线辐照效

果更好。这与 Park 以冷鲜猪肉为研究对象,采用不同剂量的电子束处理后贮藏在 4℃ 条件下的结果一致。

对于冷藏家禽的处理条件为 1.5~2.5 kGy。剂量限值和被破坏的主要微生物类型列于表 3-4。当辐照剂量为 3.5 kGy 时,冷鲜猪肉的货架期可达到 6 天,而品质不发生明显变化。用 3.62 kGy 的电子束辐照处理,可使其细菌总数下降 2 lg CFU/g。

实际应用辐照能量大小取决于肉制品中的微生物类型,如大肠杆菌、小肠结肠炎耶尔森菌、嗜水单胞菌弯曲杆菌和沙门氏菌,其中最耐药血清型的 D_{10} 为 0.6 kGy。对于冷冻家禽,将沙门氏菌减少 3 lg 的推荐剂量为 3~5 kGy,在气调包装或低水分活度的情况下,则可以进一步降低剂量,因为高活性自由基和其他有毒产物的产生变得更低。贾倩研究了 γ 射线和电子束辐照对素鸡的杀菌作用,分别将 10^7 CFU/mL 的肠炎沙门氏菌、金黄色葡萄球菌和李斯特菌接种在素鸡中,经辐照后的样品贮藏在 4℃ 冰箱中。结果表明,两种辐照方式处理后的 3 种致病菌 D_{10} 之间存在差异性,γ 射线辐照处理组更低。张艳艳等研究发现电子束辐照处理的酱卤牛肉中菌落总数、大肠菌群数、金黄色葡萄球菌数与对照组相比显著下降。

研究表明,辐照是一种高效的杀菌技术,辐照对微生物超高的针对性具有很好的研究前景。例如,其对肉品中肉毒梭状芽孢杆菌有良好的杀灭效果,同时不引起肉品温度的升高,导致肉品化学结构的变化,这是加热等传统杀菌方式所不能达到的效果。^{60}Co-γ 射线和电子束两种辐照方式,因穿透力更强,对高密度产品的杀菌效果更佳。

3.4　影响肉制品辐照效果的因素

多种因素会影响到辐照对肉和肉制品的处理效果,主要包括辐照剂量和剂量率、样品特性(微生物状况、水分含量、温度等)、辐照处理中的气体氛围、肉品是否添加抗氧化剂等。

3.4.1　辐照剂量和剂量率

辐照剂量是影响辐照效果的主要因素,辐照剂量过低会导致杀菌效果不理想,而辐照剂量过高又可能会引起蒸煮损失率增加、保水性下降、脂肪和蛋白质氧化等。以杀灭沙门氏菌为目的,对冷冻包装的猪肉、羊肉、鸡肉、鸭肉等进行辐照,平均吸收剂量不超过 2.5 kGy。对熟猪肉、熟牛肉、熟羊肉、熟兔肉、盐水鸭、烤鸭、烧鸡、扒鸡等辐照时,总体平均吸收剂量不得大于 8 kGy。研究表明剂量率也是影响辐照效果的重要因素，王宁等发现在相同剂量下，不同的电子束辐照剂量率对真空包装冷鲜牛肉品质有影响。有研究发现剂量率在 150 kGy/min 时，牛肉肌原纤维蛋白的二级结构和热稳定性更好。通常较高的剂量率可获得较好的辐照效果，但剂量率过高会影响感官品质，因此要根据实际情况获得最优剂量率。在实际操作过程中，要根据不同肉制品的辐照目的和特点，选择合适的辐照剂量率和剂量范围。对于无现成标准的辐照对象，要根据肉制品种类和特点、辐照目的等因素选择合适的辐照剂量率和剂量范围，可通过微生物学鉴定和品质鉴定试验获得最佳参数。

3.4.2　微生物污染水平

肉品初始的微生物状况是选择辐照剂量的决定性因素，要尽可能将肉品的初始菌量控制在较低水平从而达到更好的杀菌效果。相同辐照剂量时，初始菌量越低，辐照杀菌效果越好。同时，不同种类微生物辐照杀菌效果也不同。相对于沙门氏菌等革兰氏阴性菌，辐照对李斯特菌、金黄色葡萄球菌等革兰氏阳性菌具有更强的杀灭效果。因此，在实际应用时，尽可能使用每类微生物的最低有效辐射剂量，以达到理想效果。

3.4.3　肉品水分含量

研究发现，肉品的含水量是影响辐照灭菌效果的因素之一。低含水量时，辐照处理过程中所产生自由基较少，显著减弱了杀菌效果；而高含水量样品更容易产生辐照味。因此，为达到良好的灭菌效果，同时保持肉品的品质，可适当降低肉品的水含量；对于含水量较高的肉品可降低辐照剂量。

3.4.4　肉品温度

研究发现，肉品的温度提高，可相应使用较低的辐照剂量；肉品的温度降低则需要增加辐照剂量，因为微生物的耐辐射性一般会随温度的升高而降低。辐照时要考虑温度对效果的影响，主要是因为肉类食品在高剂量照射情况下会引起的物理变化和化学变化，产生一种特殊的"辐照味"。在低温条件下辐照，可以减少辐射时产生的游离基的活性，减少食品成分的断裂和分解，以防止食品成分的氧化，减少辐射味的产生。对于肉类、禽类等含蛋白质较丰富的动物性食品，辐射处理最好在低温下进行，这样可以有效地保证质量。Gunther 等用 γ 射线辐照处理鸡肝，发现-20℃预冷鸡肝中弯曲杆菌的 D_{10} 值为 0.748 kGy，而在未预冷鸡肝中的 D_{10} 值为 0.361 kGy，表明预冷的肉类产品要适当提高辐照剂量。另外，要考虑温度对辐射敏感的营养物质的影响，特别是对于高水分、高脂肪和高蛋白质的产品。一般情况下辐照剂量越大，越容易产生"辐射味"。而温度降低可降低自由基活性，减少营养成分的氧化，从而降低"辐照味"的产生。在处理高脂肪产品时，建议在10℃以下进行辐照处理。采取辐照前预冷等方式可以降低"辐照味"的产生，同时可以抑制加工过程中污染的嗜热菌的生长与繁殖。因此，在实际操作中要选择最佳的温度和辐照剂量从而降低微生物含量，保证肉品的质量。

3.4.5　气体氛围

辐照处理时，食品包装袋中的氧气对杀菌效果有着显著的影响。一般情况下，杀菌效果因氧的存在而增强。用 X 射线或电子束对细菌芽孢照射，其在空气环境下的敏感性大于真空和含氮环境下的敏感性。辐射时是否需要氧，要根据辐射处理对象、性状、处理目的和贮存环境条件等综合考虑。对于肉品辐照处理来说，虽然辐射氧化并不是主要作用，但也可以采用小包装或密封包装，防止二次污染，同时形成一定浓度的氧气环境。氧气会提高微生物对辐照的敏感性，但氧气电离产生的臭氧会加速蛋白质和脂肪的氧化，还会促进需氧菌的繁殖。因此，在应用辐照技术时，控制氧气浓度更重要。研究对比辐照—CO_2 气调联合和辐照—真空联合处理效果，发现辐照和高浓度 CO_2 联合处理可用于控制即食肉类中的单增李斯特菌，同时能较好地控制牛肉糜中的大肠杆菌、鸡肉中的沙门氏菌和弯曲杆菌。程述震等用 2.5 kGy 左右的低剂量电子束辐照处理充氮包装冷鲜牛肉，既可以杀灭微生物，又能较好地保持牛肉品质，延长冷鲜牛肉的货架期。

3.4.6　抗氧化剂

添加抗氧化剂能提高肉制品的抗氧化能力，且复合抗氧化剂的效果更好，其主要通过消除自由基来阻断后续的链式反应，延缓氧化反应，减少"辐照味"的产生，同时能提高肉色。研究表明用不同的抗氧化剂（石榴提取物、葡萄籽提取物、丁基羟基茴香醚）和 1.5 kGy 剂量 γ 射线辐照处理牛肉饼，添加抗氧化剂能有效抑制脂肪氧化，其中丁基羟基茴香醚的抗氧化效果最佳。在日粮膳食中添加抗氧化剂（维生素 E+丁基羟基茴香醚）的鲜鸡肉，经电子束辐照处理后 L^* 和 a^* 升高，而脂质氧化和蛋白水平明显降低。薛菲等研究发现添加复合抗氧化剂（0.02%茶多酚+0.02%维生素 C+0.02%柠檬酸）对盐水鸭辐照制品的抗氧化效果更好。此外，植酸与茶多酚具有协同抗氧化效果，能较好地保持辐照卤制鸡翅的风味和品质。根据实际情况使用不同的抗氧化剂对脂肪氧化、蛋白分解有显著抑制效果，且能较好地保障辐照后产品的品质。

3.5　结论与展望

3.5.1　结论

辐照技术具有节能、操作简便、绿色环保等优点，能够有效杀灭各类肉和肉制品中的微生物并显著延长产品货架期。影响辐照处理效果的因素主要包括辐照剂量、微生物种类、样品组成如水分含量、温度等。辐照处理会对肉品营养和感官品质造成不良影响，应针对不同样品优化工艺参数。

3.5.2　展望

消费者对辐照肉的感知和接受是在肉类中使用辐照技术的最重要因素之一。生鲜肉辐照后品质变化的机理和解决方法已经得到了广泛的研究，但是辐照处理肉制品的机理和解决方法，特别是味道的变化，还需要进一步的研究。后续研究需要进行大量的工作来确定辐照杀菌效果，以及对辐照处理的生鲜肉和肉制品中辐照味道/风味的影响机制。

参考文献

[1] Shi F F, Zhao H W, Wang L, et al. Inactivation mechanisms of electron beam irradiation on *Listeria innocua* through the integrity of cell membrane, genomic DNA and protein structures [J]. International Journal of Food Science & Technology, 2019, 54 (5): 1804-1815.

[2] 雷英杰, 陈尚戊, 敬楹莹, 等. 电子束辐照处理对生鲜猪肉的保鲜作用 [J]. 现代食品科技, 2021, 37 (10): 136-144.

[3] Xavier M D, Dauber C, Mussio P, et al. Use of mild irradiation doses to control pathogenic bacteria on meat trimmings for production of patties aiming at provoking minimal changes in quality attributes [J]. Meat Science, 2014, 98 (3): 383-391.

[4] 王国霞, 刘梦龙, 李小兵, 等. X 射线辐照对冷鲜猪肉品质和货架期的影响 [J]. 现代食品科技, 2022, 38 (10): 178-186.

[5] 李娜, 骆琦, 薛丽丽, 等. 辐照对烧鸡贮藏期品质的影响 [J]. 食品研究与开发, 2017, 38 (8): 183-187.

[6] 张扬, 赵永富, 常国斌, 等. 辐照处理对盐水鸭和烤鸭品质的影响 [J]. 金陵

科技学院学报, 2017, 33（8）：89-92.

［7］吴锐霄. 电子束辐照处理对即食腊肉品质影响的研究［D］. 杨凌：西北农林科技大学, 2022.

［8］肖欢, 曹宏, 陈士强, 等. 预制菜的卫生安全与辐照技术在其应用进展［J］. 核农学报, 2023, 37（7）：1428-1434.

［9］Chang G H, Luo Z H, Zhang Y, et al. Effect and mechanism of eliminating *Staphylococcus aureus* by electron beam irradiation and reducing the toxicity of its metabolites［J］. Applied and Environmental Microbiology, 2023, 89（3）：e0207522.

［10］Otoo E A, Ocloo F C K, Appiah V, et al. Reduction of polycyclic aromatic hydrocarbons concentrations in smoked guinea fowl（*Numida meleagris*）meat using gamma irradiation［J］. Cyta-Journal of Food, 2022, 20（1）：343-354.

［11］Ren J Y, Zhang G L, Wang D F, et al. One-step and nondestructive reduction of Cr in pork by high-energy electron beam irradiation［J］. Journal of Food Science, 2018, 83（4）：1173-1178.

［12］李军, 田毅峰, 王爱芹, 等. 电子束辐照降解鸡肉中两种兽药残留的研究［J］. 食品研究与开发, 2013, 34（5）：124-126.

［13］Nam K C, Ahn D U. Effects of irradiation on meat color［J］. Food Science and Biotechnology, 2003, 12（2）：198-205.

［14］Sweetie R K, Ramesh C, Arun S. Effect of radiation processing on the quality of chilled meatproducts［J］. Meat Science, 2005, 69（2）：269-275.

［15］Park J G, Yoon Y, Park J N, et al. Effects of gamma irradiation and electron beam irradiation on quality, sensory, and bacterial populations in beef sausage patties［J］. Meat Science, 2010, 85（2）：368-372.

［16］尚颐斌, 王志东, 高美须, 等. 电子束辐照对冷鲜猪肉品质的影响［J］. 核农学报, 2013, 27（4）：437-442.

［17］冯晓琳, 王志东, 王丽芳, 等. 电子束辐照对真空包装冷鲜猪肉品质的影响［J］. 中国食品学报, 2015, 15（2）：126-131.

［18］程述震, 刘伟, 冯晓琳, 等. 电子束辐照对冷鲜猪里脊肉品质及蛋白特性的影响［J］. 食品与发酵工业, 2017, 43（3）：151-156.

［19］Feng X, Jo C, Nam K C, et al. Impact of electron-beam irradiation on the quality characteristics of raw ground beef［J］. Innovative Food Science & Emerging Technologies, 2019, 54：87-92.

［20］Indiarto R, Irawan A N, Subroto E. Meat irradiation：A comprehensive review of its impact on food quality and safety［J］. Foods, 2023, 12（9）：1845-1873.

［21］ 蔡颖萱, 魏文婧, 董鹏程, 等. 电子束辐照对肉中微生物和肉品质的影响及机制研究进展［J］. 食品工业科技, 2023, 44（8）: 446-453.

［22］ 柯欢, 韩旭, 彭海川, 等. 辐照剂量对风干牦牛肉中鲜味核苷酸含量的影响［J］. 中国调味品, 2022, 47（7）: 49-52.

［23］ 刘福莉, 陈华才, 杨菁怡, 等. γ射线辐照和电子束辐照对猪肉火腿肠质量的影响研究［J］. 中国计量学院学报, 2010, 21（4）: 314-318.

［24］ 郭淑珍. 辐照保藏熟五花肉的品质特性及其影响因素的研究［D］. 雅安: 四川农业大学, 2008.

［25］ Chen Y J, Zhou G H, Zhu X D, et al. Effect of low dose gamma irradiation on beef quality and fatty acid composition of beef intramuscular lipid［J］. Meat Science, 2007, 75（3）: 423-431.

［26］ 陈茜茜, 黄明, 周光宏, 等. 辐照和反复冻融对牛肉蛋白质氧化及食用品质的影响［J］. 食品科学, 2014, 35（19）: 1-5.

［27］ Li H L, Huang J J, Li M J, et al. Effects of cobalt-sourced γ-irradiation on the meat quality and storage stability of crayfishes（*Procambarus clarkia*）［J］. Food Science and Technology, 2023, 43（6）: 104222.

［28］ Li Y, Lv C Y, Sun Q, et al. Chromatographic characteristics of water-soluble vitamins with irradiation processing and its application［J］. Analytical Methods, 2015, 7（1）: 155-160.

［29］ 崔龙, 王倩倩, 王娴, 等. 油炸土豆片中丙烯酰胺辐照消解效应研究［J］. 包装工程, 2019, 40（1）: 20-26.

［30］ Kundu D, Gill A, Lui C Y, et al. Use of low dose e-beam irradiation to reduce *E. coli* O157 : H7, *E. coli* and *Salmonella* viability on meat surfaces［J］. Meat Science, 2014, 96（1）: 413-418.

［31］ Tolentino M, Diano G, Abrera G, et al. Electron beam irradiation of raw ground beef patties in the philippines: Microbial quality, sensory characteristics, and cost-analysis［J］. Radiation Physics and Chemistry, 2021, 186: 109536.

［32］ Khalafalla G M, Nasr N F, Gaafar A M, et al. Effect of gamma irradiation on microbial load, physicochemical characteristics and shelf-life of raw minced beef meat［J］. Middle East Journal of Applied Sciences, 2018, 8（2）: 625-634.

［33］ Sedeh F M, Arbabi K, Fatolahi H, et al. Using gamma irradiation and low temperature on microbial decontamination of red meat in Iran［J］. Indian Journal of Microbiology, 2007, 47（1）: 72-76.

［34］ Khosravi M, Dastar B, Aalami M, et al. Comparison of gamma-irradiation and enzyme supplementation to eliminate antinutritional factors in rice bran in broiler chicken diets [J]. Livestock Science, 2016, 191: 51-56.

[35] Cap M, Lires C, Cingolani C, et al. Identification of the gamma irradiation dose applied to ground beef that reduces Shiga toxin producing *Escherichia coli* but has no impact on consumer acceptance [J]. Meat Science, 2021, 174: 108414.

[36] Al-Bachir M, Zeinou R. Effect of gamma irradiation on microbial load and quality characteristics of minced camel meat [J]. Meat Science, 2009, 82 (1): 119-124.

[37] Xavier M D, Dauber C, Mussio P, et al. Use of mild irradiation doses to control pathogenic bacteria on meat trimmings for production of patties aiming at provoking minimal changes in quality attributes [J]. Meat Science, 2014, 98 (3): 383-391.

[38] Zhao L M, Zhang Y, Guo S, et al. Effect of irradiation on quality of vacuum-packed spicy beef chops [J]. Journal of Food Quality, 2017, 2017: 1054523.

[39] Suklim K, Flick G J, Vichitphan K. Effects of gamma irradiation on the physical and sensory quality and inactivation of Listeria monocytogenes in blue swimming crab meat (*Portunas pelagicus*) [J]. Radiation Physics & Chemistry, 2014, 103: 22-26.

[40] Fregonesi R P, Portes, Aguiar A M M, et al. Irradiated vacuum-packed lamb meat stored under refrigeration: Microbiology, physicochemical stability and sensory acceptance [J]. Meat Science, 2014, 97 (2): 151-155.

[41] Jouki M. Evaluation of gamma irradiation and frozen storage on microbial load and physico-chemical quality of turkey breast meat [J]. Radiation Physics & Chemistry, 2013, 85: 243-245.

[42] Badr H M. Use of irradiation to control foodborne pathogens and extend the refrigerated market life of rabbit meat [J]. Meat Science, 2004, 67 (4): 541-548.

[43] Modi V K, Sakhare P Z, Sachindra N M, et al. Changes in quality of minced meat from goat due to gamma irradiation [J]. Journal of Muscle Foods, 2008, 19 (4): 430-442.

[44] Dogu-Baykut E, Gunes G. Ultraviolet (UV - C) radiation as a practical alternative to decontaminate thyme (*Thymus vulgaris* L.) [J]. Journal of Food Processing and Preservation, 2019, 43 (6): e13842.

[45] Javanmard M, Rokin N, Bokaie S, et al. Effects of gamma irradiation and frozen storage on microbial, chemical and sensory quality ofchicken meat in Iran [J].

Food Control, 2006, 17 (6): 469-473.

[46] 张艳艳, 王健, 孔秋莲, 等. 电子束辐照对酱卤牛肉品质的影响 [J]. 安徽农业科学, 2014, 42 (12): 4441-4443.

[47] 王宁, 王晓拓, 王志东. 电子束辐照剂量率对真空包装冷鲜牛肉品质的影响 [J]. 现代食品科技, 2015, 31 (7): 241-247.

[48] 洪奇华, 王梁燕, 孙志明, 等. 辐照技术在肉制品加工保鲜中的应用 [J]. 核农学报, 2021, 35 (3): 667-673.

[49] Gunther N W, Abdul-Wakeel A, Scullen O J, et al. The evaluation of gamma irradiation and cold storage for reduction of jejuni in chicken livers [J]. Food Microbiology, 2019, 82: 249-253.

[50] 程述震, 王晓拓, 张洁, 等. 电子束剂量率对牛肉蛋白结构和理化性质的影响 [J]. 食品科学, 2018, 39 (13): 150-156.

[51] 薛菲, 蒋云升, 张敏, 等. 盐水鸭辐照制品抗氧化保质技术研究 [J]. 食品工业科技, 2013, 34 (6): 342-343.

[52] 龙明秀, 刘敏, 田竹希, 等. 植酸和茶多酚复合抗氧化剂对辐照卤制鸡翅品质的影响 [J]. 肉类研究, 2019, 33 (2): 64-71.

第4章 高压二氧化碳与肉品保鲜

高压二氧化碳技术（high pressure carbon dioxide，HPCD）是在较低的温度下，将 CO_2 与压力相结合，使用间歇、半间歇或连续处理设备，在相对温和的温度（<60℃）和压力（<50 MPa）条件下进行处理，形成高压、酸性环境，达到显著杀菌、钝酶等效果。高强度的 HPCD 处理既可有效杀灭肉品中微生物，还会对肉品的理化品质和质构特性等产生影响。目前，更多的研究将 HPCD 技术与其他非热加工技术（超声波、有机酸、植物精油等）协同处理，不仅能够有效杀灭肉品中微生物，还能最大限度保持食品原有的营养、色泽、质地与风味，在食品保鲜领域中具有较大的应用前景。

4.1 高压二氧化碳技术概述

4.1.1 高压二氧化碳技术简介

二氧化碳是一种常温常压下无色、无味、无毒，微溶于水的气体。随着压力和温度变化，其存在形态和物理性质发生变化。二氧化碳所处的温压条件达到或超过 31℃和 7.3 MPa 时，将以超临界 CO_2 流体（supercritical carbon dioxide，SC-CO_2）形式存在。$SCCO_2$ 兼具气体的低黏度、高扩散性和液体的高密度特性，溶解能力较强，且由于其溶解能力对压力和温度变化敏感，易于调节。HPCD 是指在压力低于 100 MPa、在较低的温度条件下，将 CO_2 与压力相结合，使用间歇、半间歇或连续处理设备，在相对温和的温度（<60℃）和压力（<50 MPa）条件下进行处理，形成高压、酸性环境，达到显著杀菌和钝酶等效果，最大限度保持食品原有的营养、色泽、质地与风味，在食品保鲜领域中具有较大的应用前景。1927 年，学者首次报道了 CO_2 的抑菌作用，发现 CO_2 的抑菌作用与其浓度呈正相关。20 世纪 80 年代末，日本学者展开了使用高压气体杀菌的相关研究，发现在相同条件下，加压 CO_2 的杀菌效果要优于其他气体。目前，HPCD 技术在食品杀菌保鲜领域的应用受到了国内外学者的广泛关注。

4.1.2 高压二氧化碳技术特点和装置

研究表明，HPCD 在一定的压力下（3~70 MPa）对食品中微生物具有较好的杀灭效果，还可以使微生物体内的酶部分失活。

（1）技术特点

与传统热力杀菌技术相比，HPCD 处理温度低，因此对食品中的热敏物质破坏作用小，有利于保持食品原有品质；与超高压等杀菌技术相比，HPCD 处理压力低，容易达到并控制压力，因此 HPCD 日渐成为食品非热杀菌技术研究领域的焦点之一。HPCD 杀菌技术具有成本低廉、节约能源、安全无毒、杀菌灭酶效果好、对食品的营养成分损害较少等优点，能较好地保留食品原有的品质。肉品作为人类食物的重要组成部分，其微生物安全向来受到人们的重视，研究表明，HPCD 对肉品同样具有很好的杀菌作用。

但是，该技术在食品领域仍没有得到广泛应用，主要原因是 HPCD 的杀菌作用受限于多种因素且杀菌机理尚不够明确。相对于液态食品，将 HPCD 技术应用于肉品杀菌处理中有以下几个方面的局限：首先，受肉品内部各种成分作用和其在肉品中的渗透速度影响以及在处理方式上的局限，达到一定灭菌效果需要时间相对较长；其次，HPCD 具有很强的抽提作用，应用于肉品杀菌中，可能会使肉品中的某些物质成分被提取出来；最后，HPCD 也存在设备价格偏高、残存的 CO_2 对食品 pH 有影响、改变液体食品的口味、杀菌机理尚不清楚等不足。

（2）HPCD 装置

如图 4-1 所示，HPCD 装置主要包括 CO_2 气瓶、CO_2 过滤器、冷却槽和高压 CO_2 调频泵。样品放置于处理釜内，从气瓶出来的 CO_2 由过滤器过滤除菌，再经

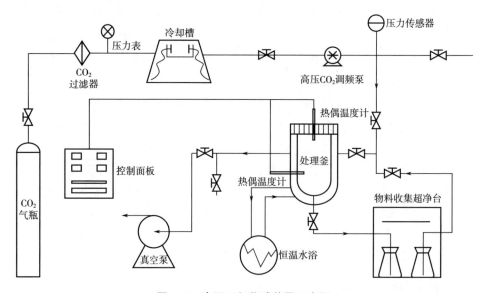

图 4-1　高压二氧化碳装置示意图

过低温冷却槽降温液化。在高压调频泵的作用下形成较高压强的 CO_2，进入密封的处理釜，形成高压 CO_2 处理环境；卸压时，液体 CO_2 与空气接触后迅速汽化，吸收大量热量，使温度迅速降低，并在短时间内即可通过最大冰晶生成区，最终达到最低温度。

4.1.3 高压二氧化碳杀菌机理

HPCD 技术的杀菌机理目前尚未完全阐明。相关研究认为，HPCD 对微生物的杀灭作用与其破坏细胞形态、破坏细胞膜结构和功能、抑制细胞内关键酶的活性、扰乱细胞电解质平衡和抽提作用等有关。

（1）细胞形态变化假说

早期研究认为 HPCD 的杀菌与其造成的形态变化有关，但是关于细胞形变是发生在加压过程还是减压过程存在争议。有学者发现，细胞在释放压强后出现明显的结构变化，如细胞膜出现褶皱、穿孔甚至完全破碎等现象。原因可能是在加压过程中，CO_2 顺利进入细胞内，此时细胞形态没有变化；而在释放压强时，外界压强急剧降低，细胞快速释放自身压强，排放 CO_2，导致细胞形态改变，使细胞破裂。但也有研究显示，HPCD 杀菌作用发生于加压过程，如图 4-2 所示。气态 CO_2（g）从反应堆顶部空间进入悬浮介质变为气液混合态 CO_2（aq）。部分

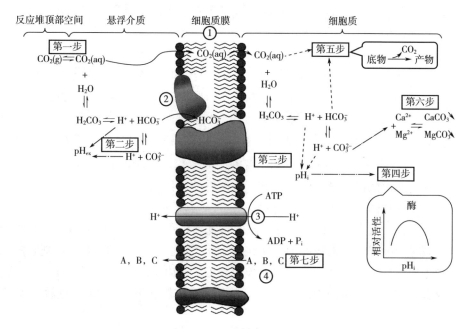

图 4-2 高压二氧化碳失活细菌的作用机制

CO_2（aq）与水结合生成 H_2CO_3，H_2CO_3 在悬浮介质中分解为 H^+ 和 HCO_3^-，HCO_3^- 再分解为 H^+ 和 CO_3^{2-}。悬浮介质中的 HCO_3^- 进入细胞质膜中。部分 CO_2（aq）穿过细胞质膜在细胞质中进行上述反应，产生 H^+ 调节细胞质内 pH，细胞质内酶的相对活性随 pH 的升高先增加后减少。细胞质中的 CO_2（aq）和 HCO_3^- 参与产物的生成，之前反应产生的 CO_3^{2-} 与 Ca^{2+} 和 Mg^{2+} 反应生成 $CaCO_3$ 和 $MgCO_3$。细胞质中的 H^+ 通过消耗 ATP 穿过 H^+-ATPase 质膜排出细胞，细胞内的物质通过细胞质膜排出体外。

（2）对细胞膜结构和功能的作用

因 CO_2 具有亲脂性和亲水性，而细胞质膜内层是亲脂性的，所以 CO_2 可以进入细胞，并在细胞质膜内层积累，改变了脂质链原有结构，使细胞膜的流动性和渗透能力加强。膜结构的变化使细胞功能也发生改变，微生物的生长繁殖受到影响、细胞稳定性降低，容易破裂。此外，HCO_3^- 也有可能与细胞膜上的磷脂和蛋白作用，改变膜的结构与功能。

（3）抑制胞内关键酶的活性

细胞膜渗透性的提高，造成 HPCD 大量进入细胞，部分二氧化碳水合物电离出 H^+，造成胞内 pH 降低，进而影响酶的活性并降低细胞代谢，最终导致细胞死亡。例如，Hong 等发现，经 HPCD 处理后，植物乳酸杆菌胞内的半胱氨酸氨基肽酶、α-半乳糖苷酶和 β-半乳糖苷酶的活性明显降低，但是对脂肪酶以及磷酸酶活性影响较小，H^+-ATPase 活性甚至小幅度增加。

（4）扰乱细胞电解质平衡

CO_2 在细胞中积聚会使 HCO_3^- 转变为 CO_3^{2-}，后者会与细胞膜和细胞内的 Ca^{2+}、Ma^{2+} 等离子结合产生沉淀。这些离子在调节细胞渗透压过程中发挥重要作用，因此 CO_2 会影响细胞渗透压平衡，使细胞活性降低。同时细胞内的一些蛋白质也会和 CO_3^{2-} 结合生成沉淀。此外，原核生物需要利用细胞内外的 H^+ 势能差完成反向运输，但是 CO_2 使细胞内 H^+ 增多，不易利用质子的势能驱动排放 Ca^{2+}，于是细胞内 Ca^{2+} 的浓度被扰乱，破坏了电解质的平衡。

（5）HPCD 的抽提作用

抽提是在一定压力下，CO_2 在细胞内达到一定程度时具有将细胞内关键物质或细胞膜组分抽提取出去的能力。Ulmer 等通过气相色谱分析发现，细胞膜上的脂肪酸主要以甘油三酯和磷脂的形式被液态 CO_2 抽提出来。Oule 等也研究发现，液态或者超临界状态的 CO_2 具有抽提能力，使细胞内物质在释压过程中移出细胞。

4.2　影响高压二氧化碳技术保鲜效果的因素

研究表明，HPCD 对微生物的杀灭效果与多种因素有关，主要包括 HPCD 处理参数（时间、温度、压力等）、HPCD 的相态、微生物（种类和初始浓度等）、pH、水分含量等。

4.2.1　处理时间

HPCD 对微生物的杀灭效果一般随处理时间的延长而增强。Erkmen 采用 HPCD（3.0 MPa、25℃）处理鼠伤寒沙门氏菌菌悬液，发现处理时间为（20、40 和 60）min 时，鼠伤寒沙门氏菌分别降低了（0.5、3.5 和 7.5）lg CFU/mL。此外，处理介质中的 CO_2 有效浓度对杀菌曲线有着很大的影响，因此不同的处理介质所呈现的杀菌动力曲线也不一样。Deb-Louka 等将大肠杆菌菌悬浊液滴在滤纸上，使细胞可以均匀分布并且被一层薄薄的介质溶液所覆盖，这样 CO_2 会在处理介质中渗透平衡，从而杀菌曲线呈现由快到慢的形式，但如果直接对菌悬液进行 HPCD 处理，杀菌曲线呈现慢—快形式。由此看来，CO_2 是否能快速渗透处理介质是缩短杀菌时间的关键。

4.2.2　处理压力

HPCD 的杀菌效果取决于它进入细胞的渗透能力，这种渗透能力受 CO_2 在处理介质中的传质速度的影响，因此改变压力可以改变 CO_2 的传质特性从而影响到 HPCD 的杀菌效果。一般来说，随着 CO_2 压力的升高，微生物失活速率加快。这是因为压力影响 CO_2 的溶解速率及其在悬浮介质中的总溶解度。较高的压力增强了 CO_2 的溶解，从而促进了外部介质的酸化以及其与细胞的接触。此外，较高的压力也促进了细胞质中的 H^+ 通过消耗 ATP 穿过 H^+-ATPase 质膜排出细胞，细胞内的物质通过细胞质膜排出体外。然而，CO_2 压力的刺激作用不会无限期地持续下去，而是受到悬浮介质中 CO_2 的饱和溶解度的限制。研究表明在 10 MPa 以上，CO_2 的溶解度受压力的影响较小。在 55~60℃时，压力增加到 30 MPa 不会明显影响 CO_2 在水中的溶解度，但显著增加了操作和投资成本。Hong 等在 30℃的条件下对植物乳酸杆菌进行 HPCD 处理，发现在 5 MPa 的条件下，细菌总数降低 5 lg 需要处理 150 min；但在 7 MPa 的条件下达到相同杀灭效果仅需 50 min。其原因是压力会影响 CO_2 的传质特性。但是，压力影响 HPCD 的杀菌效果有一个临界值，必须高于这个临界值才会有杀菌作用。目前，多数研究均说明，压力越大，HPCD 的杀菌效果越好。

4.2.3　处理温度

微生物灭活也对施加的温度敏感。一般来说，灭活率随着温度的升高而增加。更高的温度提高了 CO_2 的扩散性，并且可以增加细胞膜的流动性，使渗透更容易从而主要刺激该机制的第二步（图 4-2）。然而，HPCD 处理不应该在远高于临界温度的温度下进行，因为在该区域内，溶剂的密度和溶解能力随着温度升高而迅速降低。因此，温度对 CO_2 渗透的刺激作用可以被其对 CO_2 溶解度的抑制作用部分抵消。HPCD 处理也不应该在太高的温度下进行，因为在许多应用中会对食品质量产生不良影响。温度会影响 CO_2 在处理介质中的溶解速度和溶解性，也会改变 CO_2 的传质特性。除此之外，温度还会改变微生物细胞膜的状态，随着温度升高，CO_2 的流动性和细胞的流动性会变得更高，使 CO_2 更容易进入细胞内部，从而提高杀菌效果。在一定范围内，随着温度的升高，HPCD 的杀菌效果增强。但温度会影响 CO_2 在介质中的溶解度，温度越高，CO_2 的溶解度就越低，从而影响杀菌效果。Hong 等曾报道，乳酸菌在 30℃、7 MPa 条件下的杀菌作用比在 40℃、7 MPa 条件下更好，其主要原因是 CO_2 在 30℃ 下 CO_2 的密度（0.27 g/mL）比 40℃ 下的密度（0.20 g/mL）大，在溶液中的溶解性前者比后者更好。

4.2.4　HPCD 的相态

CO_2 的临界温度和临界压力分别为 31.05℃ 和 7.38 MPa。受处理过程中压力和温度的影响，CO_2 的存在可能会以气态、液态或超临界状态存在。但气态的 CO_2 对微生物产生的抑制作用可逆，并且仅限作用在细胞膜，所以在液态和超临界状态下的 CO_2 对微生物有更好的消杀作用。一般情况下认为超临界状态下的 CO_2 具有更好的杀菌作用。这是因为超临界状态下 CO_2 具有液态的高密度，拥有很强的抽提能力，还具有气态的高扩散性，能够更容易渗透复杂的介质体系。HPCD 杀菌的关键在于 CO_2 穿过细胞膜的渗透能力，同时 CO_2 对细胞内容物的抽提作用也被认为是杀菌的重要机理之一。Ishikawa 等比较了气态、液态和超临界状态的 CO_2 的杀菌作用，结果表明，温度 25℃、密度为 0.9 mg/mL 的液相 CO_2 使乳酸杆菌总数下降 2.7 lg；但在 35℃ 相同密度的超临界状态下，细菌总数下降了 6 lg。但是有的研究也表明，在亚临界状态下的 CO_2 对微生物的消杀效果更好，其原因可能是高压下细菌芽孢形成了聚合体，从而使其自身的抗压性增强。根据温度和压力，HPCD 处理可以在亚临界（液态或气态）或超临界状态下进行。尽管已经有许多实验研究了不同物理状态下 CO_2 的应用，但是只有少数研究系统地比较了亚临界和超临界 CO_2 系统在减少微生物种群方面的有效性，如

表 4-1 所示。

表 4-1　不同 CO_2 对高压二氧化碳处理的效果

目标微生物	处理方式	二氧化碳状态	工艺条件	微生物减少量/（lg CFU/g）
大肠杆菌	生理盐水或蒸馏水	气态	4 MPa，20℃，120 min	3.9
			4 MPa，35℃，120 min	4.0
		液态	10 MPa，20℃，20 min	4.5
			20 MPa，20℃，120 min	4.4
		超临界	10 MPa，35℃，120 min	4.2
			20 MPa，5℃，120 min	5.1
酿酒酵母	生理盐水或蒸馏水	气态	4 MPa，20℃，120 min	0.1
			4 MPa，35℃，120 min	0.1
		液态	10 MPa，20℃，120 min	0.3
			20 MPa，20℃，120 min	0.9
		超临界	10 MPa，35℃，120 min	3.9
			20 MPa，35℃，120 min	6.3
酿酒酵母	培养基	气态	6.9 MPa，35℃，15 min	7.0
		液态	6.9 MPa，25℃，45 min	4.0
			13.8 MPa，25℃，35 min	4.0
			20.7 MPa，25℃，60 min	7.0
		超临界	13.8 MPa，35℃，10 min	7.0
			20.7 MPa，35℃，7 min	7.0
葡聚糖明串珠菌	培养基	气态	6.9 MPa，35℃，20 min	9.0
		液态	6.9 MPa，25℃，40 min	9.0
			20.7 MPa，25℃，35 min	9.0
		超临界	20.7 MPa，35℃，15 min	9.0
短乳杆菌	生理盐水	气态	5 MPa，35℃，15 min	2.0
		液态	7 MPa，25℃，15 min	2.0
		超临界	25 MPa，35℃，15 min	6.0

目标微生物	处理方式	二氧化碳状态	工艺条件	微生物减少量/ (lg CFU/g)
酿酒酵母	生理盐水	气态	5 MPa, 35℃, 15 min	3.0
		液态	7 MPa, 25℃, 15 min	2.5
		超临界	25 MPa, 35℃, 15 min	5.0
克勒克酵母	葡萄汁	气态	6.9 MPa, 35℃, 5 min	4.0
		液态	27.6 MPa, 25℃, 5 min	4.9
			48.3 MPa, 25℃, 5 min	5.2
		超临界	27.6 MPa, 35℃, 5 min	5.2
			48.3 MPa, 35℃, 5 min	5.2
假丝酵母	葡萄汁	气态	6.9 MPa, 35℃, 5 min	6.5
		液态	27.6 MPa, 25℃, 5 min	2.8
			48.3 MPa, 25℃, 5 min	6.5
		超临界	27.6 MPa, 35℃, 5 min	6.0
			48.3 MPa, 35℃, 5 min	6.5
酿酒酵母	葡萄汁	气态	6.9 MPa, 35℃, 5 min	3.3
		液态	27.6 MPa, 25℃, 5 min	5.3
			48.3 MPa, 25℃, 5 min	5.3
		超临界	27.6 MPa, 35℃, 5 min	5.3
			48.3 MPa, 35℃, 5 min	5.3
嗜冷菌	牛奶	液态	20.7 MPa, 30℃, 10 min	3.8
		超临界	20.7 MPa, 35℃, 10 min	5.4
荧光假单胞菌		液态	20.7 MPa, 30℃, 10 min	2.9
		超临界	20.7 MPa, 35℃, 10 min	5.0

这些研究的结论是一致的：在亚临界条件下，超临界 CO_2 比 CO_2 更有效地灭活微生物细胞。在许多 HPCD 灭活研究中得出了相似的结论。然而，应该注意的是，温度和压力对大肠杆菌灭活的影响在很大程度上被其流通系统中使用的 CO_2/产物比例所掩盖。超临界 CO_2 提高微生物致死性的原因在于液体和气体之

间的特殊物理化学性质。超临界 CO_2 表现出更像液体的密度，而质量传输特性即黏度和扩散率更接近气体。与气态相比，类似液体的密度导致更高的溶解能力。另外，与液态相比，类似气体的质量传输特性提高了扩散速率。此外，超临界 CO_2 的极低表面张力更容易地渗透到微孔材料中。因此，具有这些特殊特性的超临界 CO_2 在导入细胞和提取细胞内成分方面可能比气态 CO_2 和液态 CO_2 更有效，利于生物系统的破坏。

4.2.5　压力释放速度

不同的处理方式，如快速释压和快速加压会影响 CO_2 穿过细胞膜的渗透能力和细胞内容物的抽提作用。Lin 等研究发现，采用压力循环即加压和卸压交替的处理方式能显著增强 CO_2 的杀菌作用。微泡技术能更快地使 CO_2 在处理介质中达到饱和，短时间内增大有效浓度，从而增强杀菌作用，缩短处理时间。Ishikawa 等研究发现，在 40℃、30 MPa 和 30 min 的条件下采用微泡技术，HPCD 对芽孢杆菌的杀菌效果均好于非微泡处理的方式。除此之外，连续式系统比间歇式系统的杀菌处理效果要更好，但增强搅拌能使间歇式系统的杀菌效果增强。Spilimbergo 等证明，半连续式系统比间歇式系统更有效，在相同的杀菌效果下，间歇式系统处理需要 40~60 min，而用半连续式系统仅仅需要 10 min。

4.2.6　微生物种类及初始数量

微生物对 HPCD 处理的敏感性因种类而异。一般来说，革兰氏阳性菌比革兰氏阴性菌更具耐药性，这是由于其具有较厚的细胞壁组成。HPCD 处理的有效性受到初始细菌载量的强烈影响。在相同的条件下，低初始细菌浓度下的失活效果最好。因此，在较高的初始细菌浓度下，需要较长的处理时间来实现相同的对数减少。原因在于，高细胞浓度对微生物细胞有保护作用，可使微生物细胞较少受到加压 CO_2 的影响；相反，在较低的初始细菌浓度下，微生物细胞在 HPCD 处理过程中更多地暴露于 CO_2，因此对失活更敏感。

4.2.7　其他影响因素

除了以上几种影响因素外，还有其他很多因素同样也影响 HPCD 的杀菌作用，如水分含量、处理介质、pH、微生物初始菌数和辅助添加剂（如乙醇等）、CO_2 的降压速率、样品的含水率、是否对 CO_2 搅动等。HPCD 处理可以通过降低初始环境 pH 来提高微生物灭活的效率。在不同 pH 下，在与 HPCD 相同的压力下用盐酸处理噬菌体病毒 MS_2，CO_2 处理比盐酸处理具有更高的杀菌效果。较高的含水量可以提高杀菌效率。研究发现，含水量高的细胞比含水量低的细胞对

HPCD 处理更敏感，当溶原肉汤中的大肠杆菌（含水量高）在 35℃、10 MPa 下用 HPCD 处理 15 min 时，微生物数量减少了 3 lg CFU/mL 以上。然而，当将干燥的大肠杆菌置于相同条件下时，微生物数量减少<0.5 lg CFU/mL。其他研究人员也证明了含水量在 HPCD 的杀菌作用中起着至关重要的作用。

HPCD 与其他技术和添加剂协同处理可以提高其杀菌效果，如超声波和乙醇等。特别是对于细菌芽孢，HPCD 与添加剂协同处理可以在相对温和的温度（35~60℃）下显著提高灭活效果。当超声波与 HPCD 结合使用时，在 31℃、10 MPa 条件下，仅需 3 min 即可达到完全失活。在超高压和 HPCD 协同处理的研究中发现，杀菌作用主要与 CO_2 含量有关，单独的 150 MPa 压力没有杀菌作用，而单独的 CO_2 可以在不增加压力的情况下使微生物失活。此外也有研究发现，超高压（<200 MPa）的压力并不能有效延长储存期。这表明，在没有 CO_2 的情况下，单独的压力（<200 MPa）灭活效率较低。

4.3　HPCD 处理对肉品保鲜效果的影响

研究表明，HPCD 能够杀灭生鲜肉及其肉制品表面污染的微生物，此外，HPCD 也可与其他保鲜技术联合处理，以提高对生鲜肉及其肉制品的杀菌效果。

4.3.1　单一 HPCD 处理

研究发现，HPCD 能够有效杀灭生鲜禽肉和生鲜猪肉等生鲜肉表面的微生物。例如，Gonzalez-Alonso 等发现生鲜鸡肉经 HPCD（14 MPa）于 45℃处理 40 min 后，样品表面的菌落总数、酵母菌和霉菌数量分别减少了 2.27 lg CFU/g、3.07 lg CFU/g。Cappelletti M 等发现，经 HPCD 不同压力（6~16 MPa）处理生鲜猪肉，于 25~40℃下处理 5~60 min 后，样品表面的嗜温菌降低了 1.0~3.0 lg CFU/cm^2。有学者使用 HPCD（15 MPa）处理生鲜猪肉，于 25℃处理不同时间（10~50 min），样品表面的菌落总数、大肠杆菌和假单胞杆菌数量均随处理时间的延长而降低，而且杀菌速率随时间的延长呈现出先快后慢的趋势。这是因为在处理前期，CO_2 破坏了微生物的细胞壁，在处理后期则是对微生物细胞膜和细胞质进行破坏。相反地，HPCD 对牛肉糜表面的热杀索丝菌的杀灭效率随处理时间的延长呈现出先慢后快的趋势。这可能是因为革兰氏阳性菌的细胞壁较厚，对 HPCD 处理的抗性更强。此外，HPCD 对牛肉干等肉制品表面微生物的杀灭效果同样显著。Schultze 等研究发现，经水饱和的气态 CO_2（5.7 MPa、65℃）处理 15 min 后，牛肉干表面的干燥大肠杆菌和沙门氏菌显著降低了 6.0~8.0 lg CFU/g。表 4-2 综述了单一的 HPCD 对猪肉、牛肉、鸡肉等肉品的杀菌效果。综上所述，

HPCD 在肉品安全控制领域中具有潜在的应用前景。

表 4-2　单一 HPCD 处理对肉品的杀菌效果研究

食品类型	目标微生物	处理条件	微生物减少量
生猪肉	嗜温菌	6 MPa，25℃，60 min	2.0 lg CFU/cm^2
		6 MPa，35℃，5 min	2.0 lg CFU/cm^2
		6 MPa，40℃，20 min	2.0 lg CFU/cm^2
		8 MPa，35℃，60 min	3.0 lg CFU/cm^2
		12 MPa，35℃，60 min	3.0 lg CFU/cm^2
		16 MPa，35℃，60 min	3.0 lg CFU/cm^2
牛肉糜	热杀索丝菌（*B. thermosphacta*）	6.05 MPa，45℃，150 min	1.1 lg CFU/g
去皮牛肉	热杀索丝菌（*B. thermosphacta*）	6.05 MPa，45℃，120 min	0.6 lg CFU/g
	需氧菌	6.05 MPa，4℃，90 min	1.6 lg CFU/g
鸡肉	总菌数	14 MPa，45℃，40 min	2.27 lg CFU/g
	酵母菌和霉菌	14 MPa，45℃，40 min	3.07 lg CFU/g
生羊肉香肠	需氧菌	10~30 MPa，60℃，30 min	2.1~2.9 lg CFU/g
		10 MPa，55℃，2~25 min	0.4~2.0 lg CFU/g
	肠杆菌科	10~30 MPa，60℃，30 min	5.6~5.7 lg CFU/g
		10 MPa，55℃，14~25 min	>5.7 lg CFU/g
	乳酸菌	10~30 MPa，60℃，30 min	>3.1 lg CFU/g
		10 MPa，55℃，2~25 min	0.1~0.5 lg CFU/g
酱油腌渍猪肉	大肠杆菌（*E.coli*）	14 MPa，45℃，40 min	33.8%
	单增李斯特菌（*L. monocytogenes*）	14 MPa，45℃，40 min	38.0%
	鼠伤寒沙门氏菌（*S. typhimurium*）	14 MPa，45℃，40 min	34.5%
	大肠杆菌 O157∶H7（*E. coli* O157∶H7）	14 MPa，45℃，40 min	36.8%
牛肉干	肠出血大肠杆菌（enterohaemorrhagic *E. coli*）	5.7 MPa，65℃，15 min	>5.0 lg CFU/cm^2
	沙门氏菌（*Salmonella*）	5.7 MPa，65℃，15 min	>5.0 lg CFU/cm^2

4.3.2 HPCD 联合其他保鲜技术

芽孢因具有多层外壳，对紫外线辐射和干燥等不利生长条件具有高度抗性。因此，HPCD 在温和的处理条件下（20~40℃）杀灭生鲜肉及其制品表面的细菌芽孢，最终导致食品腐败变质。研究表明，HPCD 与高能超声（high-power ultrasound, HPU）、热处理等技术相结合，可以增强 HPCD 对芽孢的杀灭效果，如表 4-3 所示。

表 4-3　HPCD 联合其他非热技术对肉品的杀菌效果

联合处理	食品类型	目标微生物	处理条件	微生物减少量
HPCD+ HPU	熟制火腿	嗜温菌	单一 HPCD（12 MPa，40℃，15 min）	2.0 lg CFU/g
			HPCD（12 MPa，40℃，15 min）+ HPU（10~20 W，间歇 2 min）	3.0~3.1 lg CFU/g
		乳酸菌	HPCD（12 MPa，40℃，15 min）+ HPU（10 W，持续）	3.9 lg CFU/g
	鸡胸肉	肠道沙门氏菌 （*S. enterica*）	单一 HPCD（12 MPa，45℃，15 min）	3.0 lg CFU/g
			HPCD（12 MPa，40℃，15 min）+ HPU（10~20 W，间歇 2 min/持续）	3.0~3.3 lg CFU/g
			单一 HPCD（10 MPa，40℃， 15~45 min）	1.5~7.7 lg CFU/g
HPCD+ HPU+ 生理盐水	干熏火腿	大肠杆菌 （*E. coli*）	HPCD（10 MPa，40℃， 15~45 min）+HPU［（10±3）W］	5.3~7.9 lg CFU/g
			HPCD（25 MPa， 46℃，10 min）+HPU［（42±5）W］	1.91 lg CFU/g
			HPCD（25 MPa，46℃， 10 min）+HPU［（42±5）W］+ 生理盐水（0.85%）	3.62 lg CFU/g
HPCD+ 有机酸	猪肉	单增李斯特菌 （*L. monocytogenes*）	单一 HPCD（12 MPa， 35℃，30 min）	1.29~1.59 lg CFU/cm²
			HPCD（12 MPa，35℃， 30 min）+3%乳酸	2.6 lg CFU/cm²
		鼠伤寒沙门氏菌 （*S. typhimurium*）	单一 HPCD（12 MPa， 35℃，30 min）	1.29~1.59 lg CFU/cm²
			HPCD（12 MPa，35℃， 30 min）+3%乳酸	2.3 lg CFU/cm²

续表

联合处理	食品类型	目标微生物	处理条件	微生物减少量
HPCD+ 有机酸	猪肉	大肠杆菌 O157：H7 （*E. coli* O157：H7）	单一 HPCD（12 MPa， 35℃，30 min）	1.29~1.59 lg CFU/cm²
			HPCD（12 MPa，35℃， 30 min）+3%乳酸	2.1 lg CFU/cm²
HPCD+新鲜 烹饪香草料	鸡肉	大肠杆菌（*E. coli*）	单一 HPCD（8~14 MPa， 40℃，45 min）	4.5~4.7 lg CFU/g
			HPCD（8~14 MPa，40℃， 45 min）+芫荽（1 g）	4.2~4.5 lg CFU/g
			HPCD（8~14 MPa，40℃， 45 min）+百里香（1 g）	3.6~5.3 lg CFU/g
		酵母菌和霉菌	单一 HPCD（8~14 MPa， 40℃，45 min）	3.2~4.0 lg CFU/g
			HPCD（8~14 MPa，40℃， 45 min）+芫荽（1 g）	3.0~3.4 lg CFU/g
			HPCD（8~14 MPa，40℃， 45 min）+百里香（1 g）	2.8~3.2 lg CFU/g
HPCD+ 植物精油	鸡肉	大肠杆菌（*E. coli*）	单一 HPCD（14 MPa， 40℃，45 min）	4.5 lg CFU/g
			HPCD（14 MPa，40℃，45 min）+芫荽精油（0.1%~1.0%）	3.4~6.7 lg CFU/g
			HPCD（14 MPa，40℃，45 min） +迷迭香精油（0.1%~1.0%）	4.1~4.7 lg CFU/g

　　为了提高 HPCD 对生鲜肉及其制品表面微生物的杀灭效果，HPCD 也与其他保鲜技术联合使用。Spilimbergo 等使用 HPCD（12 MPa）联合超声波（10 W）处理干熏火腿，样品表面的单增李斯特菌初始值为 9 lg CFU/g，于 35℃处理 5 min 后，样品表面单增李斯特菌未达到检出限，而此时 HPCD 单独处理的样品表面单增李斯特菌仅降低了约 4 lg CFU/g。结果表明，HPCD 协同超声波对微生物的杀灭效果比单独 HPCD 处理效果更强。同样地，Ferrentino 等使用 HPCD 联合超声波处理火腿，在最佳处理条件下（12 MPa，45℃），样品表面的乳酸菌、酵母菌和霉菌数量分别在 15 min 和 4 min 时达到最大失活水平，嗜温微生物在 15 min

后显著降低了 4.27 lg CFU/g，HPCD 单独处理若达到相同的杀菌效果，则嗜温微生物和乳酸菌分别需要 60 min 和 45 min。这可能是因为超声波所产生的空化作用，使微生物的细胞内容物受到震荡，进而破坏微生物。

HPCD 与有机酸、精油等物质联合处理也具有较好的杀菌效果。Choi 等将生鲜猪肉浸泡于 3%乳酸溶液 1 min，后经 HPCD（12 MPa，35℃）处理 30 min 后，样品表面的大肠杆菌、单增李斯特菌、鼠伤寒沙门氏菌和大肠杆菌 O157∶H7 的失活率最高，分别降低了（2.58、2.60、2.33 和 2.10）lg CFU/cm²。结果表明，HPCD 与乳酸联合处理样品微生物的失活率比单一 HPCD 或有机酸处理更高。此外，HPCD 单独处理需要延长处理时间或提高处理温度来获得更好的杀菌效果，但这可能会影响肉品的营养和感官等品质。将 HPCD 与其他保鲜技术联合处理应用于肉品的杀菌保鲜，在有效杀菌的同时，可保持其产品质量及降低成本投入等。

4.4 HPCD 处理对肉品品质的影响

4.4.1 HPCD 处理对肉品理化特性的影响

HPCD 技术作为一种有效的杀菌技术，既可杀灭肉和肉制品中微生物，也可使样品的理化特性发生变化，如硫代巴比妥酸反应物（thiobarbituric acid reactants，TBARS）、挥发性盐基氮（total volatile basic nitrogen，TVB-N）、pH、保水性等（表4-4）。

表4-4 HPCD 处理对肉品理化特性的影响

处理技术	肉品类型	处理条件	理化特性
HPCD	冷却猪肉	15 MPa，25℃	短时间的 HPCD 处理会使 TBARS 值升高，随时间增长呈上升趋势，达到一定时间后 TBARS 值反而会呈现一种下降趋势
HPCD	冷却猪肉	7、14、21 MPa，50℃，30 min	在 0~4℃ 贮藏期内，肉品持水性、MFI 值和 TBA 值没有显著改变，但是 pH 和 TVB-N 值变化较大
HPCD	即食红烧肉	8 MPa，30℃，30 min	HPCD 处理的红烧肉的 TVB-N 值显著低于高温处理组
HPCD	生鸡肉	8 MPa、14 MPa，40℃，45 min	处理后鸡肉的 pH 略微低于对照组，且处理组之间的 pH 变化不显著

（1）HPCD 处理对肉品 TBARS 值的影响

TBARS 值是反映肉类脂质氧化程度的一个重要指标。肉类的脂肪氧化与肉品本身的劣变有关，肉品过高的 TBARS 值会严重影响消费者的身体健康。刘芳坊等使用 HPCD 在 15 MPa，25℃ 条件下处理冷猪肉，探究了不同处理时间对冷猪肉中 TBARS 值的影响。研究发现短时间的 HPCD 处理会使 TBARS 值升高，并且随时间增长呈上升趋势，但处理达到一定时间后，TBARS 值反而呈现一种下降趋势。原因是短时间的 HPCD 使脂肪大分子膨胀，暴露出更多催化部位，加快了脂肪氧化，而达到一定处理时间后（30 min），HPCD 处理抑制了脂肪氧化酶，降低了脂肪氧化速度。闫文杰等的研究使用 HPCD 处理冷却猪肉 30 min，处理组的 TBARS 值低于对照组，但结果并不显著。杨立新等探讨了 HPCD 处理（18 MPa、30℃、30 min）与高温灭菌处理（121℃，30 min）对红烧肉 TBARS 值的影响，样品分别经 HPCD 处理和高温灭菌处理后真空包装，于 4℃ 条件下贮藏，结果发现，在贮藏期间，经 HPCD 处理和高温灭菌处理后红烧肉的 TBARS 值均在增加，但是 HPCD 处理的红烧肉 TBARS 值低于高温灭菌处理后红烧肉的 TBARS 值，说明 HPCD 处理能够抑制红烧肉在贮藏期间的脂肪氧化。这可能是因为 CO_2 浸渍在样品中，减少了 O_2 与样品的接触量，从而延缓了样品中脂肪的氧化。此外，Huang 等研究发现，经 HPCD（35℃，13.8 MPa）处理 2 h，4℃ 贮藏 1 天，对照组与 HPCD 处理组样品的 TBARS 值差异不显著；4℃ 贮藏 3 天，处理组样品中的 TBARS 值（1.22 MDA/kg）显著高于对照组样品的 TBARS 值（0.96 MDA/kg）。4℃ 贮藏期间，对照组样品在第 7 天观察到 TBARS 值显著增加，而处理组样品的 TBARS 值在第 5 天显著增加。这些结果表明，HPCD 处理能够促进样品的脂肪氧化、TBARS 值增加。这与 McArdle 等的研究结果一致：在 300 MPa 和 400 MPa 的高压处理下，牛肉的 TBARS 值显著增加；而当 HPCD 与 2.5% 或 5% 迷迭香粉末协同处理时，与单一 HPCD 处理组相比，协同处理组样品的 TBARS 值则分别显著降低了 8.2% 和 9.8%。

（2）HPCD 处理对肉品 TVB-N 值的影响

TVB-N 值是反映肉品中蛋白质分解和微生物繁殖的一个重要指标。闫文杰等研究了 HPCD 处理对冷却猪肉 TVB-N 值的影响，研究表明，与未处理组相比，随贮藏时间的延长，HPCD 处理组冷却猪肉 TVB-N 值的增加更加缓慢。这种现象不仅存在于生鲜肉中。杨立新等对比了 HPCD（18 MPa、30℃、30 min）和高温处理对即食红烧肉的影响，发现 HPCD 处理的红烧肉的 TVB-N 值显著低于高温处理组。Huang 等研究发现，4℃ 贮藏期间，对照组和 HPCD 处理组的 TVB-N 值均逐渐增加，其中，对照组样品的 TVB-N 值从 10.080 的初始值增加到 33.264，处理组样品的 TVB-N 值均显著低于对照组。这可能是因为样品的 TVB-

N 值与样品表面的微生物生长有关，对照组和 HPCD 处理组的初始 TVB-N 值与相对较低的菌落总数有关，而贮藏 7 天对照组样品的较高菌落总数可能是其 TVB-N 值更高的原因，贮藏 3 天，对照组样品的 TVB-N 值为 20.412 mg/100g，超过鲜肉卫生标准允许的上限（15 mg/100 g，GB 2707—2005），而 HPCD 处理组样品的 TVB-N 值在贮藏 5 天为 16.632 mg/100 g，超过限值；HPCD 处理组在贮藏 7 天样品的 TVB-N 值为 21.168 mg/100 g。

（3）HPCD 处理对肉品 pH 的影响

pH 是反映肉品理化性质的一个重要指标，Gonzalez-Alonso 等使用 HPCD（8 MPa、14 MPa，40℃，45 min）处理生鸡肉，处理后鸡肉的 pH 略低于对照组；对照组的 pH 为 5.85，压力为 8 MPa 和 14 MPa 处理组的 pH 分别为 5.75 和 5.76；处理组之间的 pH 变化不显著。Jauhar 等的研究也发现 HPCD 处理对鸡肉的 pH 没有影响，同时发现 HPCD 处理对鸡肉的保水性没有显著影响。闫文杰等使用 HPCD（50℃）处理冷却猪肉，分别在压力为（7、14、21）MPa 的压力下处理 30 min，放于 0~4℃贮藏。结果发现，经 HPCD 在 7 MPa 和 14 MPa 分别处理后，样品的 pH 无显著差异；然而经 HPCD 在 21 MPa 处理后，样品的 pH 显著降低。这可能是因为在高压环境下 CO_2 容易扩散进入样品，形成 H_2CO_3，并且部分发生水解产生 H^+ 和 HCO_3^-，从而降低样品的 pH。此外，贮藏 10 天，分别在压力为（7、14、21）MPa 的压力下 HPCD 处理 30 min 样品的 pH 均高于对照组，其中对照组的 pH 为 5.97，经 HPCD 在（7、14 和 21）MPa 处理后样品的 pH 分别为 6.10、6.27 和 6.18，说明 HPCD 处理可以减缓肉的腐败。相反地，Huang 等研究发现，贮藏 1 天后，对照组和处理组的 pH 有显著差异，HPCD 处理可显著提高猪肉肉糜的 pH，对照组样品的 pH 为 5.75，HPCD 处理和蛋白质构象，导致蛋白质在肉中变性和聚集，蛋白质中氨基酸的酸性基团被掩埋。而在贮藏 5 天和 7 天后，对照组样品的 pH 为 7.49 和 8.27，处理组样品的 pH 显著降低至 7.05 和 7.79，pH 的增加可能是由腐败细菌的生长导致碱性成分（如蛋白质降解产生的胺产物）的积累引起的。Szerman 等研究发现，经 HPCD（60℃、30 min）处理羊肉香肠，对照组样品的 pH 为 6.04，经 HPCD 分别在（10、20 和 30）MPa 压力下处理后，处理组样品的 pH 分别为 6.12、6.12 和 6.19；在 55℃、10 MPa 下，对照组样品的 pH 为 5.89，将处理时间由 2 min 延长至 25 min 后，样品的 pH 显著增加至 6.12。由于加热过程中掩埋基团暴露和电离，蛋白的热变性会增加 pH，在 40℃下升高 0.1 个对数单位，在 45~65℃下升高 0.2~0.3 个对数单位，以及在 70~80℃下升高约 0.4 个对数单位。Szerman 等的研究中，与新鲜羊肉香肠相比，在 60℃下加热 30 min 或在 55℃下加热 25 min，pH 无显著变化，这表明肉类蛋白质构象的改变影响不显著。CO_2 压力（30 MPa）和处理时间的增加都增加了样品的 pH。

（4）HPCD 处理对肉品保水性的影响

肉品的保水性，直接关系肉品品质，研究表明 HPCD 处理能提升肉品保水性。闫文杰等研究发现，在贮藏 1 天时，对照组样品的保水性为 39.09%，经 HPCD 分别在 7 MPa、14 MPa 和 21 MPa 压力下处理后，对照组样品的保水性分别为 39.03%、37.60% 和 36.59%；在贮藏 10 天时，对照组样品的保水性为 26.44%，经 HPCD 分别在 7 MPa、14 MPa 和 21 MPa 压力下处理后，对照组样品的保水性分别为 21.83%、23.64% 和 19.75%。随着贮藏时间的延长，样品的保水性逐渐降低，同时在高压 CO_2 的作用下，HPCD 处理降低了样品的保水性，但该影响并不显著。Choi 等使用 HPCD 处理猪肉样品，结果发现，对照组样品的蒸煮损失和总损失均为 20.76%，在 31.1℃ 下经 HPCD 在 7.4 MPa 压力下处理 10 min，处理组样品的蒸煮损失和总损失分别为 18.27% 和 22.34%；在 31.1℃ 下经 HPCD 在 15.2 MPa 压力下处理 10 min，处理组样品的蒸煮损失和总损失分别为 19.46% 和 25.13%，但影响不显著。Jauhar 等的研究结果也表明，与对照样品相比，HPCD 处理后新鲜鸡肉的保水性没有显著改变。在 HPCD（14 MPa、45℃、40 min）的作用下，样品损失的水量约为质量的 20%。这可能是因为肌肉组织中盐溶性蛋白质（肌球蛋白和肌动蛋白）之间的分子间的水，由于毛细管力而具有较高的持水力。此外，影响样品保水性的因素包括 pH 降低、蛋白水解、蛋白质氧化和早期屠宰，以及细胞结构中肌肉的肌原纤维内和肌原纤维外水分含量高的间隙等。与对照组相比，HPCD 处理样品的 pH 无显著变化，并且样品选自同一批次鲜肉，因此肉品的保水性不受 HPCD 处理的影响。然而，Szerman 等研究发现，经 HPCD（60℃、30 min）处理羊肉香肠，对照组样品的汁液损失为 3.53%，经 HPCD 分别在（10、20 和 30）MPa 压力下处理后，处理组样品的汁液损失分别为 7.86%、6.74% 和 7.15%；在 55℃、10 MPa 下，将处理时间由 2 min 延长至 25 min 后，样品的汁液损失显著增加了 4.36%。此外，闫文杰等的研究也进行了猪肉保水性的相关研究，发现因为 CO_2 的压力作用，处理组与对照组相比保水性有所下降，但不显著。而吕妙兄在 25 MPa、45℃、40~50 min 的条件下使用 HPCD 处理皱纹盘鲍，发现对其保水性有着显著影响。这是因为 HPCD 处理对肉品保水性的影响与肉品本身种类有关。

4.4.2　HPCD 处理对肉品色泽的影响

色泽是影响消费者选择的一个重要因素，良好的色泽能激发消费者的购买欲望。表 4-5 总结了一些 HPCD 处理对肉品色泽的影响。

表 4-5 HPCD 处理对肉品色泽的影响

处理技术	肉品类型	处理条件	色泽变化
HPCD	冷却猪肉	15 MPa，25℃	处理后 L^* 值明显增加，a^* 值随处理时间的增加而增长
HPCD	冷却猪肉	（7、14、21）MPa，50℃，30 min	在 0~4℃ 贮藏期内，肉品 a^* 值和 TVB-值变化较大；经 21 MPa HPCD 处理后，a^* 值显著降低，肉品变成灰白色
HPCD	牛背最长肌	（7、14、21、28、35）MPa，30 min	随着压力的增大，牛肉的 L^* 值显著增加，而 a^* 值显著降低。处理组的 L^* 和 a^* 值随贮藏时间的增长没有产生明显变化
HPCD+迷迭香粉末	猪肉末	HPCD（13.8 MPa，35℃，2 h）+迷迭香粉末（2.5%、5.0%）	HPCD 联合迷迭香处理后 L^* 和 b^* 值显著增加，a^* 值与 HPCD 单独处理相比没有显著差异
HPCD+HPU+生理盐水	干腌火腿	HPCD（25 MPa，46℃，10 min）+ HPU［（42±5）W］+ 生理盐水（0.85%）	a^* 和 b^* 值升高，L^* 值不变，水分含量不变；在贮藏期间样品色泽没有发生显著改变

研究表明，使用 15 MPa 的 HPCD，在 25℃ 的条件下处理冷却肉，冷却肉的 L^* 值明显增加，a^* 值随处理时间的增加而增长。在（7、14、21、28 和 35）MPa 压力下，使用 HPCD 技术处理牛背最长肌 20 min，探究其色泽变化。结果表明随着压力的增大，牛肉的 L^* 值显著增加，而 a^* 值显著降低；处理组的 L^* 和 a^* 值随贮藏时间的增长没有产生明显变化，说明 HPCD 技术虽然对牛肉色泽有较大影响，但很大程度上提升了色泽稳定性。Huang 等使用 HPCD 和迷迭香联合处理 4℃ 的肉末，并进行贮藏。结果表明，HPCD 单独处理的猪肉样品 L^* 值和 b^* 值显著高于未处理组，HPCD 和迷迭香联合处理的样品的 L^* 值和 b^* 值与 HPCD 单独处理的样品没有显著区别。在贮藏的前 3 天对照组的 a^* 值显著高于处理组，随贮藏时间的增长，a^* 值降低，在 3 天后与处理组没有显著区别。L^* 值增加的原因是高压导致的血红素位移和亚铁离子的氧化。Castillo-Zamudio 等使用 HPCD 结合大功率超声和盐水溶液处理干腌火腿，研究表明对照组和 HPCD 结合大功率超声处理组、HPCD 结合大功率超声波和盐水溶液处理组之间的 L^* 值没有明显变化，HPCD 结合大功率超声处理组和 HPCD 结合大功率超声和盐水溶液处理组的 a^* 值和 b^* 值显著增加。由这些研究可知 HPCD 技术对肉品的色泽会产生显著影响，在处理样品时要谨慎选择处理条件。

4.4.3　HPCD 处理对肉品营养成分的影响

研究发现在 45℃ 或 55℃ 和 15 MPa 条件下，HPCD 直接对肉品处理 30 min，发现水分、蛋白质、粗脂肪以及灰分含量均有不同程度地下降；但相较于热处理，HPCD 处理的肉品水分、蛋白质、灰分含量的下降较小，而粗脂肪含量下降较大。Choi 等在 40℃、3 种不同压力（20、30、40 MPa）下使用 HPCD 和溶剂萃取的方法处理牛心，可在不降低营养质量的情况下，去除大量脂肪，并显著降低其微生物数量。

4.4.4　HPCD 处理对肉品质构特性的影响

质构特性是肉品的重要品质特性之一。质构特性能反映食物的口感，是评价食品的一个重要指标。表 4-6 总结了一些 HPCD 处理对肉品质构特性的影响。

表 4-6　HPCD 处理对肉品质构特性的影响

处理技术	肉品类型	处理条件	质构特性
HPCD+微加热	香肠	10 MPa，50℃ 和 60℃，15 min	随着 HPCD 处理时间的增加，硬度和咀嚼性显著提升。当温度为 50℃ 时，弹性和内聚性也随着 HPCD 处理时间的增加而增加，当温度为 60℃ 时则不会产生变化
HPCD	鸡肉	8 MPa、14 MPa，40℃，15~45 min	14 MPa 的压力下硬度显著增加，而在 8 MPa 的压力下硬度虽然增加但并不显著
HPCD+HPU	熟制火腿	HPCD（12 MPa，45℃）+HPU（12 W 和 20 W）	样品硬度上升，并在 4 周内保持稳定
HPCD+HPU+生理盐水	干腌火腿	HPCD（25 MPa，46℃，10 min）+ HPU［（42±5）W］+ 生理盐水（0.85%）	干腌火腿的硬度显著降低

Rao 等使用 HPCD 联合微加热处理香肠，并与单纯微加热处理对比。结果表明，HPCD 处理能显著增加香肠的硬度和咀嚼性，随着 HPCD 处理时间的增加，硬度和咀嚼性显著提升。当温度为 50℃ 时，弹性和内聚性也随着 HPCD 处理时间的增加而增加；当温度为 60℃ 时则不会产生变化。在 Gonzalez-Alonso 等的研究中，鸡肉在 14 MPa 的压力下硬度显著增加，而在 8 MPa 的压力下硬度虽然增加但并不显著，表明硬度随着 HPCD 处理压力的增加而增加。Ferrentino 等使用

HPCD 联合超声波的方法处理熟制火腿。熟制火腿在四周内硬度随贮藏时间的增加而降低，使用 HPCD 联合超声波处理的样品硬度上升，并在 4 周内保持稳定。而 Castillo-Zamudio 等使用 HPCD 联合超声波处理干腌火腿，则会导致干腌火腿的硬度显著降低，认为导致硬度降低的原因是超声波引起的加压和减压过程和减压后 CO_2 的快速排出导致的肉质变松，以及 CO_2 在基质中的稀释导致蛋白质结构发生改变。

HPCD 技术处理肉品导致的肉品质构特性变化是多因素造成的，包括温度、压力、贮藏时间以及肉品的种类等。在使用 HPCD 处理肉品时应调整好各因素之间的平衡，才能达到有益效果的最大化。HPCD 和其他方法的联用，对肉品的质构特性也会产生显著影响。

4.4.5　HPCD 处理对肉品货架期的影响

HPCD 技术对于食品最主要的作用是抑制微生物生长，达到延长食品货架期的目的，如表 4-7 所示。

表 4-7　HPCD 处理对肉品货架期的影响

处理技术	肉品类型	处理条件	抑菌效果
HPCD	生鸡肉	（8、14）MPa，40℃，45 min，0℃下贮藏（0、3、7）天	霉菌数量降低了 3.0 lg CFU/mL
HPCD+HPU	熟制火腿	12 MPa、45℃、15 min，贮藏 4 周	检测不到乳酸菌、酵母菌和霉菌，以及其他中温微生物
HPCD+HPU	干腌火腿	HPCD（25 MPa，46℃，10 min）+ HPU［（42±5）W］+生理盐水（0.85%）贮藏 20 天	火腿中的中温菌、嗜冷菌和乳酸菌分别为（2.2、3.2 和 2.9）lg CFU/g，仍然符合标准规定
HPCD+迷迭香粉末	猪肉末	HPCD（13.8 MPa，35℃，2 h）+迷迭香粉末（2.5%、5.0%）贮藏 7 天	处理组猪肉末中的微生物数量显著低于未处理组

Jauhar 等使用 HPCD 处理生鸡肉，并在 0℃下贮藏（0、3、7）天，结果表明，HPCD 处理显著降低了生鸡肉贮藏第 7 天的菌落总数。相对未处理组，生鸡肉中的霉菌数量降低了 3.0 lg CFU/mL。同样地，杨立新等研究发现，HPCD 处理能够有效延长预包装红烧肉的货架期至 90 天以上。4℃贮藏期间，HPCD 处理组样品的菌落总数达到 5.0×10^5 CFU/g 左右，低于 GB 2726—2005 中的要求

（8.0×10^5 CFU/g），这表明 HPCD 处理杀菌能够在不影响样品品质的情况下，杀灭样品表面的微生物，从而延长样品的货架期。

将 HPCD 技术和其他技术联用可进一步延长肉品的货架期。Ferrentino 等使用 HPCD 联合超声波在 12 MPa、45℃、15 min 条件下处理熟制火腿，并每隔 2 min 使用 10 W 超声波处理，可使熟制火腿在 4 周内检测不到乳酸菌、酵母菌和霉菌，以及其他中温微生物。Castillo-Zamudio 等使用 HPCD 联合超声波处理干腌火腿，贮藏 20 天后，火腿中的中温菌、嗜冷菌和乳酸菌数量分别为（2.2、3.2 和 2.9）lg CFU/g，仍然符合标准规定。Huang 等使用 HPCD 和迷迭香联合处理猪肉末，并在 4℃条件下贮藏 7 天，发现在贮藏期间 HPCD 单独处理和 HPCD 联合迷迭香联合处理的猪肉末中的微生物含量显著低于未处理组；而使用 HPCD 联合迷迭香联合处理的样品的微生物含量低于 HPCD 单独处理的样品。

HPCD 处理可以延长肉品的货架期，保障肉品的安全性。HPCD 和其他技术联用如超声波、迷迭香等，能显著提高肉品的抑菌效果。将 HPCD 和其他技术的联用研究，可以更深层次地挖掘 HPCD 技术的潜能。

4.5　结论与展望

4.5.1　结论

HPCD 技术作为一种新型非热杀菌技术，在肉品保鲜和安全控制等领域具有较大的应用潜力。HPCD 处理对肉品品质特性的影响与处理参数如温度、时间、压力等因素有关。高强度的 HPCD 处理可有效杀灭肉品中微生物，还会对肉品的理化品质和质构特性等产生影响。HPCD 技术与其他非热加工技术（超声波、有机酸、植物精油等）协同处理，能够有效杀灭肉品中微生物，还能保持食品的自身品质，应用前景广阔。

4.5.2　展望

为了推动 HPCD 技术在肉品加工领域中的应用与发展，在今后的研究工作中建议从以下四个方面展开：一是关于 HPCD 灭活细菌芽孢和病毒的研究还不够充分，尤其是对一些食物病原体的研究；二是应进一步研究各种微生物灭活动力学的数学模型，为工业应用提供数据；三是系统研究 HPCD 处理对肉品成分的影响，明确 HPCD 处理对肉品营养价值、质量和功能等的影响规律；四是优化 HPCD 工艺参数（压力、温度和处理时间），为推进 HPCD 技术在肉品工业中的应用提供理论依据。

参考文献

［1］廖红梅，廖小军，胡小松．高压二氧化碳杀菌机理研究进展［J］．食品工业科技，2012，33（19）：387-390，395.

［2］Rao L, Wang Y T, Chen F, et al. High pressure CO_2 reduces the wet heat resistance of *Bacillus subtilis* spores by perturbing the inner membrane［J］. Innovative Food Science & Emerging Technologies, 2020, 60: 102291.

［3］Kim S R, Rhee M S, Kim B C, et al. Modeling of the inactivation of *Salmonella typhimurium* by supercritical carbon dioxide in physiological saline and phosphate-buffered saline［J］. Journal of Microbiological Methods, 2007, 70（1）: 132-141.

［4］Liao H M, Zhang F S, Liao X J, et al. Analysis of *Escherichia coli* cell damage induced by HPCD using microscopies and fluorescent staining［J］. International Journal of Food Microbiology, 2010, 144（1）: 169-176.

［5］Yu T H, Takahashi U, Iwahashi H. Transcriptome analysis of the influence of high-pressure carbon dioxide on *Saccharomyces cerevisiae* under sub-lethal condition［J］. Journal of Fungi, 2022, 8（10）: 1011.

［6］Hong S I, Pyun Y R. Membrane damage and enzyme inactivation of Lactobacillus plantarum by high pressure CO_2 treatment［J］. International Journal of Food Microbiology, 2001, 63（1-2）: 19-28.

［7］Lin H M, Yang Z Y, Chen L F. Inactivation of *Leuconostocdextranicum* with carbon dioxide under pressure［J］. The Chemical Engineering Journal, 1993, 52（1）: B29-B384.

［8］Oule M K, Dickman M, Arul J. Properties of orange juice with supercritical carbon dioxide treatment［J］. International Journal of Food Properties, 2013, 16（8）: 1693-1710.

［9］Erkmen O. Bacterial inactivation mechanism of SC-CD and TEO combinations in watermelon and melon juices［J］. Food Science and Technology, 2021, 42（3）: e62520.

［10］Yuk H G, Geveke D J. Nonthermal inactivation and sublethal injury of *Lactobacillus plantarum* in apple cider by a pilot plant scale continuous supercritical carbon dioxide system［J］. Food Microbiology, 2011, 28（3）: 377-383.

［11］Zhao F, Bi X F, Hao Y L, et al. Induction of viable but nonculturable *Escherichia coli* O157: H7 by high pressure CO_2 and its characteristics［J］. PLOS ONE,

2013, 8 (4): e62388.

［12］ Wang W X, Rao L, Wu X M, et al. Supercritical carbon dioxide applications in food processing ［J］. Food Engineering Reviews, 2020, 13 (3): 570-591.

［13］ Liao H M, Zhang L Y, Hu X S, et al. Effect of high pressure CO_2 and mild heat processing on natural microorganisms in apple juice ［J］. International Journal of Food Microbiology, 2010, 137 (1): 81-87.

［14］ Rao L, Xu Z Z, Wang Y T, et al. Inactivation of *Bacillus subtilis* spores by high pressure CO_2 with high temperature ［J］. International Journal of Food Microbiology, 2015, 205: 73-80.

［15］ Ishikawa H, Shimoda M, Shiratsuchi H, et al. Sterilization of microorganisms by the supercritical carbon dioxide micro-bubble method ［J］. Bioscience, Biotechnology, and Biochemistry, 1995, 59 (10): 1949-1950.

［16］ Karajanagi S S, Yoganathan R, Mammucari R, et al. Application of a dense gas technique for sterilizing soft biomaterials ［J］. Biotechnology and Bioengineering, 2011, 108 (7): 1716-1725.

［17］ Paniagua-Martínez I, Mulet A, García-Alvarado M A, et al. Inactivation of the microbiota and effect on the quality attributes of pineapple juice using a continuous flow ultrasound assisted supercritical carbon dioxide system ［J］. Food Science and Technology International, 2018, 24 (7): 547-554.

［18］ Sara S, Martina C, Giovanna F. High pressure carbon dioxide combined with high power ultrasound processing of dry cured ham spiked with *Listeria monocytogenes* ［J］. Food Research International, 2014, 66: 264-273.

［19］ Vo H T, Imai T, Yamamoto H, et al. Disinfection using pressurized carbon dioxide microbubbles to inactivate *Escherichia coli*, bacteriophage MS2 and T4 ［J］. Journal of Water and Environment Technology, 2013, 11 (6): 497-505.

［20］ Chen Y Y, Temelli F, Ganzle M G. Mechanisms of inactivation of dry *Escherichia coli* by high-pressure carbon dioxide ［J］. Applied and Environmental Microbiology, 2017, 83 (10): e00062-17.

［21］ Gomez-Gomez A, Brito-de la Fuente E, Gallegos C, et al. Combination of supercritical CO_2 and high-power ultrasound for the inactivation of fungal and bacterial spores in lipid emulsions ［J］. Ultrasonics Sonochemistry, 2021, 76: 105636.

［22］ Gonzalez-Alonso V, Cappelletti M, Bertolini F M, et al. Microbial inactivation of raw chicken meat by supercritical carbon dioxide treatment alone and in combination with fresh culinary herbs ［J］. Poultry Science, 2020, 99 (1): 536-545.

［23］Cappelletti M，Ferrentino G，Spilimbergo S. High pressure carbon dioxide on pork raw meat：Inactivation of mesophilic bacteria and effects on colour properties［J］. Journal of Food Engineering，2015，156：55-58.

［24］Schultze D M，Couto R，Temelli F，et al. Lethality of high-pressure carbon dioxide on Shiga toxin-producing *Escherichia coli*，*Salmonella* and surrogate organisms on beef jerky［J］. International Journal of Food Microbiology，2020，321：108550.

［25］牛力源，张艺林，刘静飞，等. 高压二氧化碳在肉品杀菌保鲜中的应用研究进展［J］. 食品工业科技，2022，43（21）：471-479.

［26］曾庆梅，周先汉，杨毅，等. 高密度 CO_2 杀菌机制与协同措施研究现状［J］. 食品科学，2010，31（1）：251-257.

［27］Ferrentino G，Spilimbergo S. A combined high pressure carbon dioxide and high power ultrasound treatment for the microbial stabilization of cooked ham［J］. Journal of Food Engineering，2016，174：47-55.

［28］Choi Y M，Kim O Y，Kim K H，et al. Combined effect of organic acids and supercritical carbon dioxide treatments against nonpathogenic*Escherichia coli*，*Listeria* monocytogenes，*Salmonella* typhimurium and *E. coli* O157：H7 in fresh pork［J］. Letters in Applied Microbiology，2009，49（4）：510-515.

［29］刘芳坊，苗敬，刘毅，等. 高密度 CO_2 处理对冷却肉的杀菌效果及理化指标的影响［J］. 农产品加工，2011（7）：15-18，22.

［30］闫文杰，崔建云，戴瑞彤，等. 高密度二氧化碳处理对冷却猪肉品质及理化性质的影响［J］. 农业工程学报，2010，26（7）：346-350.

［31］杨立新，赵亚许，王建中. 高密度二氧化碳技术对预包装红烧肉菜肴储藏品质的影响［J］. 食品与机械，2015，31（5）：174-176.

［32］Huang S R，Liu B，Ge D，et al. Effect of combined treatment with supercritical CO_2 and rosemary on microbiological and physicochemical properties of ground pork stored at 4℃［J］. Meat Science，2017，125：114-120.

［33］Jauhar S，Ismail-Fitry M R，Chong G H，et al. Application of supercritical carbon dioxide（SC-CO_2）on the microbial and physicochemical quality of fresh chicken meat stored at chilling temperature［J］. International Food Research Journal，2020，27（1）：103-110.

［34］Szerman N，Rao W L，LI X，et al. Effects of the application of dense phase carbon dioxide treatments on technological parameters，physicochemical and textural properties and microbiological quality of lamb sausages［J］. Food Engineering

Reviews, 2015, 7 (2): 241-249.

[35] Szmańko T, Lesiów T, Górecka J. The water-holding capacity of meat: A reference analytical method [J]. Food Chemistry, 2021, 357: 129727.

[36] 吕妙兄. 高密度 CO_2 对皱纹盘鲍的杀菌效果及其肌肉品质的影响 [D]. 湛江: 广东海洋大学, 2013.

[37] 张巧娜, 杨红菊, 高晓光, 等. 高密度二氧化碳对牛背最长肌颜色稳定性的影响 [J]. 食品工业科技, 2013, 34 (20): 344-348.

[38] Castillo-Zamudio R I, Paniagua-Martínez I, Ortuno-Cases C, et al. Use of high-power ultrasound combined with supercritical fluids for microbial inactivation in dry-cured ham [J]. Innovative Food Science & Emerging Technologies, 2021, 67: 102557.

[39] Rahman M S, Seo J K, Choi S S G, et al. Physicochemical characteristics and microbial safety of defatted bovine heart and its lipid extracted with supercritical-CO_2 and solvent extraction [J]. LWT-Food Science & Technology, 2018, 97: 355-361.

[40] Rao W L, Li X, Wang Z Y, et al. Dense phase carbon dioxide combined with mild heating induced myosin denaturation, textureimprovement and gel properties of sausage [J]. Journal of Food Process Engineering, 2017, 40 (2): e12404.

第 5 章　超声波技术与肉品保鲜

超声波技术是一种食品物理加工技术，具有安全性高、成本低、瞬时高效、绿色环保等优点，广泛应用于肉品加工与质量安全控制领域。本章主要介绍了超声波的作用原理及分类，其对食品有害微生物的杀灭作用机制，其应用于肉品杀菌保鲜、肉品品质及蛋白质功能特性改善等领域的国内外最新研究进展，并展望了今后的研究发展方向，以期为超声波技术在肉品保鲜与加工中的广泛应用奠定理论基础。

5.1　超声波技术概述

超声波是一种以机械振动形式在媒介中传播的机械波，其频率大于 20 kHz，高出人类听力阈值，具备频率高、波长短、穿透力强等特点（图 5-1）。

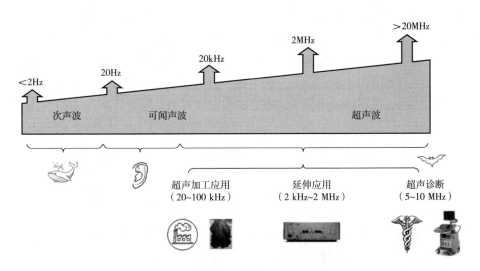

图 5-1　超声频率范围及其应用

根据频率和能量的不同，可将超声波分为两种类型：一是高强度低频率超声波（20~100 kHz，强度为 10~1000 W/cm^2）；二是低强度高频率超声波（100 kHz~1 MHz，<1 W/cm^2）。其中，低强度高频率超声波灵敏度较好，可提供有关食品物理化学性质、结构的信息，且不会影响其机械或化学性能；高强度低频率

超声波携带更多的声能，能够通过剪切力、微喷射等方式改变食品的物理或化学性质，在食品行业有广泛应用前景。此外，高功率超声波还可通过产生高压、剪切和温度梯度来破坏细胞膜和 DNA 等，导致微生物死亡。

5.1.1　超声波作用原理

超声波通过超声介质传递机械能产生空化效应、机械效应和热效应等。上述3 种效应被认为在超声波杀灭微生物、调控酶活性以及改善食品品质等过程中至关重要。

（1）热效应

热效应是指超声波作用于介质经媒质传播时，不断振荡产生的能量被媒质分子吸收，引起媒质整体升温及边界外局部升温的现象。随着超声波的传播，其不断振动使介质产生强烈的高频振荡，媒质不断吸收因振动和摩擦产生的能量并转化为自身的热能。同时，媒质质点的周期性紧缩使压缩相位中产生升温中心，由于不同相介质的声阻抗差异产生反射形成驻波，引起分子间的相对运动导致摩擦生热，导致造成整体升温和界面处局部升温。

（2）机械作用

超声波是机械能量的传播形式。超声波在媒质中传播时，介质质点的压缩和伸张交替进行造成巨大的压力变化产生的力学效应被称为机械作用。机械作用的强弱随着超声波频率和强度的变化而改变，因此媒质的质点位移、振动速度及声压等都与超声波的作用有关。超声波在液体中传播时，其间质点位移振幅很小，但可产生较大的质点加速度，引起有效的流动和搅动。因此，超声波可促进食品液体的乳化、凝胶的液化、固体的分散和细胞的破裂等。以超声波（20 kHz，1 W/cm^2）在水中的传播为例，最大质点的加速度约为重力加速度的 1500 倍，如此激烈且快速变化的机械运动会对超声作用的效果产生影响，破坏液体介质的结构。

（3）空化作用

空化作用是超声波能量与物质间一种独特的作用形式。超声波作用于介质产生一系列超声效应，其强度达到某一空气阈值时产生空化现象，即液体中微小的空气泡核在超声波作用下被激活，表现为泡核的振荡、生长、收缩及崩溃等一系列动力学过程。在脉动和稳态下，超声波频谱中产生了声波，超声波在液体介质中传播产生声空化，导致液体分子发生周期性变化，液体中的微小泡核被激活产生气泡。稳态空化时产生的负压与液体分子间的吸引力可相互抵消，之后随着周期性变化，较小的气泡生成大气泡，直至空化气泡的尺寸达到不稳定的状态，转为瞬态空化。瞬态空化下的气泡极不稳定，在最后一个压缩半周期，处于临界状态的空化气泡急剧变化，在激烈收缩和崩溃的瞬间产生瞬间高温（5000℃）和高压（50 MPa）。超声波引起的化学效应和生物效应几乎都与空化作用有关（图5-2）。

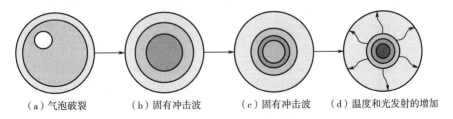

（a）气泡破裂　　　（b）固有冲击波　　　（c）固有冲击波　　　（d）温度和光发射的增加

图5-2　超声波空化气泡形成过程

5.1.2　超声波设备

一般来说，常见超声波设备的使用频率范围为 20 kHz ~ 10 MHz，主要包括探头式超声波粉碎机和超声波清洗机。

（1）探头式超声波粉碎机

探头式超声波粉碎机由超声波发生器和换能器两部分组成。超声波发生器将市电转化成为实验需要的固定电能提供给换能器，维持换能器稳定运作；换能器可以进行纵向的机械振动，对溶液中的物质产生一定的空化效应，让介质中的生物微粒发生剧烈的振动。基于超声波空化效应，换能器将电能量通过变幅杆在工具头顶部液体中产生高强度剪切力，形成高频的交变水压强，使空腔膨胀、爆炸并将细胞击碎。另外，利用超声波在液体中传播时产生剧烈的扰动作用，颗粒产生很大的加速度，从而互相碰撞或与器壁碰撞，达到破碎、乳化和分离等效果（图5-3）。

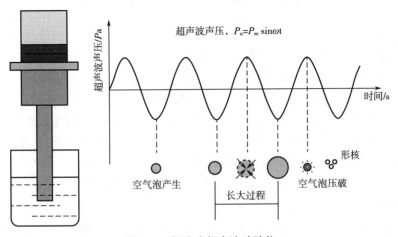

超声波声压，$P_n = P_m \sin\omega t$

空气泡产生　　长大过程　　空气泡压破　　形核

图5-3　探头式超声波破碎仪

（2）超声波清洗机

超声波清洗机的主要原理是通过换能器将功率超声频源的声能转换成机械振动，达到对槽壁进行清洗的效果。受到辐射的超声波会产生巨大的作用力，清洗槽内液体中的微气泡能够在超声波的作用下保持振荡，当超声波在液体中传播时，气泡迅速增大直至突然闭合，产生的冲击力对污层直接反复爆破，能够对固体表面进行擦洗。同时，气泡"钻入"裂缝振动，一方面破坏脏物与物件表面的吸附；另一方面破坏脏物层，使其脱离物件表面并散落到清洗液中（图5-4）。

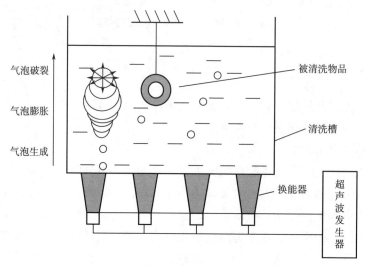

图5-4　超声波清洗机

5.1.3　超声波在食品工业的应用和技术优势

近年来，超声波技术迅猛发展，在食品干燥、组分提取、酶活调控、发酵、杀菌、肉品品质改善等方面得到广泛研究与应用。

（1）超声波技术在食品工业的应用

超声波技术在食品工业中的应用主要包括以下几个方面：

①杀菌保鲜　超声波能够有效杀灭污染食品和生鲜农产品（如肉和肉制品、禽蛋、谷物、乳和乳制品、果蔬和水产品等）的细菌、真菌、病毒等多种微生物，从而提高产品的安全性并延长货架期。

②促进微生物发酵　超声波可以使微生物细胞膜形成孔洞，产生传入必需营养物质和去除有害底物的通道，促进发酵肉制品中益生菌的生长和酶活性，同时抑制致病性和致腐性微生物。研究发现，调整超声波处理功率和时间（0~68.5 W，0~9 min，20℃）可以有效调控培养基和肉汤中清酒乳杆菌（*Lactobacillus*）

的生长速率，并且产生的细胞提取物具有抑制致病菌的效果。

③调控食品内源酶　一部分食品内源酶在加工贮藏过程中会对食品色泽、质地、风味等造成影响。例如，食品内源蛋白酶在加工贮藏过程中使食品原料嫩化、腌制时间缩短，会对食品质地、风味、颜色等产生积极的影响。在食品加工贮藏过程中采取措施控制内源酶活力对于有效保持食品营养价值及感官品质具有重要意义。研究发现，超声波能够有效失活多酚氧化酶、过氧化物酶、脂肪氧化酶等食品内源酶，并有效保持鲜切果蔬、鲜榨果汁等的营养和感官品质。超声波能够促进宰后肌肉的内源蛋白酶释放，提高内源蛋白酶活性，也可促进外源蛋白酶的渗透，从而降解肌肉中的肌原纤维蛋白和胶原蛋白，使肉品嫩化。

④活性成分提取　超声波辅助提取能够通过促进溶剂渗透来提高提取率，具有提取效率高、提取速度快、溶剂消耗率低和环境污染低等优点，广泛应用于食品组分（蛋白质、油脂、淀粉）及生物活性物质（黄酮类、多酚类）等的提取。

⑤肉品营养特性提升　适当的超声波处理可以提升肉品的营养特性。研究发现，超声波辅助 6% 食盐腌制能够降低不同部位秦川牛肉的脂肪含量，显著增加多不饱和脂肪酸含量并改变其脂肪酸组成，有助于改善秦川牛肉脂肪的营养特性。研究发现，不同频率（25 kHz、33 kHz 和 45 kHz）超声波处理 30 min 能够显著影响牛肉干的饱和脂肪酸、单不饱和脂肪酸、多不饱和脂肪酸的含量和比例。

⑥食品组分改性处理　适当的超声波处理能够改善食品的品质和加工性能，且处理过程无溶剂、高效环保。超声波能够对蛋白质、脂质、淀粉等食品组分的表面结构和官能团进行修饰，使组分结构发生变化，从而影响食品的品质功能特性。例如，经超声波处理后，蛋白质粒径降低且结构进一步展开，更多的亲水性氨基酸处在外层，从而提高各种食品蛋白质的溶解性。此外，超声波技术也广泛应用于食品复合物改性及功能化处理。超声波空化效应也在脂肪-水界面形成微射流，可以促进乳化。超声波空化泡的破裂，会在脂肪-水界面释放高能量，也可促进乳化。同时，在高强度超声波的动态振动和剪切应力的作用下，乳化体系中输入机械能，增加体系的乳化稳定性。

（2）超声波处理的技术优势

相对于传统的食品热加工技术，超声波技术具有以下几个方面的优势：

①灭菌消毒能力强　研究发现，低频高强度超声波能够产生物理（微射流、剪切等微机械力）和化学杀菌效应（羟基自由基等），对细菌、霉菌、病毒和芽孢等均具有很好的杀灭效果。

②处理温度低　与传统热杀菌技术相比，超声波处理温度接近室温，能够有效保留食品中维生素 C、多酚等热敏性营养成分。

③设备成本低，操作简便安全，无污染　超声波处理设备无须高温、高压，且安装和调试简单，使用安全；处理过程不添加任何化学试剂，不会产生有毒副产物或有毒物质残留。

④省时　相比于传统高压蒸汽灭菌、干热灭菌等方法，超声波杀菌处理时间短；与其他化学提取方法相比，具有提取率高、提取时间短、产物易纯化等优点。

5.2　超声波对肉品保鲜杀菌的作用及机制

肉类富含营养物质和水分，为致腐和致病微生物的生长创造了适宜的环境，且肉类和肉制品对微生物生长和质量损失高度敏感，因此非常必要开发合适的肉及肉制品保鲜方法。当考虑将超声波技术应用于肉类时，必须了解其作用机制以及对肉品转化、保存和完整性的影响。超声波作为一种绿色食品加工技术，在肉及肉制品的杀菌环节得到广泛应用，功率超声波产生的超声空化效应可通过高压、剪切产生高温以破坏微生物的细胞膜和 DNA，在极短的时间内对微生物造成破坏并导致细胞死亡，增加肉品的保质期，具有可行性高、加工成本低等特点。

5.2.1　超声波在肉品杀菌保鲜中的应用

超声波在液体介质中产生空化效应，使细胞膜变薄，并产生瞬间热量和自由基，达到杀菌效果。大量研究表明，超声波能够有效杀灭生鲜肉、即食肉制品和屠宰加工刀具等微生物，在肉品杀菌保鲜方面具有广泛的应用前景。

（1）超声波在生鲜肉杀菌保鲜中的应用

表5-1总结了超声波处理对生鲜肉的杀菌效果。

表5-1　超声波处理对生鲜肉中微生物的杀灭作用

研究对象	微生物	处理方法	处理参数	杀菌效果
鸡胸肉	嗜冷菌和乳酸菌	超声波＋微酸性电解水	鸡胴体浸于 25℃ 电解水，25 kHz，130 min	嗜冷菌和乳酸菌分别降低 0.98 lg 和 0.81 lg
鸡皮	鼠伤寒沙门氏菌	超声波+30%乙醇	37 kHz，380 W，5 min	未添加酒精处理杀菌 0.89 lg，协同处理增加至 1.63~2.86 lg
牛肉	嗜温菌	超声波	40 kHz，11 W/cm^2，0~90 min，4℃	初始值为 4.56 lg，降低 2.91 lg

续表

研究对象	微生物	处理方法	处理参数	杀菌效果
牛肉浆	蜡样芽孢杆菌芽孢	超声波+热	24 kHz, 460 W/cm², 5.7 min	降低 4.20 lg
猪肉	鼠伤寒沙门氏菌和大肠杆菌	超声波	20 kHz, 30 min	鼠伤寒沙门氏菌和大肠杆菌初始分别为 7.35 lg 和 7.24 lg, 处理后分别降低 3.25 lg 和 3.84 lg
猪肉	蜡样芽孢杆菌	超声波+热	300 W, 20～60 kHz, 25 min	降低 4.16 lg
生肉乳液	单增李斯特菌和德尔布鲁克乳杆菌	超声波	20 kHz, 振幅 320 μm, 400 W, 10 min	分别减少约 63.3% 和 53.4%

注：部分参考文献仅显示微生物数量的减少值，故表中杀菌效果的部分数据未体现初始菌落的具体数值。

Piñon 等发现经超声波（40 kHz，9.6 W/cm²）处理 50 min 后，接种于生鲜鸡胸肉表面的金黄色葡萄球菌（初始值为 5.7 lg）显著减少，但对于大肠杆菌（初始值为 3 lg）的失活则相对较弱，仅减少约 0.1 lg，没有显著的杀灭效果。Caraveo 等将生鲜牛肉进行超声波（40 kHz，11 W/cm²）处理 0～90 min 并于 4℃下储藏，结果表明超声波处理可显著减少冷藏期间大肠菌群、嗜温菌和嗜冷菌等的生长，且不影响牛肉的色泽、持水性等品质指标。

（2）超声波在肉制品杀菌保鲜中的应用

表 5-2 总结了超声波杀菌处理对肉制品的杀菌保鲜效果。

表 5-2　超声波处理对肉制品的杀菌保鲜作用

研究对象	微生物	处理方法	处理参数	杀菌效果
干腌火腿	大肠杆菌	超声波+超临界 CO_2+0.85% NaCl	62 MPa, 20 min	降低 3.62 lg
蒸煮火腿	霉菌	超声波+高压二氧化碳	40 kHz, 20 W, 5 min, ≥42℃	降低 2.40 lg
熟火腿	嗜热菌和乳酸菌	超声波+高压 CO_2	12 MP, 45℃, 15 min, 20 W	嗜热菌和乳酸菌分别降低 4.65 lg 和 4.34 lg

研究对象	微生物	处理方法	处理参数	杀菌效果
腌制牛肉	蜡样芽孢杆菌	超声波 + 6% NaCl	20 kHz, 20.96 W/cm², 120 min	初始值约为 3.8 lg, 降低 1.48 lg
未腌制干发酵牛肉	金黄色葡萄球菌、单增李斯特菌等	超声波 + 酸性乳清	40 kHz, 480 W, 4℃, 5~10 min	几乎完全抑制
香肠	大肠杆菌、沙门氏菌等	超声波+热	80℃, 37 kHz, 10 min	有效控制减少

注：部分文献仅显示微生物数量的减少值，故表中杀菌效果的部分数据未体现具体的初始菌落数值。

由表 5-1 和表 5-2 可知，在屠宰分割肉或肉制品中，高强度低频率超声波处理（频率 20~47 kHz，处理时间 2 s~30 min）可有效抑制畜禽肉及其制品中各种腐败或致病微生物，保证产品安全。一方面，超声波是一种安全无毒、优于其他化学抑菌的方法，有效减少热处理的杀菌温度和时间，保证肉品品质。另一方面，为了有效杀灭微生物，不仅要考虑超声波处理的频率、时间、强度等参数组合，还需要注意微生物种类、数量、生理状态及待处理肉品的种类及理化性质。此外，从肉类工业生产需求角度分析，还应系统研究超声波及与其他绿色加工方法协同应用的杀菌效果，从而有效保障肉类安全。

5.2.2　超声波杀菌作用机制

（1）空化效应

超声波产生的杀菌作用主要与其在微生物细胞内部产生的空化作用有关。高强度低频率超声波空化效应能够产生物理（微射流、剪切力等）和化学杀菌作用。

超声波冲击使微生物细胞内容物受到强烈震荡，并产生瞬间高温、高压，破坏微生物细胞的结构和组成成分，导致微生物失活。当超声波声能超过空化阈值时，微泡在液体中随声循环振荡（膨胀和收缩），并通过声流扩散（在稀薄和压缩循环期间，由于质量在泡壁上的不均匀传递而产生的空化泡的增长）和气泡合并（对于多泡系统）达到共振尺寸范围，随后迅速坍缩，引起剧烈的物理作用力。随后，在超声波能量的压缩和稀疏循环条件下，负压和空化气泡（图 5-5）形成，引起微生物的细胞壁破裂和细胞渗透压降低，破坏微生物细胞的结构和功能成分，导致微生物死亡。超声波在细胞内产生空化效应，使细胞膜变薄，并产生瞬间热量和自由基。研究发现，频率在 100~1000 kHz 的超声波能够产生大量自由基等活性物质，对微生物造成氧化损伤。超声波的频率、振幅、超声波时间、液体介质的温度和黏度等都会影响空化效应。

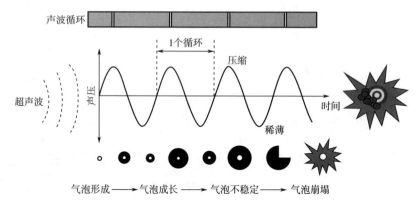

图 5-5　超声波空化效应下气泡形成、生长及崩塌

（2）自由基

声致发光产生的闪光可以催化金属氧化物等声敏剂产生活性氧（reactive oxygen species，ROS）从而发挥杀菌作用。空化气泡破裂期间会分解水分子，产生羟基自由基，羟基自由基重组形成过氧化氢和氢分子，进而具有化学抑菌效应，相关的反应方程如下。

$$H_2O \rightarrow \cdot OH + H \cdot \tag{5-1}$$

$$H \cdot + H \cdot \rightarrow H_2 \tag{5-2}$$

$$\cdot OH + \cdot OH \rightarrow H_2O_2 \tag{5-3}$$

$$\cdot OH + \cdot OH \rightarrow H_2O + O_2^- \tag{5-4}$$

$$H_2O + \cdot OH \rightarrow H_2O_2 + H \cdot \tag{5-5}$$

$$H_2O + O \cdot \rightarrow 2 \cdot OH \tag{5-6}$$

超声波化学杀菌机理可归纳为四个步骤（图 5-6）。第一步，ROS 在空化泡内形成，由于气泡内部浓度降低和相对较大的传质表面积，气体和溶剂分子容易进入气泡并释放到细菌细胞周围的散装液体中。第二步，随着气泡的迅速收缩，气泡周围的液壳变厚，表面积减小，阻碍气泡内物质向外扩散，ROS 开始攻击邻近的微生物细胞膜，导致其细胞膜通透性增强。气泡内的分子在极端的温度和压力下被浓缩并进一步热解成等离子体和自由基。第三步，ROS 到达细胞内部，诱导细胞内氧化压。第四步，自由基形成后扩散到液体介质中，ROS 与细胞内聚合物发生反应，进而与溶质发生一系列次生化学反应，导致蛋白质变性、酶失活、代谢抑制、DNA 断裂甚至细胞死亡，这些对细菌活性都是致命的。因此，空化气泡也被认为是化学反应中心。

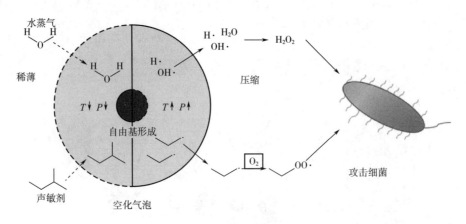

图 5-6　声化学抑菌机理

一般来说，生成的自由基数量与超声频率有关。低频率超声波（20～100 kHz）产生的气泡较大，崩溃更加剧烈，释放的能量更多，但生成的气泡数量较少，单位时间内崩溃的次数较少，阻碍了·OH 的生成和 H_2O 的扩散。虽然高频率超声波（100 kHz～1 MHz）产生的气泡较小，释放的能量较少，但气泡数量较多，单位时间内崩溃坍塌次数较多，有利于·OH 的生成和扩散。

（3）声流效应

发生在超声场中的宏观和微观稳定的液体涡流称为声流。在空化气泡振荡时，固体（或微粒）表面附近会形成这种特殊的声流，当超声波射入不同声阻抗的介质截面上，动量发生变化，产生的辐射压力也会引起声流。声流的作用会导致液体介质出现一些特殊的物理、化学和生物效应。例如，引起生物组织分子的移动或转动，当这种运动的幅度足够大时，会引起组织的损伤甚至撕裂。

（4）微射流

超声波产生的微射流可以使微生物细胞膜变薄并损伤胞内 DNA 等物质，导致样品表面微生物脱落，甚至失活。当气泡靠近微生物生物膜时，流体运动的幅度和方向迅速发生改变，在其表面引起一定程度的剪切力和阻力，从而发生由空化效应诱导的气泡坍塌。但这种坍塌通常是不对称的，因此被称为不对称空化。不对称空化效应最终会形成速度超过 100 m/s 的微射流。微射流会轰击微生物细胞，导致微生物细胞膜变薄并在表面发生点蚀和侵蚀，从而抑制微生物生物被膜污染。

5.2.3　超声波在肉类屠宰加工业中的应用

（1）对畜禽胴体的杀菌效果

在肉制品加工工厂中，除了直接应用于肉及肉制品本身外，超声波还被广泛用于控制加工设备或工具微生物以及废水处理等领域（表 5-3）。在屠宰、分割加工条件下，肉类极易接触未处理的废水、畜禽或人类粪便、卫生较差的操作台等污染源而被污染微生物。目前，肉类加工过程中主要使用一些化学和物理方式控制微生物污染，其中胴体清洗去污是肉类工业生产线中最重要的微生物控制步骤。胴体清洗所使用的方法必须低成本，又不能对产品品质、人类健康和环境产生负面影响。目前，大多数胴体清洗技术只能部分降低微生物数量，不能完全消除病原体。胴体去污一般添加氯、二氧化氯、酸化氯化钠、磷酸三钠、臭氧、氯化十六烷基吡啶和过氧乙酸等抗菌物质。上述含氯化学物质可形成有毒氯副产物，容易对人体健康或生态产生危害。目前，欧洲已禁止使用含氯消毒剂。

表 5-3　超声波杀菌技术对胴体及屠宰设备中微生物的抑制效果

研究对象	微生物	处理方法	处理参数	杀菌效果
鸡肉胴体	弯曲杆菌	超声波+蒸汽	超声波-蒸汽	降低 2.51 lg
鸡胴体	空肠梭菌 大肠杆菌	超声波+蒸汽	30 ~ 40 kHz，85 ~ 85℃，86~87℃，1.2~ 1.5 s	未处理初始菌落分别为 1.6~5.2 lg 和 1.7~ 5.0 lg，分别平均降低 0.6 lg 和 0.5 lg
肉鸡胴体	空肠弯曲杆菌	超声波+蒸汽	蒸汽-超声波	降低 2.5 lg
家禽运输箱	肠杆科菌	超声波	4 kW，60℃，1 ~ 3 min	降低 2.0 lg
加工厂排水管	单增李斯特菌	超声波 + 消毒剂	20 kHz，750 W 和 120 V，30 s	增强消毒剂的杀菌效果，有效抑制单增李斯特菌的生长
屠宰刀具	金黄色葡萄球菌 霉菌	超声波+氯化水+中性洗涤剂	25 kHz，750 W，10 min	初始值分别为 2.13 lg 和 1.66 lg，处理后分别降低 0.45 和 0.26 lg

注：部分文献仅显示微生物数量的减少值，故表中杀菌效果的部分数据未体现具体的初始菌落数值。

　　目前，喷淋水、氯、有机酸或磷酸三钠溶液等清洗，热水浸泡、喷雾、漂洗和加压蒸汽等商业化的胴体去污技术可以减少微生物量 1~3 lg。超声波去污是在清洗槽内安装一个均衡的空化场，可广泛应用于胴体、肉、家禽等固态食品的杀菌去污。研究表明，低频高功率或高强度超声波能够有效杀灭畜禽肉污染的各种微生物。此外，超声波技术与压力、蒸汽、脉冲电场、高压、辐照等协同处理会增强其杀菌效果。

(2) 对畜禽肉加工设备的杀菌效果

近年来,肉类工业的屠宰技术有所进步,但设备和器具的卫生控制仍有不足,屠宰过程中完全防止细菌污染是完全不可能的。如果刀具等设备和器具没有进行适当的消毒,会污染食品,从而降低食品的保质期和产品的安全性。对于屠宰过程中使用的刀具,每次使用后都应进行清洗和消毒,超声波的使用对卫生设施、器具的杀菌等肉类的加工环境有积极的影响。

肉类工业中运输设备如活禽运输箱和屠宰加工厂设备很可能影响畜禽胴体的微生物状况,因此控制设备卫生状况是预防胴体受到潜在病原菌污染的关键措施。超声波技术能降低这些设备对胴体的微生物污染程度。Allen 等研究报道了应用超声波清洗机(4 kW 超声波发生器),对 60℃ 的水搅拌 10 min 进行脱气,并对浸没水中的设备处理,有助于设备去污,保证卫生。为了消除或减少屠宰加工厂生产线微生物的黏附,将超声波和化学洗涤剂用于处理工厂排水管的单增李斯特氏菌生物膜,结果表明,单独超声波处理 30 s(20 kHz,750 W 和 120 V)未降低附着的单增生李斯特氏菌数量,但能够增强含氯和季铵盐消毒液的杀菌效果。因此,超声波与氯和季铵盐消毒剂协同应用于禽肉屠宰加工厂,能够有效杀灭单增李斯特氏菌并抑制其生物被膜形成。这主要是超声波空化效应使禽肉表面或动态表面微生物脱落,增强其他化学消毒剂的渗透和抑菌效果。

Kayaardı 等应用高频超声波技术(40 kHz,10 min)处理肉类加工使用的设备,切刀、磨肉刀和磨刀器等,可减少设备表面的好氧菌、酵母、霉菌、大肠杆菌和沙门氏菌等微生物数量,其中好氧菌总数降低了 4.07 lg,沙门氏菌被完全抑制。超声波(25 kHz,750 W)与氯化水和中性洗涤剂相结合,用于清洁牛屠宰期间使用的刀具,能够有效抑制霉菌、大肠杆菌和嗜温菌等的生长繁殖。

5.2.4　影响超声波技术杀菌效果的因素

超声波对肉品中微生物的杀灭效果与超声波频率和振幅、处理时间和温度、微生物种类和数量、媒介性质等有关。

(1) 超声波频率

在一定频率范围内,高频率超声波产生的能量越大,杀菌效果越好。不同频率超声波对大肠杆菌杀菌效果的研究表明,在一定的频率范围内(26 kHz～1.6 MHz),超声波处理相同时间后的杀菌效果可观察到显著的统计学差异;随着超声频率的增大,大肠杆菌的灭活率增加。但超声波频率过高反而不易产生空化作用,杀菌效果有所减弱。

（2）超声波强度

高强度超声波处理菌液，通过自身产生的高压、剪切等作用力，加上液体的对流作用，有效破坏了细菌的细胞膜和 DNA，使整个容器中的细菌均可得到有效破碎。高强度超声波有助于控制新鲜鸡肉块中菌落的增长，显著降低嗜中温菌落总数数量。研究发现，对含有大肠杆菌的 50 mL 水使用超声波（50 W，振幅 10.5 μm）作用 10~15 min，细菌得到完全破碎，并且随着功率增加，作用时间减少。使用超声波处理器（400 W，24 kHz，振幅 100 μm）连续流动处理葡萄酒，酵母及乳酸菌分别降低 89.1%~99.7% 和 71.8%~99.3%，效果显著。但当处理黏度较高的样品时，应采用较高振幅的超声波进行处理。

（3）超声波处理时间

一般来说，随处理时间的延长，超声波对微生物的杀灭效果增强。研究表明，超声波（40 kHz）处理冷却猪肉 0~30 min，杀菌率随着处理时间的增长呈增加趋势，最大可增加约 30%。这可能是由于超声波空化作用使微生物内容物受到强烈的振荡，从而达到对微生物的破坏作用。但当处理时间超过 20 min，各处理组冷却猪肉的杀菌率曲线增长趋势相对平缓，无显著差异。这可能由于超声波处理时间延长，肉的肌纤维发生降解程度加大，对细菌起到更好的保护作用，使杀菌率增加缓慢。

（4）温度

超声波温度会对杀菌率产生一定的影响。提高介质温度可以提升超声波对微生物的致死作用。研究表明，超声波（500 W）在 25℃ 条件下的杀菌率达到了 90.30%，随着温度不断升高，超声波的杀菌作用不断增强，当温度达到 55℃ 时，杀菌率可提升至 98.41%。然而，随着温度升高至某一最大值后，热超声处理的致死效应反而会降低直至消失。Chu 等研究表明，随着超声波温度的增加，杀菌率呈现先升高后下降的趋势，这可能是由于温度升高后，超声波声振介质的蒸汽压升高使空穴裂解程度降低，导致微生物的杀菌率降低。

（5）微生物种类

超声波对不同微生物的杀灭效果存在一定差异，这与微生物的结构等性质有关。研究表明，超声波对杆菌的杀菌效果强于球菌；大肠杆菌的杀灭速度比小杆菌快；酵母的抵抗能力比细菌繁殖体强；结核杆菌、细菌芽孢及霉菌菌丝体的抵抗力更强；原虫的抵抗力因其大小和形状不同而异，并与细胞膜的抗张强度有关，但其抵抗力多小于细菌；病毒和噬菌体的抵抗力和细菌相近。Sarkinas 等探究超声波（600 W）对不同微生物的灭活效果，结果表明相较于革兰氏阴性菌（大肠杆菌），革兰氏阳性菌（蜡样芽孢杆菌）更容易受到超声波处理的影响。超声处理 20 min，蜡样芽孢杆菌减少约 3.1 lg，超过大肠杆菌失活的数量（约

1.3 lg）。但同等功率超声波处理对芽孢的灭活效果甚微，这可能是由于芽孢比其他微生物细胞抵抗不利的环境条件能力更强。研究发现经超声波处理后，大肠杆菌和金黄色葡萄球菌两种菌体的损伤率均达到100%，但大肠杆菌的细胞表面结构及菌体细胞膜的损伤较为严重，杀菌效果也更为显著。也有研究表明单独的超声波杀菌效果没有达到理想状态，而与其他技术联用可大幅提高杀菌效果。

（6）微生物数量

超声波是机械波，超声波渗透媒质的过程中不断将能量传给媒质，但随着传播距离的增大会存在衰减现象。因此，随着被处理的菌悬液容量增大，细菌受损的比例降低，因此容器容量的大小会对超声波的杀菌效果产生影响。菌液的浓度也会对杀菌效果产生影响，研究表明，在作用条件一定时，超声波对低浓度菌液的杀灭效果强于高浓度菌液。同时，超声波处理时间也与菌液浓度密切相关，杀灭 50 mL 浓度为 4.5×10^5 CFU/mL 的大肠杆菌菌液须用超声波处理 20 min；若浓度增加至 2×10^7 CFU/mL，达到同样的杀菌效果则须处理 40 min。然而当菌液体积减为 25 mL 时，杀灭浓度为 4.5×10^5 CFU/mL 的大肠杆菌仅须处理 10 min。

（7）媒介性质

超声波在不同媒介中作用的杀菌效果是不同的，如微生物所处的介质、温度、pH 等条件。蛋白质、脂肪等成分的存在可能会对微生物有保护和修复作用。对于一般微生物来说，表面的附着物被清除后，对于超声波的敏感性就明显增强。研究表明，经超声波（400 W，50 kHz）与 0.5% 乳酸协同处理沙门氏菌游离细胞 60 min，超声波+0.5% 乳酸处理沙门氏菌生物膜下降 5.87 lg，而 1% 乳酸单独处理沙门氏菌生物膜细胞菌数可降至检出限以下（1.4 lg），说明不同浓度介质下的杀菌效果有显著差异。

5.3 超声波协同其他技术在肉品杀菌保鲜的应用

低强度下超声波单独作用的杀菌效果不明显，因此可将超声波与其他物理（热、压力等）和化学（乳酸、酸性电解水等）方法技术联合使用，以增强其杀菌效果。

表 5-4 总结了超声波杀菌处理或协同其他处理方式对肉源微生物的抑菌效果。Sams 和 Feria 研究了超声波（47 kHz、15 min 或 30 min，25℃ 或 40℃）协同 1% 乳酸溶液处理鸡腿肉，结果发现鸡腿菌落总数并没有显著降低，仅减少 0~0.8 lg。这有可能是不规则的鸡腿表面影响了抑菌效果。另外，本研究应用的低温条件也可能导致菌落总数未显著降低。通常超过 50℃ 时，大多数微生物对超声波的敏感性显著增加。而 Lilllard 研究认为超声波处理能够有效减少附着在肉

鸡皮上沙门氏菌总数。超声波处理（20 kHz）15 min 或 30 min 有效减少沙门氏菌数量，减少量 1~1.5 lg；含氯溶液方法消毒减少量小于 1 lg；超声波处理协同 0.5 mg/L 氯溶液有效减少 2.4~3.9 lg。随后，许多研究开始应用超声波处理与其他方法协同，包括压力、加热超声波、蒸汽和有机酸、氯水等其他消毒剂。这些研究表明，当与氯、其他化学物质、热过程和其他物理处理协同，可以有效增加超声波处理对带有不同菌种的肉和家禽表面的去污能力。

表 5-4 超声波杀菌技术及协同其他处理方法对肉源微生物的抑制效果

样品	微生物种类	处理方法	处理参数	杀菌效果
干腌火腿	大肠杆菌	超声波 + 超临界 CO_2 + 0.85%NaCl	62 MPa, 20 min	降低 3.62 lg
鸡胸皮	鼠伤寒沙门氏菌	超声波 + 氯溶液 (0.5 mg/L)	20 kHz, 30 min	降低 2.5~4 lg
冷冻鸡肉	总活菌数	超声波 + 等离子体活化水	未报道	降低 0.62~1.17 lg
猪肉	蜡样芽孢杆菌	超声波 + 热	20 kHz, 70℃, 13.56 min	降低 0.47 lg
未腌制干发酵牛肉	金黄色葡萄球菌、单细胞增生李斯特菌等	超声波 + 酸性乳清	40 kHz, 480 W, 4℃, 5~10 min	几乎完全抑制
牛肉	菌落总数	超声波 + 真空冷却	12℃, 1200 Pa, 40 kHz, 2500 W	降低 0.79 lg

注：部分文献仅显示微生物数量的减少值，故表中杀菌效果的部分数据未体现具体的初始菌落数值。

Kordowska-Wiater 和 Stasiak 研究应用了蒸馏水、1%乳酸溶液分别与超声波（40 kHz, 2.5 W/cm^2, 3 min 和 6 min）协同处理鸡翅表面的革兰氏阴性细菌（肠炎沙门氏菌、大肠杆菌、变形杆菌和荧光假单胞菌），结果表明杀菌效果取决于超声波处理时间和溶液的种类。超声波处理-蒸馏水 3 min 和 6 min 分别降低鸡翅皮上的微生物 0.63~1.07 lg 和 0.97~2.2 lg。超声波处理-1%乳酸 3 min，沙门氏菌减少 1.24~2.95 lg，荧光假单胞菌约减少 3 lg。超声波处理时间延长至 6 min，沙门氏菌和荧光假单胞菌减少量分别增加至 1.14 lg 和 1.15 lg。因此，可根据超声波与乳酸协同处理参数应用至家禽胴体表皮去污。另外，超声波-乳酸处理抗菌效果中最敏感的是荧光假单胞菌，大肠杆菌则最不敏感，这与超声波-水杀菌效果的情况相反。其他相关研究表明了蒸馏水和 1%乳酸溶液与超声波（40

kHz，2 W/cm^2，6 min，20℃）协同处理有效降低了肉鸡鸡皮上的菌落总数和沙门氏菌数，下降数分别超过 1.8 lg 和 3.6 lg。

5.3.1 超声波—高压 CO$_2$

高压 CO$_2$（HPCO$_2$）杀菌技术将 CO$_2$ 与压力相结合，利用超临界 CO$_2$ 流体良好的流动性和溶解性进入微生物细胞并破坏其新陈代谢，从而起到杀菌作用。超声波与超临界 CO$_2$ 协同作用处理，超声波激发诱导的溶剂微搅拌导致真空气泡形成，加压 CO$_2$ 接触细胞表面并破坏细菌的细胞壁和细胞膜，从而达到对微生物杀灭增强的效果。

研究发现，在 35℃条件下超声波（12 MPa）和 HPCO$_2$ 协同处理，可将火腿的单增李斯特菌由 HPCO$_2$ 单独处理的杀菌效果（减少约 4 lg）增加至约 7.5 lg，且处理时间由 30 min 减少至 5~10 min。这可能是由于该温度下细胞膜具有更高的迁移率，导致了更高的失活速率，且处理后的火腿在 4℃储藏，pH 及质量均没有发生明显变化。有研究证明，高压 CO$_2$ 单独干燥和高压 CO$_2$+HPU 联合干燥在处理 15 min 后对中温细菌的失活效率没有显著差异，但在 45 min 后的协同处理的杀菌效果达到 2 lg，显著高于单独高压 CO$_2$ 干燥。Angela 等研究的结果表明高压 CO$_2$+HPU 协同处理显著增加枯草杆菌孢子致死率，在 85℃和 95℃的枯草杆菌孢子分别增加约 2.5 lg 和 0.5 lg，但对嗜热芽孢杆菌无明显效果，这可能与不同孢子自身的强抵抗力有关。

5.3.2 超声波—酸性电解水

酸性电解水（acidic electrolyzed water，AEW）含有次氯酸，可对生物分子造成氧化损伤，对微生物表现出较强的抗菌活性，具有快速、广谱杀灭细菌的作用。绝大多数细菌生存最适 pH 为 6.6~7.5。微酸性电解水（slightly acidic electrolyzed water，SAEW）的 pH 通常为 5.0~6.5，SAEW 作用于细菌导致其细胞膜结构严重受损，通透性增强，阻碍细胞代谢，进而使细胞死亡。

超声波可提高 SAEW 杀菌效率，这是由于超声波处理严重破坏菌体细胞的细胞壁和细胞膜，促进 SAEW 进入细胞内部，增强对微生物的灭活作用，对菌体造成严重损伤。Li 等研究表明在 40~50℃内，单独 SAEW 处理菌落直径减小不明显，但超声波（300 W，400 W 和 500 W）-SAEW（50 mg/L 的可用氯浓度为 50 mg/L）协同处理 10 min，菌落直径显著减小（从 90.00 降低至 6.00~71.62 mm），菌落直径随超声频率的增大呈减小趋势。Lan 等实验表明 SAEW 和超声波协同处理 10 min 可延缓总活菌数（TVC）、假单胞菌计数的增加，同时抑制挥发性盐基氮（total volatile basic nitrogen，TVB-N）、硫代巴比妥酸反应产物（Thiobarbituric acid reactive substances，TBARS）、pH 和 K 值的升高。与单独 SAEW 或超声处理相比，协同处理对抑制蛋白质的降解有明显增强效应。研究表明单独超声波和 SEW 处理没有明显增加菌群失活率，将超声波与酸性电解水联合使用，可使鲑鱼上的单增多李斯特菌减少 $0.4 \sim 0.5$ lg，且不会影响整体感官品质。有研究探究超声波和酸性电解水对镜鲤的保鲜效果，根据吸光度测定结果显示，单独超声波（200 W、30 kHz）处理和酸性电解水处理后的样品在 260 nm 与 280 nm 处的吸光度分别 0.60、0.45 和 0.65、0.57；US-SAEW 协同处理后的吸光度达到了 0.76 和 0.68，显著增强假单胞菌的灭活效果。这可能是因为超声波的空化机械效应在细菌细胞膜中产生微裂纹，促进 SAEW 进入细菌细胞，抑制假单胞菌生长。但也有相关研究表明超声对孢子杀伤作用很小，单独 AEW 处理使孢子数减少 $1.05 \sim 1.37$ lg，而进行超声和 AEW 协同处理 30 min 可导致孢子数减少 2.29 lg，协同作用显著。

5.3.3　超声波—真空冷却

传统的冷冻方法会形成大冰晶加剧细胞的机械损伤、蛋白质的变性和解冻损失，且随着冷冻后储藏期加长，晶体的尺寸继续增大，导致质量损失增加。真空冷却作为食品快速冷却的新兴技术，是基于水在低压下蒸发的潜热原理，在真空条件下同时从食品的内部和表面蒸发水分吸热，达到对食品快速降温的效果，并且控制温度范围可抑制微生物的生长繁殖，延长食品保质期。

超声波与真空冷却协同作用可有效增加杀菌效果。高飞等研究应用超声波（40 kHz，$1000 \sim 3000$ W）—真空冷却（12℃，1200 Pa）协同处理卤牛肉 10 min。结果表明，US-VC 处理在 $1000 \sim 2500$ W 范围内显著降低了 TVC、TVB-N 和 TBARS 值，且处理后的牛肉结构完整，水—肉结合度增加，牛肉的品质得到提升。超声波也可应用于预冷处理，研究发现超声波辅助真空预冷处理的样品菌落总数和乳酸菌数量在贮藏 7 天内均小于 1 lg，且随贮藏时间增长，各项检测指标均低于真空预冷的结果。

5.3.4　超声波—紫外线

紫外线（$200 \sim 280$ nm）照射是一种安全的食品非热杀菌技术，具有可被微生物的核酸吸收进而分解微生物的高能量，通过分解暴露的细菌、病毒、真菌等微生物的遗传物质分子，破坏其 DNA 进而产生杀菌作用，且其杀菌效果随着暴露时间的增加而增强。但紫外线的穿透能力很弱，不同食品成分对紫外线敏感性的差异很大，导致杀菌效果不一。

将超声波与紫外线技术相结合可提高羟基自由基的产生率，进一步提高微生物的灭活率。Wang 等对果汁进行超声（0~600 W）—紫外线协同处理 10 min，结果表明随超声功率的增加，杀菌效果由 34% 增加至 100%，采用 600 W 超声进行不同时间（0~40 min）处理可对病原菌实现完全灭活，而处理后果汁的理化特性和抗氧化特性得到了一定程度的保持或提高。用超声波紫外杀菌器处理水样中的微生物，结果表明，用超声（20 kHz，500 W）—紫外线（30 mJ/cm^2）杀菌时间 10 s 后，水中的细菌、大肠杆菌、霉菌及酵母都已完全杀灭，对饮用天然水源水细菌的杀菌率超过 98.5%，杀菌效能显著增强。

5.3.5　超声波—热处理

热处理（HT）可在足够高的温度下加热特定时间以破坏营养微生物细胞、孢子和酶，被认为是保存肉制品的关键方法。热杀菌通常包括巴氏杀菌（60~85℃）和高温灭菌（121℃以上）。高温灭菌破坏细胞内的蛋白质、核酸等活性物质，影响细胞的生命活动，进而破坏细菌的活性生物链条，可在短时间内快速消灭有害微生物，延长食品的保质期。但是，高温处理会导致营养及功能物质损失。

超声波与热进行协同处理，可使热效应和空化效应同时发挥作用，对细胞包膜产生削弱作用并导致细胞结构受损，大幅提升抗菌效果。研究发现使用 US（50 kHz、400 W）与 HT（70℃）联合处理 60 min，可使 7.23 lg 的游离金黄色葡萄球菌失活，显著降低游离金黄色葡萄球菌数量（≤1.4 lg），杀菌效果远高于同等时间单独 US 处理（降低约 0.35 lg）及 HT 处理的结果。Tahi Akila Amir 等结果表明热超声处理缩短了处理时间（60 min 缩短至 35 min），并将细菌灭活负荷增加约 5 lg，且仅在处理的前 15 min，就将微生物数量减少 9.81±0.66 lg，很大程度上提高了橙汁中微生物的灭活率，这可能是由于协同处理损伤微生物的细胞膜导致的。其他相关研究分别使用超声波和 55℃ 温度处理 15 min，细胞死亡率仅为 4.69% 和 8.67%；超声波处理+55℃热 15 min 活细胞比例下降趋势最为明显，存活率降至 0.03%，协同作用效果显著。热+超声处理严重损害膜完整性和灭活细胞内酯酶，这可能是由于温度适度升高增加了细胞对空化效应的敏感性。

5.3.6　超声波—蒸汽

蒸汽灭菌利用水吸收一定热量后蒸发出来的饱和蒸汽灭菌，被灭菌的培养基在高温和高湿的饱和蒸汽作用下，其中的霉菌和细菌等杂菌的菌体蛋白质变性，从而达到杀菌的效果。但有时单独使用蒸汽并不能完全杀灭细菌，延长处理时间又会对食品的表面性质造成破坏。将超声波和蒸汽技术结合起来，超声波能量会带动蒸汽高速、高强度地到达食品表面的空隙和裂缝，影响微观结构和腔体中的细菌，有效减少微生物。超声波—蒸汽技术通过超声波处理促进热蒸汽有效接触肉表面的微观结构，增强杀菌效果。

超声波—热蒸汽协同处理增加了微生物抑制效果与孢子外膜通透性，对弯曲杆菌肠球菌和枯草芽孢杆菌孢子等有抑菌增效作用。Jubinville 等研究了超声波—蒸汽的表面净化技术清除诺如病毒和甲型肝炎病毒，结果表明该技术（85 ~ 95℃）联合处理 5 s 可有效清除病毒至检出限以下，可在短时间内降低塑料、钢铁等表面食源性病毒的滴度。有研究发现超声波—热蒸汽协同处理（90 ~ 94℃、30 ~ 40 kHz、10 s）弯曲杆菌污染的肉鸡胴体，可显著降低肉鸡胴体上弯曲杆菌总数，其中应用超声波处理促进降低 1 ~ 1.37 lg，该组合有效应用于肉鸡屠宰加工厂的胴体杀菌。为了探究超声波与蒸汽协同作用对其他禽肉类具有相同的杀菌效果，Morild 等研究应用超声波（30 ~ 40 kHz，0.5 s、1.0 s、1.5 s 和 2.0 s）—热蒸汽（130℃/3.5 ~ 5 atm）协同处理猪肉样品和皮表面上接种不同水平（10^4 和 10^7 lg）的鼠伤寒沙门氏菌、肠道沙门氏菌和大肠杆菌。结果发现，超声波—热蒸汽处理 0.5 ~ 2.0 s 都显著降低了鼠伤寒沙门氏菌、肠道沙门氏菌和大肠杆菌的总数。超声波—热蒸汽处理 2 s 后，所有测试微生物由初始的 10^4 lg 水平减少 2.1 ~ 2.5 lg。而且经超声波—热蒸汽不同处理时间后的猪肉样品，不同接种水平的鼠伤寒沙门氏菌、小肠结肠炎耶尔森菌和大肠杆菌减少量没有显著差异。虽然短时间的超声处理适合于高速运作的屠宰线，但是它对微生物抗菌作用也有缺点。此外，肉表面与胴体皮肤表面杀菌效果存在明显区别。

5.3.7　超声波—腌制

腌制是肉制品加工的常用技术，适当腌制可以改善肉的色泽和风味，提升畜禽肉品质。腌制液以食盐为主要配料，氯化钠通过扩散进入肌肉组织内部，降低水分活度，从而抑制有害微生物的生长繁殖，减少肉上细菌和病原体的数量，提高了肉的安全性。

超声波腌制（一般为 20 ~ 100 kHz，10 ~ 1000 W/cm²）利用超声波的空化效应等作用对腌制进行辅助，加快腌制速度，减少腌制时间且不会对肉的其他品质产生显著影响，可克服传统腌制方法效率低、保存速度慢等缺点。报道显示超声波辅助腌制相较于传统腌制菌落总数增加速度缓慢，且增加鸡胸肉保质期由传统腌制的 6 天增至 15 天。超声波（60 W、80 W、100 W）辅助腌制卤鸡爪实验结果表明，与常温腌制组相比，超声辅助腌制（60 W，40 min）的卤鸡爪保存 18 天后的菌落总数降低约 $5.51×10^4$ CFU。但需要指出的是，随着超声功率的增大，储存后期菌落总数的增加速率加快，这可能是由于鸡爪组织破坏程度随超声功率增大而增大，致使储存后期细菌繁殖速度加快。Smith 研究报道了静态腌制

（91%水、6%氯化钠、3%三聚磷酸钠）和超声波辅助腌制对鸡胸肉品质、沙门氏菌和大肠杆菌的影响。结果显示，超声波处理（未报道参数）没有显著降低沙门氏菌和大肠杆菌数，因此该研究建议为了获得致病菌的减少或消除，需要应用更高强度超声波与抗菌剂组合处理。研究超声波（25 kHz~1 MHz，150~300 W，10 min，12℃）协同红葡萄酒腌制（10 min，12℃）对猪肉不同微生物（热杀索丝菌、炭疽杆菌、单增李斯特菌和空肠弯曲杆菌）的影响，结果表明，与单一超声波处理相比，超声波协同红葡萄酒腌制处理显著抑制微生物，包括热杀索丝菌、单增李斯特氏菌和空肠弯曲杆菌，3 种微生物减少量约 1 lg。在所有超声波处理组中，炭疽杆菌减少约 0.8 lg。除炭疽杆菌外，红葡萄酒腌制中增加超声波处理比水—超声波处理的抗菌效果更大，减少量增加为 0.4~0.75 lg。另外，在这些实验条件中超声波单独处理时，炭疽杆菌和热杀环丝菌比空肠弯曲杆菌和单增李斯特氏菌更敏感。

5.4　超声波处理对肉品品质的影响

5.4.1　超声波处理对肉品嫩度的影响

肉的嫩度与其保水性、pH 等密切相关，是影响肉制品营养、口感、风味和消化的关键因素，也是评价肉制品品质的重要指标。研究发现，适当的低频率（20~100 kHz）和高功率（100 W~10 kW）超声波处理可改善肉及肉制品的嫩度（图 5-7）。

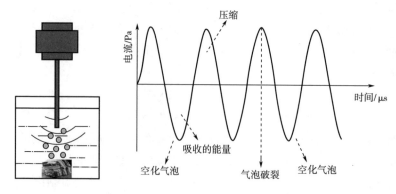

图 5-7　肉品超声波嫩化机制示意图

目前，通常用剪切力来评价肉品嫩度：剪切力越小，嫩度越高。Wang 等研究发现，超声波（20 kHz，25W/cm²）处理牛肉样品 20 min 或 40 min，显著提升宰后 3 天和 7 天的肌原纤维碎裂指数,降低 Warner-Bratzler 剪切力,有效改善牛肉的嫩度,这可能与超声波调节宰后僵直过程中的钙蛋白酶活化和蛋白质降解有关。Cao 等研究超声波(40 kHz,300 W)与木瓜蛋白酶协同处理对鸡胸肉保水性、嫩度等品质的影响,结果表明,二者协同作用通过破坏肌纤维结构使肉质软化,进而提升其嫩度。有研究报道以牛肉为研究对象探究超声波功率(20 kHz,150 W、300 W)对牛肉腌制过程中嫩度的改善情况,发现在合适的功率范围内,剪切力值随着超声波功率的增大呈降低趋势,显著提升牛肉的嫩度,这可能与高功率超声波产生的较强空化作用促进肌肉组织细胞断裂有关。当超声波(32 kHz)功率为 600 W 时,0~168 h 内的剪切力值呈降低趋势,鹅肉的嫩度提升。这意味着超声波可以通过分裂禽肉中的肌动蛋白丝来改善嫩化。同时,高强度超声波显著提升牛肉的嫩度,但在实际应用中需要确定最佳的应用时间和超声强度,防止微生物污染(表 5-5)。

表 5-5　超声波处理对肉品嫩度的影响

研究对象	处理方法	处理参数	作用效果
牛肉	超声波	20 kHz,25 W/cm²,处理 20 min 或 40 min	超声处理可显著提升宰后 3 天和 7 天的肌原纤维碎裂指数
鸡胸肉	超声波+酶	40 kHz,300 W	超声波与酶协同作用破坏肌纤维结构使肉质软化
鸡胗	超声波	500 W,30 min	超声处理后所有样品的剪切力均减小,500 W 功率处理 30 min 效果最佳
牛腱肌肉	高强度超声波	35 kHz,800 W/cm²,处理 60 min	超声处理提升宰后贮藏期间肌原纤维碎裂指数值
鸡胸肉	超声波+海藻酸钾	15.6 W/cm²,0.4 g/100 mL,处理 5 min	降低剪切力,改善凝胶微观结构
牛肉	超声波	20 kHz,150 W、300 W,处理 30 min、120 min	300 W 超声功率处理降低剪切力

超声波对肉及肉制品嫩度的影响归因于两个方面:直接破坏肌肉组织结构完整性、间接激活相关酶活性。一方面,超声波循环周期中,局部产生的正负交替压力使介质发生压缩或膨胀,导致肌细胞破裂和肌原纤维蛋白结构被破坏,肌纤维沿 Z 线和 I 带断裂;另一方面,由于超声波破坏了组织结构完整性,组织蛋白酶从溶酶体中释放,钙离子从细胞内流出,激活钙蛋白酶,促进蛋白质水解。超声波频率、功率、温度、超声时间等因素都会对最后的嫩化结果产生影响。在利

用超声波改善禽肉嫩度时，肉嫩度与超声波作用时间呈正相关，但超过一定的超声波作用时间范围会降低蛋白酶活性，抑制蛋白的分解，从而引起肉嫩度的下降。

5.4.2　超声波处理对肉品持水性的影响

肉的持水性作为肉制品品质评价的重要指标，表示当肌肉受到外力（压力、冻融）作用时，其保持原有水分与通过渗透添加水分的能力，对肉品加工的质量和产品的数量都会产生影响。目前，已有研究表明超声波显著改善肉制品的持水性的效果与超声波作用时间、超声波强度及肉制品是否经过腌制有密不可分的联系。

Li 等研究了超声波处理（40 kHz，300 W）不同时间（10～40 min）对鸡胸肉肉糜的影响，结果表明，超声波处理 5 min 对产品的持水性、质构特性等无显著影响，10 min 和 20 min 超声波处理明显改善了肉糜的持水性和质构特性，但当超声波处理时间延长至 40 min 则会导致持水性下降，质地变硬。有研究报道利用超声波（20 kHz，300 W）对卤鸡肉进行处理，经超声波处理 90 min 时卤鸡肉的出品率达到最高，这可能是由于超声波处理使其表面盐溶性蛋白含量增加，有效防止表面水分扩散，同时超声空化作用破坏其肌原纤维结构使结构松弛，促进肌肉蛋白与水分子结合的共同作用。

一般情况下，未经腌制的肉制品经超声波处理后会加剧水分损失，而经腌制的肉制品经过超声波处理后，持水性反而会显著增加，这可能是由于超声波能增强盐在腌制肉肌肉组织中的扩散，同时促进肌原纤维蛋白的提取，进而改善样品的持水性。李心悦等将超声波应用于猪肉糜的腌制过程，结果表明，当超声波功率不变时，其蒸煮率在超声处理时间为 60 min 达到最大值，其持水性能与静态腌制相比得到显著提升。采用超声波（20 kHz，350 W）与碳酸氢钠溶液对鸡胸肉协同处理 5 min，可显著提升肉类的持水能力，且与传统腌制相比，经超声波处理后的鸡胸肉烹饪损失显著降低。

5.4.3　超声波处理对肉品色泽的影响

肉的颜色是衡量肉品品质优劣的一个重要指标，是消费者评估的第一个感官特征，是肉质品质评定的一个关键因素。红肉的鲜红色与新鲜度有关，肉的颜色和外观可能与老化时间、保质期、硬度和多汁性有关。超声波作用的声空化引起的局部瞬间高温和高压，可能会引发特定化学反应，加速一些稳定色素形成，从而增加了食品许多的颜色强度和视觉外观。

Esmeralda 等探究了高强度超声波（40 kHz，11 W/cm^2）对牛肉理化性质的影响，结果表明，经超声波处理储存 7 天后的牛肉的亮度值（L^*）得到改善；当储存时间延长至 14 天，黄度值（b^*）明显增加，这可能与 pH 的升高有关。应用高强度超声波（60 kHz，90 W/cm^2）处理牛半肌腱 60 min 或 90 min 后，提升了牛肉 L^* 值，而不会影响其发红或发黄的特性。李心悦等在超声波功率为 180 W 和 240 W 时，处理肉糜 60 min 的 L^* 显著高于 30 min 和 90 min 处理组，这表明超声波功率和超声波作用时间及二者交互作用对肉糜的 a^* 和 L^* 有极显著影响，而对 b^* 影响不显著。但当超声波功率提升至 300 W，肉糜的整体色泽明显变暗，这表明适宜的超声波处理可以改善肉糜的 L^*，但处理时间过长则会对其色泽造成不良影响。

通常，肉和肉制品色泽与 Mb（Fe^{2+}）、MbO_2（Fe^{2+}）和 MetMb（Fe^{3+}）的比例有关，不同超声条件可能使 3 种形态的肌红蛋白相对含量发生改变，导致肉的色泽呈现不同变化。

5.4.4　超声波处理对肉品 pH 的影响

pH 直接影响蛋白质的稳定性和性质，是评价生鲜肉品质最重要的指标之一。pH 降低会导致多肽链网络的收缩，从而降低持水能力；当 pH 下降较快时，肌原纤维蛋白和肌浆蛋白会发生变化，保水性能随之下降。

研究发现，经超声波（20 kHz，300 W）处理 30 min 后，牛肌原纤维蛋白溶液的 pH 从 6.06 升高至 6.95，并且延长超声处理时间，牛肌原纤维蛋白溶液的 pH 显著升高。李心悦等研究表明，与静态腌制相比，超声波（180~300 W）预处理肉糜 pH 均有不同程度地提高；但超声波功率较高时，pH 则呈先上升后下降的趋势，这可能是因为超声波功率增加，超声空化作用强度和机械效应也随之增大，但达到一定程度后，空化作用趋于饱和，此时产生的高强度效应会导致肌肉中蛋白质发生变性，破坏其组织结构。Esmeralda 等采用超声波（40 kHz，11 W/cm^2）处理牛肉并冷藏贮藏，结果表明，贮藏 7 天和 14 天后与对照组相比，超声波处理组样品的 pH 显著升高，但对于未做储藏处理牛肉的 pH 不会产生影响。

目前，超声引起 pH 变化的原因可能有以下两类：一是空化效应可能导致蛋白水解酶和脱氨基酶的释放，改善氨基酸和碱性胺类的利用率，减少酸性蛋白质基团数量；二是超声波处理加速离子从细胞结构释放到细胞质中或蛋白质结构改变，导致某些离子基团位置发生变化。目前，超声波处理对肉品 pH 的影响规律，以及超声波诱导 pH 改变对肉及肉制品理化特性的影响规律尚不明晰，值得进一步研究。

5.4.5　超声波处理对肉品质构特性的影响

肉和肉制品的硬度、弹性、黏聚性、咀嚼性等力学特征很大程度上反映了其口感和总体的接受性，是评价肉品品质的重要指标之一。研究发现，低强度超声波通过微气泡的空化产生足够的能量来破坏组织结构，并导致膨胀压力的损失，进而影响肉品的质构特性。

Li 等研究了超声波处理（40 kHz，300 W）不同时间（10 min、20 min、30 min 和 40 min）对鸡肉糜性质的影响，结果表明，超声波处理和不同盐量对鸡肉糜的质构特性有显著影响，超声波处理 10~20 min 可提高肉糜的黏性、嚼劲和凝胶强度；但当超声波处理时间延长至 30~40 min，其硬度、弹性、内聚性、嚼劲等指标均未明显增加，这可能与长时间超声波处理导致蛋白质变性有关。类似研究也发现，随着超声波处理时间的增加，牛肉分离蛋白乳液的硬度和咀嚼性逐渐降低，这可能是由于空化气泡坍塌部位的温度梯度较高引发蛋白质变性，导致硬度降低。李心悦等研究表明超声波辅助腌制可以改善猪肉糜的质构特性。采用相同超声时间（60 min）腌制时，超声波功率 240 W 处理组肉糜的硬度、咀嚼性显著高于 180 W 和 300 W 处理组。短时间超声波处理能够改善肉糜的内聚性和回复性；但若处理时间过长，其质构特性会因持水能力减弱和凝胶结构劣化而降低。康大成采用不同强度的超声波（0~20.96 W/cm²）对牛肉进行处理，并测其硬度、内聚性及咀嚼性。结果表明，超声波处理对牛肉的质构特性有极显著影响，超声强度增大可降低牛肉的硬度和咀嚼性。鹅肉经超声波（40 kHz，600 W）作用后，其硬度和弹性均呈现不断下降的趋势，黏着性也显著增加。

5.4.6 超声波处理对肉品氧化稳定性的影响

超声波可改善提升肉及肉制品的品质，但其作用过程可能降低肉的感官品质或加工特性，甚至对消费者的健康产生消极影响，值得引起重视。超声空化效应产生的局部高温、高压等环节易形成羟基自由基、过氧化氢等活性物质，从而引发肉品发生脂质氧化和蛋白质氧化。

适度的脂质氧化有利于肉品独特风味的形成，但过度的氧化反应会导致营养损失、肉类变质和异味产生。研究报道超声波处理辅助蒸煮冷藏卤牛肉减缓了 TBARS 值和 TVB-N 值的增长趋势，表明超声辅助烹饪减少了牛肉冷藏储存过程中脂质氧化和蛋白质降解的程度，有利于延长保质期。Araújo 等探究了超声波（35 kHz，170 W）和针叶樱桃残渣提取物中天然抗氧化剂协同腌制对猪肉脂质氧化的影响。结果表明，协同处理 5 min 可有效抑制脂质氧化，TBARS 值降低约 0.2 mg/kg，提取物的渗透性更好。超声波辅助冷冻也可以改善猪肉的品质，报道研究了冷冻过程中超声波（180 W）辅助处理对猪肉品质的影响。结果表明，超声辅助冷冻能够显著降低 180 天储存期内猪肉的脂质氧化程度，相较于冷冻法，其 TBARS 值可减小约 0.2 mg/kg。这可能是由于处理生成小而均匀分布的冰晶，且在贮期间保持良好，使肉在长时间冷冻过程中的氧化程度较低。然而，也有研究发现，经超声波（20 kHz，2.39~20.96 W/cm²）处理牛肉后，牛肉的脂质氧化速率和程度明显增加（$P< 0.05$），TBARS 值随超声强度的增加而显著升高。这可能是由于超声波诱导盐水中气泡产生空化，通过声波溶解产生游离·OH 自由基；在相同的处理条件下，羰基含量随超声强度的增大也有增加的趋势。

5.4.7　超声波处理对肉品凝胶特性的影响

凝胶化作用和形成凝胶结构是食品蛋白质的重要功能性质，聚集过程中蛋白质之间的吸引力和排斥力达到平衡，从而形成非常有序的凝胶结构，可以保留大量水分。超声波处理是修饰蛋白质凝胶特性常用的物理方法，适当的超声波处理可以增强肌原蛋白凝胶强度。

Li 等发现未经处理的鸡肉糜的凝胶强度较低，仅为 60.90 g；而经超声处理（20 kHz，750 W）3 min 后，样品的凝胶强度显著升高至 67.61 g，表明高强度超声可以提高类 PSE 鸡肉糜样品的凝胶强度。Kong 等研究了超声（40 kHz，200 W）辅助微酸性电解水解冻对鸡胸肉肌原纤维蛋白构象和凝胶品质的影响。结果发现，超声辅助微酸性电解水解冻组的凝胶保水性显著高于对照组，表明超声处理增加了凝胶网络中的固定水，更小的粒径和较高的溶解度可以促进更致密和均匀的蛋白质凝胶网络，增加肌原纤维凝胶的保水性。Zhang 等研究超声（30 kHz，0~600 W）辅助浸泡冷冻对鸡胸肉肌原纤维蛋白凝胶特性的影响。结果发现，持水力值随着超声功率的增加而增加，这是由于超声波处理可以加速 MP 形成更致密的凝胶结构；冷冻样品的凝胶强度显著低于对照样品，这可能是因为冷冻过程中形成的冰晶破坏了蛋白质结构，导致蛋白质—蛋白质和蛋白质—水相互作用减弱，从而降低了凝胶强度。因此，研究人员需针对不同样品系统优化超声波处理功率，以有效改善肉品的凝胶特性。

5.4.8　超声波处理对肉品乳化稳定性的影响

蛋白质乳化特性是指蛋白质促进乳状液中油滴形成和稳定的功能特性，是蛋白质的重要功能特性。蛋白质可以在均质化过程中吸附在油–水界面，降低界面张力，并提供足够的排斥力阻止油滴的聚合，形成稳定的乳状液。

研究发现，随着超声波（20 kHz，100~300 W）处理时间的延长和功率的升高，牛肉肌原纤维蛋白的乳化活性指数（EAI）显著升高，超声波功率 300 W 处理 30 min，EAI 增加至 586.8 m²/kg。超声处理通过改变肌原纤维蛋白的结构来增加表面体积比，使更多的蛋白质参与界面层的形成，乳化效率提高。Zhang 等研究超声辅助冷冻对鸡胸肉肌原纤维蛋白功能特性的影响，发现与空气冷冻和浸泡冷冻样品相比，使超声辅助冷冻样品在冷冻储存过程中表现出更高乳化活性指数。超声辅助冷冻样品的绝对电位对 MP 分子产生了很强的静电斥力，从而避免了超聚集体的形成，增加了它们在乳液形成过程中吸附到油水界面的能力。

5.4.9 超声波处理在肉品腌制和滚揉中的应用

基于以上超声波处理对生鲜肉品质的影响，超声波处理在肉品加工单元中的应用也逐步深入（表 5-6）。目前肉品加工面临如下挑战：一方面，消费者追求更加健康的肉制品，如低盐、低脂肪、低胆固醇和低热量；另一方面，消费者又希望新型设计配方的肉制品保持传统加工肉品的感官品质。另外，随着全球经济竞争加剧，肉品加工企业面临如何提高价格高的原料肉的利用率，降低生产成本等问题。超声波可以提高肉品加工中原料肉的腌制效率，增加肉制品的保水性、多汁性和嫩度。一般传统肉制品的腌制需要 2~6 天，才能使肌肉中的食盐含量达到 1.6%~2.2%（质量分数）。超声波处理通过空化效应瞬间产生高温和压力加快物质的转移，微射流促进离子在界面的穿透，瞬间改变介质的温度和压力，破坏组织结构，从而提高介质间的转移速率及穿透能力，加速传质过程，提高腌制效率，提高企业的生产效益和竞争力。

表 5-6　超声波辅助腌制对肉制品的作用

研究对象	处理方式	处理参数	作用效果
鸡胸肉	超声波+腌制	12℃，10 min，超声参数未报道	经处理后，大肠杆菌和鼠伤寒沙门氏菌分别减少 3.3 lg 和 2.5 lg
猪里脊	超声波+甘油	25 kHz，320 W，30 min，3% 盐，0~4% 甘油，4℃腌制 24 h	降低盐含量及蒸煮损失，提高肌原纤维蛋白的溶解度，改善质地，提升产品质量
干腌牦牛肉	超声波	20 kHz，300 W	减少不饱和脂肪酸，改善肉样嫩度和质量，提升牛肉的口感及风味
鸡肉	超声波+滚揉腌制	40 kHz，140 W	显著提升鸡肉的腌制液吸收率、嫩度及口感，改善产品品质
鸭肉	超声波+滚揉腌制	40 kHz，140 W，先后在-0.06 MPa 及常压下单向连续滚揉 8 min	腌制吸收率、亮度值及弹性等显著增加，降低剪切力值、硬度等，改善肉品品质
火腿	超声波+滚揉腌制	9~10 r/min，25~120 min	增加肌原纤维蛋白溶解性，有效改善产品质地

研究表明高强度超声波处理（51 W/cm^2、64 W/cm^2）能够加速肌肉腌制中

食盐溶液的渗透。有研究超声波处理不同时间（10 min、25 min 和 40 min）和不同超声波强度（4.2 W/cm^2、11 W/cm^2 和 19 W/cm^2），对食盐溶液腌制猪肉的影响，结果发现超声波处理（19 W/cm^2，10 min 或 25 min）可以显著增加腌制速率，提高猪肉水分含量，有效减少加工时间并保证其品质。McDonnell 等进一步研究了不同超声波强度（4.2 W/cm^2、11 W/cm^2 和 19 W/cm^2）对猪肉腌制过程中蛋白质与水的交互作用和蛋白质热稳定性，结果显示超声波处理（19 W/cm^2，40 min）后的猪肉样品表面（深度<2 mm）的肌球蛋白热稳定性降低，代表不易流动水部分的弛豫时间增加，表明猪肉内部的肌原纤维发生膨胀。超声波处理虽然增加了肉表面蛋白质的变性程度，但可以促进猪肉腌制，增加了盐溶性蛋白质的溶出。

Kang 等探讨了超声波处理改善腌制中牛肉的保水性和嫩度机制，结果发现，超声波处理提高腌制中牛肉不易流动水的比例，增加肌纤维小片化和肌原纤维蛋白质的降解。为进一步确定超声波辅助腌制过程中对其他品质指标的影响，Kang 等研究不同超声波强度（2.39 W/cm^2、6.23 W/cm^2、11.32 W/cm^2 和 20.96 W/cm^2）和时间（30~120 min）对牛肉腌制过程中的脂肪氧化和蛋白质氧化的影响。结果发现，高强度和长时间超声波处理会显著增加牛肉蛋白质氧化和脂肪氧化程度，增加蛋白质聚集，改变蛋白质构象。控制合适的超声波强度和时间可以有效促进食盐在肉中分散，降低食盐用量同时保证产品良好的出品率、质地和风味。Ojha 等研究超声波处理协同食盐替代物对猪肉腌制的影响，结果发现，超声波处理协同食盐替代物未能促进食盐在肉中的渗透分散，但可以降低食盐替代物处理组样品的蒸煮损失。

在滚揉腌制加工中，超声波处理进一步破坏肌肉纤维，释放黏性汁液，更好地改善加工肉的保水性与嫩度。最早的研究报道了超声波处理可以在低离子盐浓度情况下增加盐溶性蛋白析出，生产高品质的低盐火腿制品。超声波辅助滚揉（9~10 r/min，25~120 min）增加绞碎腌制的火腿肉卷的肌原纤维蛋白溶解性，即使在不加盐的状况下，超声波滚揉处理有效改善了产品质地，与正常添加盐含量组没有显著差异。

5.5　结论与展望

5.5.1　结论

超声波技术在肉品保鲜与加工领域具有很大的开发潜能。尤其是超声波技术是肉类屠宰加工中切实有效的减菌去污技术，可以替代化学方法，在改善加工中肉品微生物安全具有潜在价值。超声波本身的杀菌效率关键在于控制好超声波参数，如频率、强度、时间、温度等，并考虑肉类类型（畜禽肌肉、胴体或皮表面）、所污染的微生物种类以及处理方式等。虽然肉类工业中抑菌去污效果的影响因素多，但是超声波处理协同乳酸及其他绿色杀菌技术等，在肉类屠宰分割或腌制加工中可以显著降低肉品微生物的活菌总数。综上所述，超声波技术在肉品加工与质量安全控制方面具有广阔的发展空间，对我国肉类精深加工与安全控制方面具有巨大的推动作用。

5.5.2 展望

目前超声波技术在肉品加工与安全控制领域具有广阔的应用前景，但相关研究的理论研究仍然相对薄弱，仍有一些理论与技术瓶颈问题有待解决。因此，关于超声波在肉品加工与安全控制场景化的应用理论化、标准化和规模化需要深入研究与探索。

（1）肉品超声波加工与杀菌基础理论研究

超声波产生的空化效应及其在肉品加工与杀菌的作用机制尚未完全阐明，对肉品品质的影响规律尚不明确，超声波技术对肉源微生物影响的作用机理仍是研究重点。通过评价超声波处理减菌量，分析肉类接触表面微生物或生物膜的微观结构和分子学信息，可以更好理解超声波诱导下的抑菌效果，尤其是与超声波处理相结合使用的其他绿色杀菌技术应用。另外，超声波技术加工下肉品组分变化规律和品质特性调控的机制也是研究重点方向。通过研究声化效应改变肉品的主要组分以及肌肉组织结构等，可以更好理解肉品品质的形成与调控机制，为超声波设备（超声传感器和探头几何图形与安装分布等）设计和商业模式的应用奠定良好的基础，最终为超声波技术在食品工业中的实际应用提供理论参考。

（2）超声波体处理工艺参数优化研究

虽然超声波具有较好的杀菌效果和非热处理优势，但是超声波产生的自由基等活性物质诱导蛋白质、脂质等食品组分发生氧化，在一定程度上降低肉品的营养价值和加工品质。因此，在实际应用中应根据具体情况系统研究超声波处理参数对肉品杀菌效果和食用品质的影响规律，优化超声波处理工艺参数，从而有效杀灭微生物，还能最大程度保持或提升肉品品质。

（3）肉品超声波加工与杀菌装备研发

目前超声波设备普遍存在处理量小、不稳定等问题，难以满足食品加工保鲜实际应用的需求，因此超声波肉品加工与杀菌装备研发将是今后重要的研究方向之一。未来，应重点探索超声波系统批量或连续处理大量食品的可行性，研发能够批量处理食品的绿色、智能超声波装备，并系统评价超声波技术的成本效益。

参考文献

［1］ Ulbin-Figlewicz N, Jarmoluk A, Marycz K. Antimicrobial activity of low-pressure plasma treatment against selected foodborne bacteria and meat microbiota ［J］. Annals of Microbiology, 2015, 65 （3）：1537-1546.

［2］ Zhou C, Okonkwo C E, Inyinbor A A, et al. Ultrasound, infrared and its assisted technology, a promising tool in physical food processing：A review of recent developments ［J］. Critical Reviews in Food Science and Nutrition, 2023, 63 （11）：1587-1611.

［3］ 刘瑞, 李雅洁, 陆欣怡, 等. 超声波技术在肉制品腌制加工中的应用研究进展 ［J］. 食品工业科技, 2021, 42 （24）：445-453.

［4］ 梁诗洋, 张鹰, 曾晓房, 等. 超声波技术在食品加工中的应用进展 ［J］. 食品工业科技, 2023, 44 （4）：462-471.

［5］ Alarcon-Rojo A D, Carrillo-Lopez L M, Reyes-Villagrana R, et al. Ultrasound and meat quality：A review ［J］. Ultrasonics Sonochemistry, 2019, 55：369-382.

［6］ Chen F, Zhang M, Yang C. Application of ultrasound technology in processing of ready-to-eat fresh food：A review ［J］. Ultrasonics Sonochemistry, 2020, 63：104953.

［7］ Taha A, Mehany T, Pandiselvam R, et al. Sonoprocessing：mechanisms and recent applications of power ultrasound in food ［J］. Critical Reviews in Food Science and Nutrition, 2023.

［8］ Dai J, Bai M, Li C, et al. Advances in the mechanism of different antibacterial strategies based on ultrasound technique for controlling bacterial contamination in food industry ［J］. Trends in Food Science & Technology, 2020, 105：211-222.

［9］ Lillard H S. Bactericidal effect of chlorine on attached Salmonellae with and without sonification ［J］. Journal of Food Protection, 1993, 56 （8）：716-717.

［10］ Sams A R, Feria R. Microbial effects of ultrasonication of broiler drumstick skin ［J］. Journal of Food Science, 1991, 56 （1）：247-248.

［11］ 黄亚军, 周存六. 超声波技术在肉及肉制品中的应用研究进展 ［J］. 肉类研究, 2020, 34 （5）：91-97.

［12］ Morild R K, Christiansen P, Sørensen A H, et al. Inactivation of pathogens on pork by steam-ultrasound treatment ［J］. Journal of Food Protection, 2011, 74

（5）：769-775.

［13］Owusu-Ansah P, Yu X, Osae R, et al. Inactivation of *Bacillus cereus* from pork by thermal, non-thermal and single-frequency/multi-frequency thermosonication: Modelling and effects on physicochemical properties ［J］. LWT-Food Science and Technology, 2020, 133: 109939.

［14］Dubrović I, Herceg Z, Režek Jambrak A, et al. Effect of high intensity ultrasound and pasteurization on anthocyanin content in strawberry juice ［J］. Food Technology and Biotechnology, 2011, 49 (2): 196-204.

［15］Kayaardı S, Uyarcan M, Atmaca I, et al. Effect of non-thermal ultraviolet and ultrasound technologies on disinfection of meat preparation equipment in catering industry ［J］. Food Science and Technology International, 2023.

［16］Sarkinas A, Sakalauskiene K, Raisutis R, et al. Inactivation of some pathogenic bacteria and phytoviruses by ultrasonic treatment ［J］. Microbial Pathogenesis, 2018, 123: 144-148.

［17］楚文靖, 叶双双, 张付龙, 等. 超声处理对蓝莓汁杀菌效果和品质的影响 ［J］. 食品与发酵工业, 2020, 46 (13): 203-208.

［18］Hart A, Anumudu C, Onyeaka H, et al. Application of supercritical fluid carbon dioxide in improving food shelf-life and safety by inactivating spores: A review ［J］. Journal of Food Science and Technology, 2021, 59 (2): 417-428.

［19］Piñon M I, Alarcon-Rojo A D, Renteria A L, et al. Microbiological properties of poultry breast meat treated with high-intensity ultrasound ［J］. Ultrasonics, 2020, 102: 105680.

［20］Gomez-Gomez A, Brito-de La Fuente E, Gallegos C, et al. Ultrasonic-assisted supercritical CO_2 inactivation of bacterial spores and effect on the physicochemical properties of oil-in-water emulsions ［J］. Journal of Supercritical Fluids, 2021, 174: 105246.

［21］Li L L, Mu T H, Zhang M. Contribution of ultrasound and slightly acid electrolytic water combination on inactivating *Rhizopus stolonifer* in sweet potato ［J］. Ultrasonics Sonochemistry, 2021, 73: 105528.

［22］Lan W Q, Lang A, Zhou D P, et al. Combined effects of ultrasound and slightly acidic electrolyzed water on quality of sea bass (*Lateolabrax Japonicus*) fillets during refrigerated storage ［J］. Ultrasonics Sonochemistry, 2021, 81: 105854.

［23］Firouz M S, Sardari H, Chamgordani P A, et al. Power ultrasound in the meat industry (freezing, cooking and fermentation): Mechanisms, advances and challenges [J]. Ultrasonics Sonochemistry, 2022, 86: 106027.

[24] 高飞, 蔡华珍, 陈彦豪, 等. 真空冷却联合超声杀菌对卤牛肉品质的影响 [J]. 食品工业科技, 2022, 43 (13): 63-70.

[25] Wang J Y, Liu Q D, Xie B J, et al. Effect of ultrasound combined with ultraviolet treatment on microbial inactivation and quality properties of mango juice [J]. Ultrasonics sonochemistry, 2020, 64: 105000.

[26] Li R, Wang C, Zhou G, et al. The effects of thermal treatment on the bacterial community and quality characteristics of meatballs during storage [J]. Food Science & Nutrition, 2021, 9 (1): 564.

[27] Tahi A A, Sousa S, Madani K, et al. Ultrasound and heat treatment effects on *Staphylococcus aureus* cell viability in orange juice [J]. Ultrasonics Sonochemistry, 2021, 78: 105743.

[28] Lacivita V, Conte A, Musavian H S, et al. Steam-ultrasound combined treatment: A promising technology to significantly control mozzarella cheese quality [J]. LWT-Food Science and Technology, 2018, 93: 450-455.

[29] Jubinville E, Trudel-Ferland M, Amyot J, et al. Inactivation of hepatitis A virus and norovirus on berries by broad-spectrum pulsed light [J]. International Journal of Food Microbiology, 2022, 364: 109529.

[30] Smith D P. Effect of ultrasonic marination on broiler breast meat quality and *Salmonella* contamination [J]. International Journal of Poultry Science, 2011, 10 (10): 757-759.

[31] Wang A, Kang D, Zhang W, et al. Changes in calpain activity, protein degradation and microstructure of beef *M. semitendinosus* by the application of ultrasound [J]. Food Chemistry, 2018, 245: 724-730.

[32] 王颂萍, 王雪羽, 杨欣悦, 等. 超声波技术嫩化机理及其在肉制品中应用效果的研究进展 [J]. 食品工业科技, 2022, 43 (9): 423-431.

[33] Li K, Kang Z L, Zou Y F, et al. Effect of ultrasound treatment on functional properties of reduced-salt chicken breast meat batter [J]. Journal of Food Science and Technology, 2015, 52: 2622-2633.

[34] 李心悦, 曹涓泉, 徐静, 等. 超声波辅助腌制对猪肉糜食用品质及凝胶性能的影响 [J]. 肉类研究, 2022, 36 (8): 21-28.

[35] Peña-Gonzalez E, Alarcon-Rojo A D, Garcia-Galicia I, et al. Ultrasound as a potential process to tenderize beef: Sensory and technological parameters [J]. Ultrasonics Sonochemistry, 2019, 53: 134-141.

［36］Araújo C D L, Silva G F G, Almeida J L S, et al. Use of ultrasound and acerola (*Malpighia emarginata*) residue extract tenderness and lipid oxidation of pork meat ［J］. Food Science and Technology, 2021, 42（5）: e66321.

［37］康大成. 超声波辅助腌制对牛肉品质的影响及其机理研究 ［D］. 南京: 南京农业大学, 2017.

［38］Kong D W, Quan C L, Xi Q, et al. Effects of ultrasound-assisted slightly acidic electrolyzed water thawing on myofibrillar protein conformation and gel properties of chicken breasts ［J］. Food Chemistry, 2023, 404: 134738.

［39］Zhang C, Li X A, Wang H, et al. Ultrasound-assisted immersion freezing reduces the structure and gel property deterioration of myofibrillar protein from chicken breast ［J］. Ultrasonics Sonochemistry, 2020, 67: 105137.

［40］Zhang C, Chen Q, Sun Q X, et al. Ultrasound-assisted freezing retards the deterioration of functional properties of myofibrillar protein in chicken breast during long-term frozen storage ［J］. LWT-Food Science and Technology, 2022, 170: 114064.

［41］McDonnell C K, Allen P, Morin C, et al. The effect of ultrasonic salting on protein and water-protein interactions in meat ［J］. Food Chemistry, 2014, 147: 245-251.

［42］Li P P, Sun L G, Wang J K, et al. Effects of combined ultrasound and low-temperature short-time heating pretreatment on proteases inactivation and textural quality of meat of yellow-feathered chickens ［J］. Food Chemistry, 2021, 355: 129645.

［43］Macedo I M E, Andrade H A, Shinohara N K S, et al. Influence of ultrasound on the microbiological and physicochemical stability of saramunete (*Pseudupeneus maculatus*) sausages ［J］. Journal of Food Processing and Preservation, 2021, 45（9）: e15580.

［44］Du X, Li H J, Nuerjiang M, et al. Application of ultrasound treatment in chicken gizzards tenderization: Effects on muscle fiber and connective tissue ［J］. Ultrasonics Sonochemistry, 2021, 79: 105786.

［45］Zhang M C, Xia X F, Liu Q, et al. Changes in microstructure, quality and water distribution of porcine longissimus muscles subjected to ultrasound-assisted immersion freezing during frozen storage ［J］. Meat Science, 2019, 151: 24-32.

［46］Li K, Kang Z L, Zhao Y Y, et al. Use of high-intensity ultrasound to improve functional properties of batter suspensions prepared from PSE-like chicken breast meat ［J］. Food and Bioprocess Technology, 2014, 7（12）: 3466-3477.

第6章　紫外线与肉品保鲜

紫外线是一种非热杀菌技术，具有设备小巧、操作简易、作用时间短、无化学残留和绿色环保等优点，被广泛应用于食品、食品包装材料等的杀菌处理。本章主要介绍了紫外线的基本概念、产生方法、对食品有害微生物的杀灭作用和机制，总结了紫外线应用于肉品杀菌保鲜领域的国内外最新研究进展，以期为该技术在肉品保鲜和加工中的实际应用提供参考。

6.1　紫外线技术概述

6.1.1　紫外线概述

紫外线（ultraviolet，UV）是电磁波谱中频率为 750 THz ~ 30 PHz，对应真空中波长为 400 ~ 10 nm 辐射的总称。紫外线是由原子的外层电子受到激发后产生的。目前，紫外线广泛用于杀菌、消毒、治疗皮肤病和软骨病等。

6.1.2　紫外线的分类

根据波长的不同，可将紫外线分为长波紫外线（UVA，320 ~ 400 nm）、中波紫外线（UVB，280 ~ 320 nm）、短波紫外线（UVC，200 ~ 280 nm）及真空紫外线（VUV，10 ~ 200 nm）等波段。

（1）UVA

UVA 具有极强的穿透性，能触及皮肤的真皮层，破坏弹性纤维和胶原蛋白纤维。波长为 360 nm 的 UVA 与昆虫的趋光响应曲线一致，可制成诱虫灯。

（2）UVB

UVB 具有中等穿透力，可以促进人体内矿物质的新陈代谢，促进体内维生素 D 的合成。但是，长时间或过度的辐射会使皮肤变黑，出现红肿、脱皮等现象。

（3）UVC

UVC 的穿透能力最弱，无法穿透大部分的透明玻璃及塑料。日光中含有的 UVC 几乎被臭氧层完全吸收，因此日常使用的 UVC 通常只能由人造光源产生。UVC 对人体的危害很大，短时间照射会灼伤皮肤，长时间或高强度照射会导致皮肤癌。UVC 可快速有效地杀灭细菌和病毒，而 UVB 和 UVA 的杀菌作用较弱。

（4）VUV

VUV 可被包括水、氧气在内的几乎所有物质吸收，因此只能在真空中传播，所以通常提到的紫外辐射不包括 VUV。

6.1.3 紫外线的产生方式

自然界中的紫外线主要由太阳产生，而人工光源也可产生紫外光。人工光源通常只发出某个波段甚至某一单一波长的紫外线。人工光源根据工作原理的不同又可分为紫外汞灯、紫外发光二极管、准分子灯以及脉冲氙灯等。

（1）紫外汞灯

汞灯是利用汞原子被激发产生能量跃迁向外辐射出汞的特征谱线，从而达到发光的目的。根据汞灯内部的汞蒸汽压力，可将其分为低压汞灯、高压汞灯和超高压汞灯。目前，低压汞灯应用最多。低压汞灯的辐射能量主要集中在紫外及可见光波段。低压汞灯的外壳由石英玻璃管或透短波紫外线玻璃管制成，内充低压惰性气体和少量汞元素，金属冷电极或热灯丝电极分布在两端，通过在两极加高压或者经高压启动后由较低的电源电压持续放电，产生以 253.7 nm 为主的紫外线，能够有效杀灭细菌、病毒等微生物（图 6-1）。

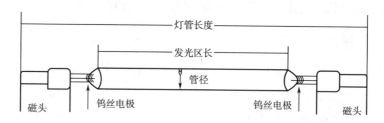

图 6-1　UV 灯管结构示意图

作为应用最为广泛的紫外杀菌光源，低压汞灯具有价格低廉、输出功率适当、工艺成熟、杀菌效果好等优点，被广泛应用于包装材料、肉制品和蔬菜等的杀菌、食品加工车间等场所的空气消毒及饮用水消毒。虽然汞灯消毒杀菌技术已发展得相对成熟，但仍存在一些缺点：

①含汞　目前许多国家和地区都已限制含汞产品的使用。

②易碎　低压汞灯的外壳在受到外界撞击时很容易破碎，并释放出汞蒸气。

③启动电压高，体积大　汞灯需要镇流器提供高压电场启动。此外，由于汞灯外壳采用的是石英玻璃，体积大，无法运用于一些小型场所。

④光谱固定　低压汞灯的能量主要集中在 253.7 nm 和 184.9 nm，而不同的

微生物对不同光谱的抵抗能力不同。

　　⑤电光转换效率低　输入的能量仅有 30%可转为紫外光。

　　（2）紫外发光二极管

　　紫外发光二极管（ultraviolet light-emitting diode，UV-LED）是一种新型紫外线光源。UV-LED 的两端是半导体器件，当在这两个器件上施加特定的电压时，就会发光。半导体材料不同发出光的颜色（波长）也不同。UV-LEDs 发光原理如图 6-2 所示。半导体的 P 型层（包含空穴的层）中带正电的载流子（空穴）被驱动到活性层，电子被来自半导体 N 型层的相同电压驱动到活性层，在那里空穴与电子重新结合，并以光子的形式释放电子和空穴重新结合时释放的能量。发射光子的能量越高，发射光的波长越短。目前，氮化铝/氮化镓（AIN/AlGaN）基材料是 UV-LEDs（210~400 nm）的首选材料。与传统汞灯相比，UV-LEDs 设备有以下优点：

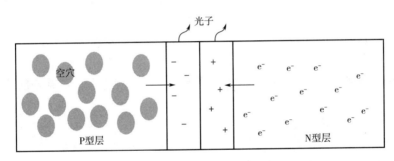

图 6-2　UVC-LEDs 发光原理图

　　其一，环境友好和安全性好。UV-LEDs 在使用过程中不会产生臭氧，无须安装排风装置去除汞灯产生的有害气体。

　　其二，使用寿命长。传统的汞灯寿命较短，每使用 1000~1500 h 就需要换一次；而 UV-LEDs 的使用寿命约为 60000 h，降低了使用成本。

　　其三，节能。UV-LEDs 通常产生单一波峰，能量集中在紫外光波段，能耗较传统汞灯可降低 50%以上。

　　其四，即开即关，无须预热。

　　但目前 UV-LEDs 的电光转换效率还比较低，普遍在 30%以下，近 UV-LEDs（365~400 nm）的商业化批量产品的外量子效率较高，可以达到 46%~76%，而短于 365 nm 波长的 UV-LEDs 的外量子效率普遍较低，基本不超过 10%。所以，紫外发光二极管仍需继续改进以提高电光转换效率和外量子效率，从而更好地适用于工业生产（图 6-3）。

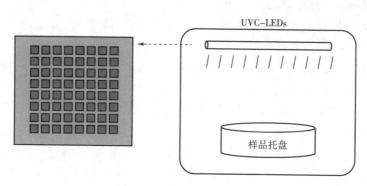

图 6-3 UV-LED 设备示意图

（3）准分子灯

准分子灯是常用的远 UVC 光源，通过填充的稀有气体和卤素混合物经电激发后发射准单色光。不同的填充物可形成准分子灯不同的输出波长。填充物为氯化氪（KrCl）的准分子灯可发射波长为 222 nm 的深紫外线。与传统紫外光相比，222 nm 准分子灯具有以下优点：

其一，对细菌细胞、酵母和病毒均具有较强的杀菌作用，对芽孢的杀灭效果强于传统紫外线。

其二，由于深紫外线对生物材料的有限穿透力，其不能穿透或破坏人体皮肤或人眼中的活细胞，不会诱发皮肤癌，也不会导致角膜损伤，对人体更安全。然而，KrCl 准分子灯输出的电光转化效率远低于传统低压汞灯，导致其能耗较高。

（4）脉冲氙灯

脉冲强光杀菌技术是一种利用瞬时峰值能量极强的脉冲光辐射杀菌的新技术，其发生装置主要由脉冲光源、升压模块、触发模块和储能电容组成。常用的脉冲光源为管状的脉冲氙灯，是由透紫外的石英管制成；两端封接有钨电极，外部缠绕多圈触发金属丝作为触发电极；灯内填充氙气。实际使用时，电源在极短时间内对储能电容充电到特定电压，同时触发模块对触发电极施加数千伏的高压脉冲，使灯内填充的氙气发生电离。此时储能电容中的能量被电离后的气体释放，可发出波长范围为 200~1100 nm 的脉冲光。因此，脉冲强光的杀菌机理和一般的紫外杀菌不同，除了紫外波段起主要作用，其他波段也有一定的杀菌能力。这种协同效应使杀菌更全面彻底且不可逆。与其他紫外灯相比，脉冲强光具有以下优点：

①高穿透性 脉冲强光光谱范围宽，从而拥有较高的穿透性。

②低温 由于脉冲强光释放能量是以时间极短的脉冲形式，冷却时间充足，因此热量并不会堆积。

③即时控制　控制模块可以实现脉冲强光的瞬时启停，且不需预热。

④高峰值能量　脉冲强光通过在极短时间（微秒级别）内实现电能到光能的转换，以脉冲形式释放光能，可以实现远超紫外光源的峰值能量。

⑤高适配性　脉冲强光装置可以根据实际应用环境灵活地选择合适的形状、空间分布和输入参数，从而满足不同场合的需要，具有很好的适用性。

⑥安全　脉冲强光装置常用填充气体为氙气，和传统汞灯相比，不存在重金属汞泄露的风险，也不会有臭氧超标等问题。

6.2　紫外线的杀菌效果及原理

6.2.1　紫外线的杀菌效果及影响因素

紫外线因具有杀菌谱广、对物品损害较小、无残留毒性、使用方便等优点而得到广泛应用。但紫外线的杀菌效果直接或间接地受多种因素的影响，如辐射波长、照射剂量和强度、微生物类型、温湿度、样品性质等，这些影响因素已受到极大的关注。

（1）紫外线波长

不同波长的紫外线对微生物的杀灭作用不同。总体来说，紫外线波长越短，能量越高，对细菌和病毒的杀灭作用越强。但是，波长过短的紫外线穿透力不足，无法达到较好的杀菌效果。有研究表明，在同等辐照剂量下，275 nm 的紫外线对微生物的杀灭作用最强。在 222 nm 波长下，紫外线会破坏细菌外膜和蛋白质，会对细菌的酶或膜脂造成破坏，而蛋白质一旦被破坏，便不能被修复，从而能够解决其他波长杀菌后易出现的光复活问题。

（2）紫外线剂量和强度

紫外线杀菌能力随辐照剂量的升高而增强。在相同的照射剂量下，辐照强度越高，其杀菌效果越好。紫外线灯的照射强度受电压、温度、距离、角度等多种因素的影响。如果微生物受到紫外线照射不足，没有彻底杀死，又可能出现光复活现象。

（3）微生物种类

不同种类的微生物对紫外线的吸收敏感性不同，其耐受力可相差 100~200 倍。因此，杀灭不同微生物需要的辐照剂量也不同。不同微生物对紫外线的抵抗力由强到弱依次为：真菌孢子>细菌芽孢>抗酸杆菌>病毒>细菌繁殖体。

（4）样品性质

紫外穿透率是影响紫外杀菌的重要因素。液态食品中都存在一些无机盐和多种粒径、结构以及化学成分各异的有机营养物质，这些物质会吸收或散射紫外线，从而使液态食品中的紫外光强度降低。因此，随着透射深度的增加，紫外强度变小，紫外穿透率也变小。为了保证杀菌效果，通常要加大紫外线强度、减少穿透距离或是延长处理时间。例如，相对于稀释苹果汁，杀灭浓缩苹果汁中微生物需要更高剂量的紫外线。此外，一些细菌可以吸附在颗粒物上，从而降低紫外线的杀菌效果，这主要与颗粒物的包裹作用及自身粒径有关。

（5）环境因素

紫外线杀菌效果也受环境因素影响。一般在 20~40℃、相对湿度 60% 和灯管表面比较洁净的条件下，杀菌效果较好。温度对紫外线杀菌效果的影响是通过影响辐射强度来实现的。一般来说，当温度在 40℃ 时，紫外辐射的杀菌作用是最强的；温度过高或过低，对紫外杀菌都是不利的。相对湿度对杀菌效果也具有一定的影响。湿度越高，空气中的水滴越多，就会阻挡紫外线。因此，忽视环境条件变化而机械地定时定量消毒，消毒质量则不可靠。在实际生产中，还需结合各种环境条件的变化，及时调整紫外线杀菌的条件。

6.2.2 紫外线的杀菌原理

紫外线抑制微生物增值作用的研究主要集中在对微生物结构和组分的破坏。研究发现，不同波长紫外光的杀菌机理存在一定差异（图 6-4）。此外，准分子灯与脉冲氙灯与传统紫外光的杀菌机理也有所差别。

（1）UVA

UVA 对微生物的作用比较复杂。UVA 在辐射剂量较低的情况下会诱导微生物细胞进行 DNA 修复，包括光激活和暗修复，其中光激活是最主要的过程。在光激活过程中，光解酶能吸收光能从而对 DNA 环丁烷嘧啶二聚体进行修复，降低紫外线的杀菌效果。而在高辐照剂量条件下，UVA 可诱导产生羟基自由基、三线态和单线态氧等活性物质，导致微生物细胞膜脂质双分子层中的脂肪酸发生氧化和磷酸双分子层发生重排等，从而破坏细胞膜结构，并损伤细胞其他结构，通过间接作用杀伤杀灭微生物。UVA 促进产生的活性物质对细菌的伤害是不可逆的，也就使得细菌不能通过光解酶来修复。

（2）UVB

UVB 的穿透力和能量都介于 UVA 和 UVC 之间。有研究认为 UVB 能够诱导产生活性物质，对微生物细胞结构有一定的破坏作用，从而间接杀灭微生物。也有研究认为 UVB 能够直接破坏微生物的遗传物质，从而发挥直接杀伤作用。

（3）UVC

由于 DNA 对紫外线在 260 nm 附近有吸收峰，因此 UVC 可攻击生物体内的核糖核酸和脱氧核苷酸。同一核酸链中的相邻嘧啶碱基在吸收 UVC 能量后会发生光化学反应，形成环丁烷嘧啶二聚体（cyclobutane pyrimidine dimers，CPDs）和 6-4 光产物（6-4 photoproducts，6-4PPs）等（其中 CPDs 占紫外诱导产生 DNA 损伤产物的 75%），从而抑制细胞内基因的复制和转录，改变核酸的生物学活性，造成微生物的致死性损伤，属直接杀伤作用。此外，275 nm 的 UVC-LEDs 主要通过损伤 DNA 来灭活微生物，特别是能够有效灭活处于对数生长期的细菌，还可增大细菌的细胞膜通透性，导致胞内核酸和蛋白质出现泄露，胞内蛋白的结构也会被破坏，从而破坏微生物的生理功能，起到杀灭微生物的作用。

综上所述，不同波长的紫外线可以通过直接或间接的方式损伤微生物的核酸，或破坏细胞膜及其他组分，最终导致微生物死亡（图 6-4）。

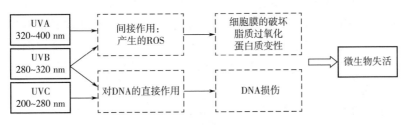

图 6-4　不同波长紫外光的杀菌机理

（4）准分子灯

准分子灯发出的是远 UVC 光，蛋白质对远 UVC 有强吸收，吸收的光子会导致蛋白质变性失活，从而杀灭病原微生物。同时，远 UVC 还可部分穿过病原微生物的外层蛋白而到达内部核酸，通过干扰 DNA 复制使微生物丧失正常生理功能。

（5）脉冲强光

脉冲强光的杀菌机理主要包括以下三个方面：

①光化学反应　脉冲光光谱中的紫外波段既可破坏细胞内的遗传物质核酸，也可阻碍生命活动必需蛋白质的合成，从而影响细胞的正常繁殖。此外，紫外波段还可以破坏微生物细胞膜，使其失去对细胞的屏障保护作用。

②闪照热效应　脉冲光光谱中的可见光和红外光部分有热效应，会破坏微生物的酶及其他细胞组分。高强度辐射的光热作用导致细胞内水分蒸发，使细胞破裂。

③脉冲效应　脉冲光的穿透性和瞬时高能机械冲击会损坏细胞壁和其他细胞组分，导致细菌死亡。脉冲光的杀菌过程较为复杂，可以通过多种作用杀死微生物，在杀菌技术领域有着良好的前景。

6.3 紫外线在肉品杀菌中的应用

生鲜肉和肉制品是人们日常生活中必不可少的动物性食品，可为机体提供蛋白质、脂肪、矿物质和微量元素等营养物质。然而，肉类因其水分高和营养丰富的特点，非常容易腐败变质。在屠宰、处理和分割过程中，大部分新鲜肉类都会受到腐败微生物的直接或间接污染，从而影响产品质量，给人体健康带来危害。

6.3.1 紫外线在生鲜肉杀菌中的应用

研究发现，紫外线可以有效灭活鸡肉、牛肉等生鲜肉表面的有害微生物，且杀菌效果与紫外线光源类型和波长、微生物种类、食品组分及其表面特性（粗糙度、色泽）等因素有关。例如，肉品中的水分、蛋白质、脂质和其他有机物等具有强紫外吸收特性，会减弱紫外线的杀菌效果。由于不同种类生鲜肉的成分及其含量不同，紫外线对不同生鲜肉的杀菌效果存在较大差异。

（1）鸡肉

鸡肉是世界消费量排第二的肉类，含有丰富的营养物质和微量元素且相对热量较低。未处理的鸡肉通常含有大量的致病菌，如大肠杆菌（*Escherichia coli*）、空肠弯曲杆菌（*Campylobacter jejuni*）、单增李斯特菌（*Listeria monocytogenes*）及鼠伤寒沙门氏菌（*Salmonella typhimurium*）等。Chun 等发现，经波长为 254 nm 的 UVC（5 kJ/m^2）处理后，接种于鸡胸肉的空肠弯曲杆菌、单增李斯特菌和鼠伤寒沙门氏菌［初始数量分别为（7.63、6.18 和 5.43）lg CFU/g］分别减少了（1.26、1.29 和 1.19）lg CFU/g。相同剂量的 UVC 对鸡胸肉上不同致病菌的杀菌效果差异可能是由这些致病菌不同的细胞结构及特性造成的。Mcleod 等研究了连续的 UVC 和脉冲光对生鲜鸡肉表面广布肉杆菌（*Carnobacterium divergens*）、大肠杆菌和假单胞菌（*Pseudomonas* spp.）的杀灭效果。经 30 J/cm^2 的 UVC 处理后，接种于鸡肉表面的广布肉杆菌、大肠杆菌和假单胞菌分别减少了（2.8、1.7和 2.7）lg CFU/g；经脉冲光处理（18 J/cm^2）后，上述 3 种致病菌分别减少了（1.6、3.0 和 3.0）lg CFU/g。由此可见，连续的 UVC 和脉冲光由于波长、强度和辐照时间的不同，其对鸡肉表面的病原体杀菌效果有很大的差异。同时，细菌的状态会影响对紫外线的敏感性，导致相同处理条件对不同物种之间杀菌效果存在差异。此外，紫外线对不同肉基质上的微生物杀灭效果也存在差异。经 500 μW/cm^2 的紫外线处理 3 min 后，接种于带皮鸡肉上的单增李斯特菌、鼠伤寒沙门氏菌和大肠杆菌 O157：H7 分别减少了（0.48、1.02 和 1.28）lg；而以相同条件处理不带皮鸡肉上的单增李斯特菌、鼠伤寒沙门氏菌和大肠杆菌 O157：H7，3 min 后三种细菌分别减少了（0.46、0.36 和 0.93）lg。

此外，Wang 等使用剂量为 4000 mJ/cm² 的 UVC-LEDs 处理生鲜鸡胸肉，可使接种于其表面的鼠伤寒沙门氏菌、大肠杆菌 O157：H7 和单增李斯特菌［初始值分别为（6.01、5.80 和 6.22）lg CFU/cm²］分别降低（1.90、2.25 和 2.18）lg CFU/cm²。同样地，使用 UVC-LEDs 处理分离自腐败鸡肉的假单胞菌 CM2（Pseudomonas deceptionensis CM2），当处理剂量为 8 mJ/cm² 时，NB 培养基中的假单胞菌 CM2 降低 6.09 lg CFU/mL；而将处理剂量升至 4000 mJ/cm² 时，鸡肉表面的假单胞菌 CM2 降低 2.45 lg CFU/g。结果表明 UVC-LEDs 对纯培养体系中细菌的灭活效率显著高于对鸡胸肉表面细菌的灭活效率。综上所述，待处理样品的成分、厚度和表面特性等均能够显著影响 UVC-LEDs 对微生物的杀灭效果。

Soro 等研究了不同波长 UV-LEDs 对鸡肉上微生物的杀灭作用，发现波长为 300 nm 的 UV-LEDs 处理 8 min 可使鸡肉表面的假单胞菌（P. deceptionensis）减少 2.16 lg CFU/g，280 nm 的 UV-LEDs 处理 10 min 可使乳酸菌减少 2.50 lg CFU/g。然而，波长为 255 nm 的 UVC-LEDs 处理鸡肉仅可使其表面的乳酸菌减少 0.80 lg CFU/g，说明不同波长的紫外线对微生物的杀灭效果存在差异。紫外辐照对鸡肉上微生物的失活效果与多种因素有关，如微生物种类，紫外线来源，操作条件以及食物的透光率等（表6-1）。

表6-1　紫外线对鸡肉上微生物的杀灭作用

研究对象	微生物类型	紫外线类型	杀菌效果	参考文献
鸡肉	大肠杆菌（E. coli）	254 nm 汞灯 UVC（11.4~12.9 mJ/cm²）	减少 0.6 lg CFU/g	［33］
去皮鸡胸肉	大肠杆菌（E. coli）、空肠弯曲杆菌（C. jejuni）、肠炎沙门氏菌（S. enteritidis）和肠杆菌（E. bacteriaceae）	汞灯 UVC（0.192 J/cm²）	分别降低（0.76、0.98、1.34 和 1.29）lg CFU/g	［34］
鸡胸肉	单增李斯特菌（L. monocytogenes）	低压汞灯（600~2400 mJ/cm²）	减少 1.23~1.58 lg CFU/g	［35］
无骨去皮鸡胸肉	沙门氏菌（Salmonella）	250~280 nm 的 UVC-LEDs（1.2 J/cm² 和 3.6 J/cm²）	减少 1.85 lg CFU/g 和 >3.0 lg CFU/g	［36］
鸡皮	肠炎沙门氏菌（S. enteritidis）生物被膜	UVC 灯［（1000±50）μW/cm² 处理 5 min 和 10 min］	分别减少 1.01 lg CFU/g 和 1.08 lg CFU/g	［37］

（2）牛肉

生鲜牛肉因其口感好和营养价值高而成为人们最常消费食用的鲜肉之一。近年来，有许多研究用紫外线处理牛肉来灭活微生物，并取得了显著的成效（表6-2）。Bryant等研究了脉冲强光对接种于牛肉表面大肠杆菌 K12 的杀灭效果。结果表明，在处理时间为 60 s，距离为 4.47 cm 时，脉冲强光使大肠杆菌 K12 降低了 1.74 lg CFU/g，而在处理时间为 5 s，距离为 12.09 cm 时，大肠杆菌 K12 仅减少了 0.45 lg CFU/g。该研究表明，脉冲强光处理对微生物失活的影响与处理时间、样品与光源之间的距离等因素有关。一般处理时间越长，与样品之间的间隙越短，脉冲强光对微生物的杀灭作用越强。Sobeli 等发现，经 4.2 J/cm^2 脉冲强光处理后，牛排表面好氧菌减少了 3.49 lg CFU/g。另外，Correa 等研究发现经汞灯 UVC（254 nm，3.9 J/cm^2）处理后，接种于牛肉表面的大肠杆菌减少约 1.0 lg。Hamidi-Oskouei 等发现 UVC 处理（195±11 J/cm^2，距离 5 cm）可使接种于牛肉片表面的单增李斯特菌从初始的 6.19 lg CFU/cm^2 减少至 5.32 lg CFU/cm^2。Hierro 等也发现，经 11.9 J/cm^2 的脉冲强光处理后，接种于牛肉片表面的单增李斯特菌、大肠杆菌和鼠伤寒沙门氏菌分别降低了（0.9、1.2 和 1.0）lg CFU/g。

表 6-2　紫外线对牛肉中微生物的杀灭作用

研究对象	微生物类型	紫外线类型和处理参数	杀菌效果	参考文献
牛肉汤	单增李斯特菌（*L. monocy-togees*）和鼠伤寒沙门氏菌（*S. typhimurium*）	UVC-LEDs（285 nm）处理 2 min	分别减少 3.5 lg CFU/g 和 3.6 lg CFU/g	[38]
牛肉	大肠杆菌（*E. coli*）	254 nm 汞灯，处理 30 s	减少 0.1 lg CFU/g	[39]
牛肉	大肠杆菌 K12（*E. coli* K12）	脉冲 UVC，距离 4.47 cm 处理 60 s；距离 12.09 cm 处理 5 s	分别减少 1.74 lg CFU/g 和 0.45 lg CFU/g	[40]

（3）其他肉类

研究发现，紫外线对猪肉、羊肉等也具有良好的杀灭作用。Degala 等发现经 UVC 处理（254 nm、144 mJ/cm^2）后，接种于山羊肉表面的大肠杆菌 K12 降低了 1.18 lg。Koch 等利用脉冲强光（9.7 J/cm^2）处理后，接种于猪皮表面的沙门氏菌和耶尔森菌（*Yersinia*）分别减少了（3.16 和 4.37）lg CFU/g，并且 90%~99% 的细菌是在脉冲强光处理的第 1 秒内失活的；而接种于猪里脊表面的沙门氏菌和耶尔森菌经脉冲强光处理后只分别减少了（1.71 和 1.69）lg CFU/g。与猪皮相比，脉冲强光处理对猪里脊表面细菌的杀灭效果较差，这可能是因为皮肤和肌肉的缝隙、表面粗糙程度以及疏水性等特性不同，使脉冲强光与不同表面上存在的微生物相互作用不同。脉冲强光对光滑和疏水性低的表面上的微生物杀菌效果较好，这是因为微生物在这些表面空间分布得更广，导致更多微生物暴露于脉冲强光下。接种于猪皮表面的菌悬液会在表面形成小珠子，而接种于猪里脊肉上的菌悬液则立刻被吸收，通过扩散作用转移到深层，使细菌不能直接接触脉冲强光，从而影响杀菌效果。

6.3.2　紫外线在肉制品杀菌中的应用

研究发现，利用紫外线可以有效杀灭火腿、香肠、腊肠等肉制品所污染的微生物并显著延长产品货架期。

例如，Chun 等将单增李斯特菌、鼠伤寒沙门氏菌和空肠弯曲杆菌分别接种于即食火腿片上，并分别以（1000、2000、4000、6000 和 8000）J/m^2 的 UVC（254 nm）进行处理。结果发现，食源性致病菌的数量随辐照能量的升高而显著减少，特别是在 8000 J/m^2 的 UVC 照射下，火腿片表面单增李斯特菌、鼠伤寒沙门氏菌和空肠弯曲杆菌的数量分别由初始的（7.01、6.66 和 6.96）lg CFU/g 降低至（4.27、4.64 和 5.24）lg CFU/g。香肠经波长为 280 nm 的 UVC – LEDs（21.6 mJ/cm^2）处理后，表面的大肠杆菌 O157：H7、鼠伤寒沙门氏菌和单增李斯特菌分别减少了 1.0 ~ 1.6 lg CFU/g。此外，Hierro 等利用脉冲强光（8.4 J/cm^2）处理真空包装的火腿和腊肠，可使火腿和腊肠中的单增李斯特菌分别降低（1.78 和 1.11）lg CFU/cm^2。Keklik 等人研究了脉冲光处理对未包装和真空包装的法兰克福鸡肉肠中微生物的灭活效果。结果表明，当用 1.27 J/cm^2 的辐射能量脉冲，处理距离 8 cm，处理时间为 60 s 时，未包装和真空包装的法兰克福鸡肉肠中的单增李斯特菌分别减少了（1.6 和 1.5）lg CFU/g。紫外线对不同肉制品的杀菌效果存在一定差异，这可能是因为肉制品表面微观结构、表面粗糙程度等不同，进而影响了紫外线的杀菌效果。

6.3.3　紫外线协同其他技术在生鲜肉及肉制品杀菌中的应用

大量研究证实，紫外线对生鲜肉及肉制品上的微生物具有杀灭作用，但有些杀菌效果较为有限。为了进一步增强紫外线的杀菌效果，可以将紫外线与其他技术相结合产生协同效应。

（1）协同其他加工技术

紫外线可以杀灭多种微生物，杀菌效果很好，但紫外线的穿透能力较弱，如果将紫外线和其他加工技术联合使用会有很好的杀菌效果。超声技术的空化现象能在水中产生大量具有强氧化作用的羟基自由基，能够破坏细胞壁、细胞膜等生物体的表面结构，然而对生物体的核酸没有损伤。而紫外线对微生物的核酸功能有直接的损伤和破坏作用。靳慧霞等发现经紫外线（253.7 nm，0.05 mW/cm²）单独处理后，大肠杆菌会发生光复活现象，而紫外—超声协同处理则能够抑制大肠杆菌的光复活。此外，超声协同作用能够减小细菌对紫外的抗性。Torben Blume 等研究发现，在使用紫外线杀菌前用超声预处理可以显著增强其杀菌效能。腊肉经脉冲光和紫外联合处理 5 min 后，菌落总数减少了 1.5 lg CFU/g，杀菌效果显著。此外，刘娜等联合利用紫外辐照和脉冲强光处理腊肉片可使最大杀菌率达 99.67%（菌落总数从 $1.5×10^7$ CFU/g 降至 $5.6×10^4$ CFU/g，），优于单独紫外线辐照的杀菌率（最大杀菌率 95.26%）和脉冲强光的杀菌率（95.8%），而且腊肉片厚度越小，杀菌效果越好。同时，研究表明经脉冲强光协同紫外照射处理的腌腊肉在贮藏过程中，杀菌率可达 97.71%，延长了腌腊肉制品的货架期，说明脉冲强光与紫外光协同可以很好地用于腌腊肉制品的保鲜。另有研究利用紫外线和近红外加热协同处理即食火腿切片，处理 70 s 后，其表面接种的大肠杆菌 O157：H7、鼠伤寒沙门氏菌和单增李斯特菌分别减少了（3.62、4.17 和 3.43）lg，杀菌效果明显高于紫外线和近红外加热单独处理的杀菌效果总和。这可能是由于两种处理方式协同破坏了细菌的细胞膜以及核糖体，使细菌不能有效修复结构损伤，从而造成细菌死亡。

（2）协同植物精油或化学试剂

植物精油是芳香植物的次级代谢产物，以蒸馏和压榨等方式从植物的花、叶、根、树皮、果实、种子、树脂等中提炼出来，具有挥发性、天然合成的优点。植物精油具有抗菌、抗炎、杀虫、抗病毒等多种活性功能。研究发现，植物精油的亲脂性促进了细胞质内成分的扩散和相互作用，导致细胞内容物外渗，从而导致细胞死亡。研究证实，经波长为 254 nm 的 UVC（24 mJ/cm²）和柠檬草精油（质量分数 1%）协同处理后，可使接种于山羊肉表面的大肠杆菌 K12 降低 6.66 lg CFU/cm²；而 UVC 单独处理仅可降低 1.06 lg，柠檬草精油单独处理仅可降低 2.16 lg CFU/mL。含有乳酸钾和二乙酸钠的法兰克福香肠经（1、2 和 4）J/cm² 计量的 UVC 处理后，接种于其表面的单增李斯特菌可分别减少（1.31、1.49 和 1.93）lg。同样地，甘晖等通过短波紫外（UVC）辐照没食子酸 12 h，从而开发了一种新型光诱导增强没食子酸抑菌的抑菌液，此抑菌液可有效杀灭牡蛎肉表面的大肠杆菌，使大肠杆菌减少 4.42 lg CFU/cm²。这可能是因为紫外线可介导没食子酸氧化成醌类等物质，这些醌类物质一旦渗透到细胞中，就会与呼吸电子传递链迅速反应，导致细菌内发生氧化应激反应，从而有效杀灭细菌。此外，醌类物质可通过氧化还原循环与相应半醌自由基反应生成 ROS，从而增强抑菌能力。

（3）协同光敏剂

光敏剂是能够吸收特定波长光线照射并将其转化为可用能量的一类化合物。其将能量传递给不能吸收光子的分子，促其发生化学反应，而本身不参与化学反应并恢复到原先的状态。光敏剂是光动力杀菌的核心，利用光敏剂被特定波长的光激发，从而诱发氧气产生活性态氧，并迅速与微生物的细胞壁、磷脂膜、核酸等发生反应，达到微生物细胞损伤、死亡的目的。常见的光敏剂大多是具有四吡咯体系的化合物，如卟啉及其衍生物、二氢卟吩类等。姜黄素、核黄素、叶绿素铜钠盐是较为常用的光敏剂。

姜黄素是一种天然植物色素，可作为外源性光敏剂。Corrêa 等研究了姜黄素（4 mmol/L）和汞灯 UVC（254 nm，13 mW/cm^2）协同处理对鸡肉、猪肉和牛肉中微生物的杀灭作用；结果发现经姜黄素浸泡和 UVC 处理 5 min 后，鸡肉表面的大肠杆菌和金黄色葡萄球菌（Staphylococcus aureus）分别减少了（1.6 和 1.4）lg；猪肉表面的大肠杆菌和金黄色葡萄球菌分别减少了（1.6 和 0.6）lg；牛肉表面的大肠杆菌和金黄色葡萄球菌分别减少了（1 和 1.5）lg。相同处理条件对不同生鲜肉中微生物的灭活效果不同，可能是由微生物黏附能力和食品表面特性等不同造成的。

总的来说，寻求紫外线杀菌技术与其他技术协同作用，可更加高效地杀灭肉品中的微生物。

6.4　紫外线处理对肉品品质的影响

在研究紫外线对肉类杀菌作用时，不仅需要考虑对微生物的杀灭效果，也要注重对产品品质方面的影响，如紫外线对肉类色泽、风味和理化特性等的影响。

6.4.1　紫外线处理对肉品色泽的影响

色泽影响了消费者对冷鲜肉新鲜程度的直观判断，直接决定着消费者的购买意愿。肉类的色泽变化主要取决于肌红蛋白的氧化还原状态；脱氧肌红蛋白呈紫色，含氧肌红蛋白呈鲜红色，高铁肌红蛋白呈棕色。紫外线辐照会导致肉的 pH 变化、脂质氧化，并产生微量的热量，这些改变就可能导致肉的色泽发生变化。其中，紫外线辐照的时间过长易使鲜猪肉颜色过深，这是由于紫外线辐照会破坏猪肉中有机物分子的结构，特别是脂肪和蛋白质会发生光化学反应，使肉类变色。目前有文献报道，紫外光单独处理以及和柠檬草精油协同处理山羊肉均会改变肉质色泽的指标。紫外光与柠檬草精油协同处理和未处理组相比显著降低了肉

的 L^* 值、a^* 值和 b^* 值（L^* 值从 40.1 降到 38.2，a^* 值从 13.1 降到 11.0，b^* 值从 14.7 降到 11.3）；紫外光单独处理的 L^* 值和 b^* 值没有显著性变化，而 a^* 值从 13.4 下降到 12.7。这些处理促使了肉中的肌红蛋白氧化为氧合肌红蛋白或促使了血红素发生置换，使肉的色泽指标发生变化。然而，也有研究表明经 UVC 处理并于 7℃ 下贮藏 14 天的过程中，猪肉的 L^* 值、a^* 值、b^* 值、脂质氧化水平和氧合肌红蛋白含量均没有发生显著变化。经 UVC（4 J/cm²）处理后，法兰克福香肠的色泽与质构特性均未发生显著变化。此外，波长为 275 nm 的 UVC-LEDs 处理新鲜鸡胸肉时，即使照射剂量提高到 4000 mJ/cm²，鸡胸肉的色泽以及肌红蛋白含量均没有发生显著变化。近红外加热协同紫外线处理即食火腿切片后，也没有对火腿切片的色泽及质构特性产生明显的影响。对肉品颜色的影响差异也可能与肉品种类以及处理条件的不同有关。

6.4.2　紫外线处理对肉品理化性质的影响

肉的 pH 是评价肉类质量的一个决定性因素。pH 会影响肉的颜色、嫩度、风味等。肉的 pH 较低时，肉的货架期及风味较好；肉的 pH 较高时，肉的持水性及颜色较好。许多研究发现，经紫外线处理后肉类的 pH 和未处理肉之间没有显著性差异；然而在贮藏期间紫外线处理组肉类的 pH 会有所改变。2010 年，Song 等用 UVC 处理鸡胸肉后，并未使 pH 立即发生变化；但当辐照剂量增加到 5 mJ/cm² 时，会导致在贮藏期间鸡胸肉的 pH 降低。但也有研究表明，腌腊肉在贮藏期间 pH 随贮藏时间的增加而增加，这可能是由于肉中的蛋白质在贮藏过程中分解为碱性的氨及胺类化合物等有机碱；而经脉冲强光和紫外协同照射处理后可使腌腊肉在贮藏过程中的 pH 上升趋势减缓。同时，脉冲强光和紫外协同照射处理可有效抑制腌腊肉在贮藏期间水分流失过快以及酸价的升高，从而防止氧化酸败。同样地，紫外线辐照联合壳聚糖和茶多酚共同处理冷却肉，可有效抑制贮藏期间冷却猪肉的挥发性盐基总氮含量、总胆汁酸含量和 pH 的升高，提高猪肉的持水力，改善冷却猪肉的品质。此外，275 nm 的 UVC-LEDs 处理可在有效杀菌的同时保持鸡肉的 pH、持水力、质构特性以及脂质氧化水平。

6.4.3　紫外线处理对肉品感官品质的影响

紫外线辐照的味道通常被描述为臭鸡蛋味、甜味、血腥味、煮肉味、烧焦味、醋酸味等。紫外线辐照肉时会发生一些化学反应，大多数的反应与自由基有关，辐照肉类含硫挥发物的增加似乎是含硫氨基酸辐照降解的结果，可导致产生甘蓝类蔬菜腐败的味道。Kim 等采用 4.5 mW/cm² 的紫外线处理韩国牛肉后，在储存前 4 天时间内，韩国牛肉的气味并没有发生明显的变化；而在储存 9 天后，气味评分发生明显下降。未经紫外线辐照的牛肉储存 4 天后，其嫩度和肉质均下降，而经紫外线辐照后的牛肉总体接受度都高于未处理的肉。这表明紫外线辐照的牛肉腐烂速度较慢。Liu 等使用脉冲强光辐照传统干腌猪肉并保存 30 天后，发现干腌猪肉的感官评分比对照组高出 0.77 分，这说明脉冲强光处理能够保持甚至提升干腌猪肉的风味。Hieero 等使用低于 $8.4\ \mathrm{J/cm^2}$ 的脉冲紫外线处理牛肉后，其颜色没有明显变化，感官评分在 7.0~7.4 分；而使用 $11.9\ \mathrm{J/cm^2}$ 的脉冲紫外线处理的牛肉，颜色有轻微的变化。两种剂量的脉冲光处理都影响了牛肉的气味，与对照组相比，高剂量脉冲光处理后的牛肉得分相对较低（5.5~6.1分）。所以，紫外线辐射的剂量对肉类和肉制品的感官特性和整体接受程度有很大的影响。

6.4.4　紫外线处理对肉品货架期的影响

货架期偏短是制约肉及肉制品发展的主要因素。胡哲等利用在冰箱中加装紫外线来延长猪肉的货架期。在冰箱中未经紫外灯照射处理的猪肉的细菌总数为 $3.5×10^5\ \mathrm{CFU/g}$；而经紫外线照射后的猪肉细菌总数降为 $1.1×10^5\ \mathrm{CFU/g}$。细菌总数减少了 69%。当贮藏 10 天后，猪肉的细菌总数仅是未处理猪肉的 24%，而且在贮藏期间猪肉的 pH 仅稍低于未处理组猪肉的 pH。总的来说，在贮藏 10 天内紫外线照射后的猪肉感官品质没有发生异常变化，并且有助于延长猪肉的贮藏期。此外，池福敏等利用紫外辐照结合乳酸处理猪肉后，可延缓猪肉在冻藏期间的 pH 变化，减少其滴水损失以及挥发性盐基氮含量，改善质构特性。

6.5　紫外线在肉类屠宰过程中的作用

紫外消毒箱是屠宰场常见的消毒设备，通常被设计为传递窗的形式，放置于屠宰场入口处或隔离点。具体操作是将被消毒物品从传递窗一侧（相对脏区）放入，照射处理后，从传递窗另一侧（相对净区）取出。需使用紫外消毒箱消毒的物品主要有手机、电脑、小工具和药物等中小型物品。化学消毒可能会腐蚀这些物体表面并影响其正常使用，而紫外消毒可避免该情况发生。这些物体通常表面无脏污，物体表面可完全被紫外线照射，消毒效果可得到保证。然而，对于塑料和纸板材质物品，紫外消毒方法并不适用。因为重复暴露在紫外线下的塑料会发生变化，如颜色变浅或产生气味等；而纸板表面粗糙多孔，孔内存在紫外线无法照射到的地方，导致该处微生物不能被完全灭活。紫外线也可以用来净化屠宰场的污水（图 6-5）。有研究表明，透射率、紫外线杀菌装置内水深以及水力停留时间均会影响紫外线对沼液絮凝上清液的杀菌效果。当紫外光照强度为 395

μW/cm²、沼液絮凝上清液透射率为 0.69%、水力停留时间为 15 min、紫外线杀菌装置内水深为 2 cm 时，沼液絮凝上清液中大肠菌群的数量可从 3.9×10⁶ CFU/L 下降至检出限以下。此外，紫外线也可以杀灭屠宰场空气中的病原微生物。

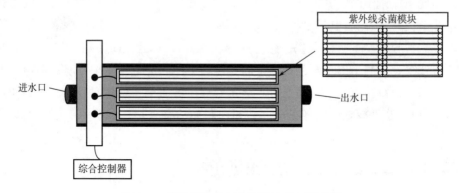

图 6-5　紫外线净化屠宰场污水装置示意图

6.6　结论与展望

6.6.1　结论

紫外线是一种非热加工技术，具有操作简易、作用时间短、无化学残留和绿色环保等优点。紫外线可以有效地杀灭肉品表面的微生物，并保持其色泽、pH 等理化指标，因此在肉类保鲜领域有着广泛的应用前景。

6.6.2　展望

研究发现，紫外线透过能力较差，仅适用于肉品表面杀菌。另外，高剂量的紫外线能促进肉品发生脂质氧化，从而对品质造成不良影响。研究人员可将紫外线与超声波、微波等其他技术联合使用以增强其杀菌效能，更好地保持肉品品质。

参考文献

［1］文尚胜，左文财，周悦，等 . 紫外线消毒技术的研究现状及发展趋势［J］. 光学技术，2020，46（6）：664-670.

［2］Hinds L M, O'Donnell C P, Akhter M, et al. Principles and mechanisms of ultraviolet light emitting diode technology for food industry applications ［J］. Innovative Food Science & Emerging Technologies, 2019, 56: 102153.

［3］ 闫建昌, 孙莉莉, 王军喜, 等. 紫外发光二极管发展现状及展望 ［J］. 照明工程学报, 2017, 28 (1): 2-4.

［4］ Würtele M, Kolbe T, Lipsz M, et al. Application of GaN-based ultraviolet-C light emitting diodes-UV-LEDs-for water disinfection ［J］. Water Research, 2011, 45 (3): 1481-1489.

［5］ Delorme M M, Guimarães J T, Coutinho N M, et al. Ultraviolet radiation: An interesting technology to preserve quality and safety of milk and dairy foods ［J］. Trends in Food Science & Technology, 2020, 102: 146-154.

［6］ Kashimada K, Kamiko N, Yamamoto K, et al. Assessment of photoreactivation following ultraviolet light disinfection ［J］. Water Science and Technology, 1996, 33 (10-11): 261-269.

［7］ Oguma K, Katayama H, Ohgaki S. Photoreactivation of *Legionella pneumophila* after inactivation by low-or medium-pressure ultraviolet lamp ［J］. Water Research, 2004, 38 (11): 2757-2763.

［8］ Tosa K, Hirata T. Photoreactivation of enterohemorrhagic *Escherichia coli* following UV disinfection ［J］. Water Research, 1999, 33 (2): 361-366.

［9］ Lázaro C, Júnior C C, Monteiro M, et al. Effects of ultraviolet light on biogenic amines and other quality indicators of chicken meat during refrigerated storage ［J］. Poultry Science, 2014, 93 (9): 2304-2313.

［10］ 翟娅菲, 田佳丽, 石佳佳, 等. 短波紫外发光二极管处理对脂环酸芽孢杆菌的灭活效果及作用机制 ［J］. 食品科学, 2022, 43 (9): 71-78.

［11］ 孙晓宇. 紫外线灭活三种代表性微生物的研究 ［D］. 哈尔滨: 哈尔滨工程大学, 2007.

［12］ 相启森, 董闪闪, 范刘敏, 等. 紫外发光二极管对食品接触材料的杀菌动力学及影响因素 ［J］. 食品科学, 2022, 43 (5): 17-25.

［13］ Kebbi Y, Muhammad A I, Sant'Ana A S, et al. Recent advances on the application of UV - LED technology for microbial inactivation: progress and mechanism ［J］. Comprehensive Reviews in Food Science and Food Safety, 2020, 19 (6): 3501-3527.

［14］ 诸定昌, 赵轶. 紫外杀菌在食品工业中的应用 ［J］. 中国食品工业, 2003 (12): 53-54.

［15］ Clancy J L, Bukhari Z, Hargy T M, et al. Using UV to inactivate *Cryptosporidi-*

um 〔J〕. Journal - American Water Works Association, 2000, 92（9）：97-104.

〔16〕Bintsis T, Litopoulou - Tzanetaki E, Robinson R K. Existing and potential applications of ultraviolet light in the food industry-A critical review 〔J〕. Journal of the Science of Food and Agriculture, 2000, 80（6）：637-645.

〔17〕Lui G Y, Roser D, Corkish R, et al. Point-of-use water disinfection using ultraviolet and visible light-emitting diodes 〔J〕. Science of the Total Environment, 2016, 553：626-635.

〔18〕靳慧霞, 董滨, 孙颖, 等. 超声协同紫外灭活大肠杆菌实验研究 〔J〕. 环境科学与技术, 2010, 33（11）：22-27, 42.

〔19〕杨红旗, 刘钟栋, 陈肇锬. 微波和紫外线协同杀菌作用研究 〔J〕. 郑州粮食学院学报, 1998, 19（2）：8-12.

〔20〕刘钟栋, 陈肇锬, 欧军辉, 等. 微波紫外线协同生物学作用及紫外线微波炉杀菌研究 〔J〕. 食品科技, 2007, 194（12）：140-142.

〔21〕甘晖, 关意寅, 王园园, 等. UVC-GA抑制牡蛎肉质表面 *E. coli* O157：H7 生长 〔J〕. 现代食品科技, 2020, 36（11）：61-69.

〔22〕杨新磊. 紫外处理与两种天然保鲜剂对冷却猪肉品质的影响研究 〔D〕. 杨凌：西北农林科技大学, 2013.

〔23〕Degala H L, Mahapatra A K, Demirci A, et al. Evaluation of non-thermal hurdle technology for ultraviolet-light to inactivate *Escherichia coli* K12 on goat meat surfaces 〔J〕. Food Control, 2018, 90：113-120.

〔24〕Correa T Q, BlancoK C, Garcia E B, et al. Effects of ultraviolet light and curcumin-mediated photodynamic inactivation on microbiological food safety：A study in meat and fruit 〔J〕. Photodiagnosis and Photodynamic Therapy, 2020, 30：101678.

〔25〕刘骁, 李云菲, 王雯雯, 等. 紫外发光二极管对 *P. deceptionensis* CM2 杀菌作用及机制 〔J〕. 食品工业, 2021, 42（8）：150-154.

〔26〕Holck A, Liland K H, Carlehog M, et al. Reductions of *Listeria monocytogenes* on cold-smoked and raw salmon fillets by UV-C and pulsed UV light 〔J〕. Innovative Food Science & Emerging Technologies, 2018, 50：1-10.

〔27〕Fan L M, Liu X, Dong X P, et al. Effects of UVC light-emitting diodes on microbial safety and quality attributes of raw tuna fillets 〔J〕. LWT-Food Science and Technology, 2021, 139：110553.

〔28〕Kim T, Silva J, Chen T. Effects of UV irradiation on selected pathogens in peptone water and on stainless steel and chicken meat [J]. Journal of Food Protection, 2002, 65 (7): 1142-1145.

[29] Kim D K, Kang D H. Inactivation efficacy of a sixteen UVC LED module to control foodborne pathogens on selective media and sliced deli meat and spinach surfaces [J]. LWT-Food Science and Technology, 2020, 130: 109422.

[30] Corrêa T Q, Blanco K C, Garcia É B, et al. Effects of ultraviolet light and curcumin-mediated photodynamic inactivation on microbiological food safety: A study in meat and fruit [J]. Photodiagnosis and Photodynamic Therapy, 2020, 30: 101678.

[31] Chun H, Kim J, Chung K, et al. Inactivation kinetics of *Listeria monocytogenes*, *Salmonella enterica serovar* Typhimurium, and *Campylobacter jejuni* in ready-to-eat sliced ham using UV–C irradiation [J]. Meat Science, 2009, 83 (4): 599-603.

[32] 刘娜, 梁美莲, 谭媛元, 等. 响应面法优化切片腊肉的脉冲强光—紫外照射杀菌工艺 [J]. 肉类研究, 2017, 31 (6): 29-34.

[33] Sommers C, Cooke P, Fan X T, et al. Ultraviolet light (254 nm) inactivation of *Listeria monocytogenes* on frankfurters that contain potassium lactate and sodium diacetate [J]. Journal of Food Science, 2009, 74 (3): M114-M119.

[34] Haughton P N, Lyng J G, Cronin D A, et al. Efficacy of UV light treatment for the microbiological decontamination of chicken, associated packaging, and contact surfaces [J]. Journal of food Protection, 2011, 74 (4): 565-572.

[35] Yang S, Sadekuzzaman M, Ha S D. Reduction of *Listeria monocytogenes* on chicken breasts by combined treatment with UV–C light and bacteriophage ListShield [J]. LWT-Food Science and Technology, 2017, 86: 193-200.

[36] Calle A, Fernandez M, Montoya B, et al. UV–C LED irradiation reduces *Salmonella* on chicken and food contact surfaces [J]. Foods, 2021, 10 (7), 1459.

[37] Byun K H, Na K W, Ashrafudoulla M, et al. Combination treatment of peroxyacetic acid or lactic acid with UV–C to control *Salmonella* Enteritidis biofilms on food contact surface and chicken skin [J]. Food Microbiology, 2022, 102: 103906.

[38] McSharry S, Koolman L, Whyte P, et al. Inactivation of *Listeria monocytogenes* and *Salmonella* Typhimurium in beef broth and on diced beef using an ultraviolet light emitting diode (UV–LED) system [J]. LWT-Food Science and Technology, 2022, 158: 113150.

[39] Shebs E L, Giotto F M, de Mello A S. Effects of MS bacteriophages, ultraviolet light, and organic acid applications on beef trim contaminated with STEC O157： H7 and the "Big Six" serotypes after a simulated High Event Period Scenario [J]. Meat Science, 2022, 188: 108783.

[40] Bryant M T, Degala H L, Mahapatra A K, et al. Inactivation of *Escherichia coli* K12 by pulsed UV light on goat meat and beef: Microbial responses and modelling [J]. International Journal of Food Science & Technology, 2021, 56 (2): 563-572.

[41] Ha J W, Kang D H. Enhanced inactivation of food-borne pathogens in ready-to-eat sliced ham by near-infrared heating combined with UV-C irradiation and mechanism of the synergistic bactericidal action [J]. Applied and Environmental Microbiology, 2015, 81 (1): 2-8.

[42] 刘娜, 梁美莲, 谭媛元, 等. 脉冲强光与紫外协同延长切片腌腊肉货架期的工艺优化 [J]. 肉类研究, 2017, 31 (7): 16-21.

[43] Cheigh C I, Hwang H J, Chung M S. Intense pulsed light (IPL) and UV-C treatments for inactivating *Listeria monocytogenes* on solid medium and seafoods [J]. Food Research International, 2013, 54 (1): 745-752.

[44] 赵莉君, 骆震, 崔文明, 等. 紫外照射和温度波动对冷鲜肉肉色稳定性的影响 [J]. 食品科技, 2020, 45 (2): 133-137.

[45] Reichel J, Kehrenberg C, Krischek C. Inactivation of *Yersinia enterocolitica* and *Brochothrix thermosphacta* on pork by UV-C irradiation [J]. Meat Science, 2019, 158: 107909.

[46] Isohanni P, Lyhs U. Use of ultraviolet irradiation to reduce *Campylobacter jejuni* on broiler meat [J]. Poultry Science, 2009, 88 (3): 661-668.

[47] Brewer M. Irradiation effects on meat flavor: A review [J]. Meat Science, 2009, 81 (1): 1-14.

第7章　冷等离子体与肉品保鲜

冷等离子体是一种新兴的非热物理加工技术，具有安全、成本低、效率高、无二次污染等优点，被广泛应用于食品杀菌保鲜。本章主要介绍了冷等离子体的基本概念、产生方法、对食品有害微生物的杀灭作用和机制，总结了冷等离子体和等离子体活化水应用于肉品杀菌保鲜、护色及解冻等领域的国内外最新研究进展，并展望了今后的研究方向，以期为冷等离子体技术在肉品保鲜和加工中的实际应用提供参考。

7.1　冷等离子体技术概述

7.1.1　等离子体概述

等离子体（plasma）是指高度电离的、宏观呈电中性的气体，主要由阳离子、中性粒子、自由电子、基态或激发态分子和电磁辐射量子（光子）等多种不同性质的粒子所组成。等离子体是物质除气态、液态以及固态以外的第 4 种形态（图 7-1）。1879 年，英国物理学家威廉·克鲁克斯（William Crookes）在研究阴极射线管时发现等离子体。1928 年，美国物理学家欧文·朗缪尔（Irving Langmuir）和勒维·汤克斯（Lewi Tonks）首次将"plasma"一词引入物理学，用来描述气体放电管里的电离气体。

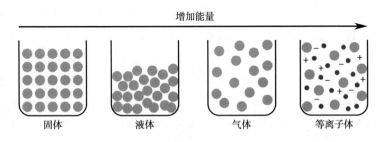

增加能量

固体　　液体　　气体　　等离子体

图 7-1　物质存在的 4 种形态

据统计，宇宙中 99.9% 以上的可见物质是以等离子体的状态存在的。等离子体广泛存在于自然界中，如太阳、极光等。在物质状态的转变过程中，当固体加热到其熔点及以上时，其粒子的平均动能超过晶格的结合能，物质会转变为液体；将液体继续加热到沸点时，粒子的平均动能会超过粒子间的结合能，物质会转变为气体；继续加热，气体会部分电离或完全电离，其中原子的外层电子会摆脱原子核的束缚成为自由电子，而失去外层电子的原子则转变为正离子。当带电粒子的比例超过一定程度时，电离气体表现出明显的电磁性质，而其中正离子和负离子（电子）数量相等，因此被称为等离子体。

7.1.2 等离子体分类和冷等离子体产生方法

（1）等离子体的分类

等离子体的分类方法有很多，可根据温度、存在类型、粒子密度、热力学平衡状态、电离程度等进行分类。

①根据温度分类 根据温度的不同，等离子体可分为高温等离子体和低温等离子体。高温等离子体又被称为完全热力学平衡等离子体，其气体温度（T_g）、离子温度（T_i）和电子温度（T_e）几乎相同，即 $T_g \approx T_i \approx T_e$，并且体系处于热力学平衡状态，温度高达 $10^6 \sim 10^8$ K，如太阳和受控热核聚变等离子体。低温等离子体（室温 $\sim 3 \times 10^4$ K）又可分为热等离子体和冷等离子体。热等离子体又称为局部热力学平衡等离子体，其电子温度和离子温度几乎相同（$T_e \approx T_i \approx T_g$），温度 $\leq 3 \times 10^4$ K，如热电弧等离子体和高频等离子体。冷等离子体又称为非热力学平衡等离子体，其电子温度远高于离子温度（$T_e >> T_i \approx T_g$），其温度为室温 $\sim 10^3$ K，如介质阻挡放电等离子体和辉光放电等离子体。

②根据存在类型分类 根据存在类型的不同，等离子体可分为天然等离子体和人工等离子体。天然等离子体是自然产生和宇宙中存在的等离子体，如极光、太阳、恒星、星云、闪电等。人工等离子体是由人工通过外加能量激发电离物质所形成的等离子体，如射频放电等离子体、微波放电等离子体等。

③根据粒子密度分类 根据粒子密度的不同，等离子体可分为致密等离子体（粒子密度 $> 10^{14} \sim 10^{15}/cm^3$）和稀薄等离子体（粒子密度 $< 10^{12} \sim 10^{14}/cm^3$）。热等离子体一般为致密等离子体，冷等离子体一般为稀薄等离子体。

④根据热力学平衡状态分类 根据热力学平衡状态的不同，等离子体可分为完全热力学平衡等离子体、局部热力学平衡等离子体和非热力学平衡等离子体。

⑤根据电离程度分类 根据气体电离程度的不同，等离子体可分为完全电离等离子体（电离度 = 1）、部分电离等离子体（0.01 <电离度<1）和弱电离等离子体（10^{-6}<电离度<0.01）。

在农业和食品领域，应用较多的是大气压冷等离子体（atmospheric cold plasma, ACP），通常是指在大气压下通过各种放电方法产生的气体温度接近室温的等离子体。

（2）冷等离子体的产生方法

目前，主要采用气体放电产生冷等离子体，常见的放电方式包括介质阻挡放电、电晕放电、辉光放电、射频放电及微波放电等（图7-2）。从食品工业应用角度而言，更需要在大气压条件下产生冷等离子体，如介质阻挡放电和大气压等离子体射流等。

①介质阻挡放电　介质阻挡放电（dielectric barrier discharge，DBD）是通过在两个金属电极（通电电极和接地电极）之间施加的高电压产生冷等离子体。在 DBD 装置中，1~2 个电极覆盖有石英、聚合物、玻璃或陶瓷等绝缘材料，由几毫米到几厘米的可变间隙隔开［图7-2（a）］。当给电极两端施加足够高的交流电压时，即使在大气压下，电极之间气体也能够被击穿，形成介质阻挡放电，并产生大量的·OH、·HO_2 等自由基。介质阻挡放电可以在常压或高于大气压的条件下产生大面积的冷等离子体，并具有放电结构多样、工作气压范围宽、温度接近于室温、安全性高、电极寿命长、活性物质丰富等优点，广泛应用于材料表面改性、环境污染控制等领域。但大气压条件下介质阻挡放电通常呈现丝状微放电，产生的等离子体不均匀，影响其处理效果。

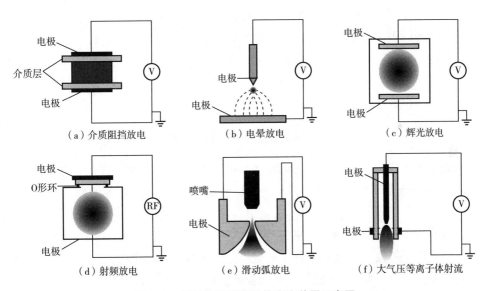

图 7-2　常见的冷等离子体产生装置示意图

②电晕放电　电晕放电（corona discharge）是指气体在不均匀电场中的局部自持放电，包括脉冲电晕放电、直流电晕放电等。在曲率半径很小的尖端电极附近，由于局部电场强度超过气体的电离场强，气体发生电离，从而产生电晕放电。电晕放电的相对电流较小，具有活性物质丰富、能量转化率较高等优点，但

很难获得大体积的等离子体，被广泛应用于空气净化、静电除尘、污水处理等领域。

③辉光放电 辉光放电（glow discharge）是指低气压条件下（一般低于 10 mbar）显示辉光的气体自持放电现象，通常在放电管中进行。其基本构造是在封闭的容器内放置两个平行的电极板，利用产生的电子激发中性原子或分子，被激发的粒子由激发态降回基态时会以光的形式释放出能量。辉光放电所需能量低，并具有较好的均匀性和稳定性，广泛用于生物医学、微纳米材料处理等领域。

④射频放电 射频放电（radio frequency discharge）是利用高频电场使电极周围的气体电离，从而产生冷等离子体。射频放电具有放电能量高、放电范围大等优点，广泛应用于材料表面处理、有毒物质降解等领域。

⑤滑动弧放电 滑动弧放电（gliding discharge，GD）是指两电极在高压电场激励下产生电弧通道，电弧被气流驱动，并沿气流方向向下游滑动的一种放电形式。滑动弧放电具有活性物质丰富、电极结构简单、持续放电且无电极烧蚀等优点，主要应用于材料表面处理、废水处理等领域。

⑥大气压等离子体射流 大气压等离子体射流（atmospheric pressure plasma jet，APPJ）是在电场力作用和气流作用下，等离子体被推出放电电极结构，在电极区域外的下游开放空间内形成放电状态的统称。与传统放电仅在放电间隙内产生等离子体不同，APPJ 能够在开放空间产生等离子体，并具有操作方便、活性粒子种类多、实际应用灵活可控、系统操作安全性高等优点，广泛应用于材料表面改性、口腔医学等领域。

7.1.3 冷等离子体在食品工业的应用和技术优势

近年来，冷等离子体技术迅猛发展，已广泛应用于农业食品、生物医学、能源转化、环境治理等诸多领域，尤其是在食品和农业中的应用成为当前的研究热点。

（1）冷等离子体在食品工业的应用

冷等离子体技术在食品工业中的应用主要包括以下几个方面（图 7-3）：

①杀菌保鲜 研究发现冷等离子体能够有效杀灭食品和生鲜农产品（如禽蛋、肉和肉制品、谷物、乳和乳制品、果蔬和水产品等）所污染的细菌、真菌、病毒等多种微生物，从而提高产品的安全性并延长保质期。

②使食品内源酶失活 食品内源酶在加工贮藏过程中会对食品色泽、质地、风味等造成不良影响。在食品加工贮藏过程中，采取措施控制内源酶活力对有效保持食品营养价值及感官品质具有重要意义。研究发现，冷等离子体能够有效失活多酚氧化酶、过氧化物酶、果胶甲酯酶、脂肪氧化酶等食品内源酶，并有效保持

鲜切果蔬、鲜榨果汁等的营养和感官品质。

③农药残留和真菌毒素降解　研究发现冷等离子体处理能够有效降解玉米、燕麦粉、鲜切果蔬等中的农药残留（如马拉硫磷、毒死蜱、甲萘威和氯氰菊酯等）和真菌毒素（如黄曲霉毒素、赭曲霉毒素、玉米赤霉烯酮、伏马毒素和格链孢酚等），并有效降低其毒性。

④使过敏原失活　近年来，全球食物过敏发生率逐年升高，食物过敏逐渐成为各国普遍关注的食品安全和公共卫生问题。通过合适的食品加工处理，在不改变食物营养价值的条件下，消除或降低食物中过敏原蛋白的致敏性，一直是食品科学领域的研究热点。研究发现，冷等离子体能够改变食物过敏蛋白结构，从而掩盖或破坏过敏原表位，进而消减 β-伴大豆球蛋白（Glym5）、花生过敏原（Ara h1 和 Ara h2 等）、酪蛋白和 α-乳球蛋白等的致敏性。

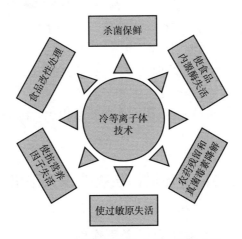

图 7-3　冷等离子体在食品工业的应用

⑤使抗营养因子失活　抗营养因子也称抗营养素，是指对营养物质的消化、吸收和利用产生不利影响，以及使人和动物产生不良生理反应的物质。食品中常见的抗营养因子主要包括蛋白酶抑制剂、凝集素、脲酶、单宁、皂苷和植酸等。研究发现，冷等离子体能够有效失活食品中的各种抗营养因子，如蛋白酶抑制剂、淀粉酶抑制剂、植物凝集素、脂肪氧合酶、植酸等。

⑥食品改性处理　适当的冷等离子体处理能够改善食品的品质和加工性能，且处理过程无溶剂、高效环保。冷等离子体电离过程中产生的紫外线、活性氧、活性氮等，会对脂质、蛋白质、淀粉等食品组分的表面结构和官能团进行修饰，使组分结构发生变化，从而影响食品的品质和功能特性。例如，经冷等离子体处理后，淀粉的亲水性、黏度、糊化温度、凝胶强度和结晶度等性质均发生明显变

化；冷等离子体中的臭氧会促进谷蛋白亚基间二硫键的形成，从而提高小麦粉面团的弹性。

此外，冷等离子体也被广泛应用于食品接触材料消毒、食品包装材料改性及功能化处理、农作物品种改良、食品加工废水处理等领域。

（2）冷等离子体的技术优势

相对于传统的食品热加工技术和超高压等非热加工技术，冷等离子体技术具有以下几个方面的优势：

①灭菌消毒能力强　研究发现，冷等离子体富含带电粒子、自由基等多种活性物质，对细菌、酵母、霉菌、病毒和芽孢等均具有很好的杀灭效果。

②处理温度低　与传统高压蒸汽灭菌等热杀菌技术相比，冷等离子体处理温度接近室温，能够有效保留食品中免疫球蛋白、维生素 C 等热敏性营养成分。

③干式、无污染　冷等离子体处理过程不添加任何化学试剂，不会产生有毒副产物与有毒残留物。特别是在切断电源后，产生的各种活性粒子能够在数毫秒内消失，对环境和操作人员健康无害。

④操作安全　冷等离子体处理无须高温、高压，且安装和调试简单，使用安全。

⑤省时　与传统高压蒸汽灭菌、干热灭菌相比，冷等离子体杀菌处理时间短。

7.2　冷等离子体对微生物的杀灭作用及机制

7.2.1　冷等离子体对微生物的杀灭作用

（1）冷等离子体对细菌的杀灭作用

单增李斯特菌（*L. monocytogenes*）、大肠杆菌 O157：H7（*E. coli* O157：H7）和沙门氏菌（*Salmonella*）等易在生鲜肉及肉制品的生产、加工、运输和储存等过程中生长繁殖，造成食品腐败变质，甚至引发食源性疾病，严重威胁人体健康。大量研究表明，冷等离子体能够有效杀灭肉和肉制品污染的各类细菌。Yong 等研究了柔性薄层介质阻挡放电（flexible thin-layer dielectric barrier discharge，FTDBD）等离子体对牛肉干的杀菌效果。结果表明，冷等离子体能够有效杀灭牛肉干表面的微生物，且杀灭效果随处理时间的延长而增强；牛肉干表面单增李斯特菌、大肠杆菌 O157：H7 和鼠伤寒沙门氏菌（*S. typhimurium*）的初始值分别为（6.04、5.93 和 5.62）lg CFU/g；经冷等离子体处理 10 min 后，单增李斯特菌、大肠杆菌 O157：H7 和鼠伤寒沙门氏菌分别降低了（2.36、2.65 和

3.03）lg CFU/g。Roh 等也发现，接种于即食鸡肉产品表面的肠道沙门氏菌（*S. enterica*）、大肠杆菌 O157∶H7 和单增李斯特菌的初始值分别为（4.7、4.6 和 5.1）lg CFU/样品；经放电电压为 39 kV 的 DBD 等离子体处理 3.5 min 后，肠道沙门氏菌、大肠杆菌 O157∶H7 和单增李斯特菌分别降低了（3.7、3.9 和 3.5）lg。

（2）酵母和霉菌

污染肉和肉制品的常见酵母和霉菌主要包括隐球酵母（*Cryptococcus*）、红酵母（*Rhodotorula*）、假丝酵母（*Candida*）、枝孢菌（*Cladosporium*）、青霉（*Penicillium*）、曲霉（*Aspergillus*）等。酵母和霉菌污染会引起肉及肉制品的外观、口感及品质发生劣变，从而对食品安全造成威胁。大量研究证实，冷等离子体能够有效杀灭肉和肉制品污染的酵母和霉菌。Ulbin-Figlewicz 等研究了低压冷等离子体（压强为 20 kPa）对猪肉和牛肉表面酵母及霉菌（初始值为 3.14～3.55 lg CFU/g）的杀灭效果。结果表明，氦气放电所产生的冷等离子体处理 10 min 后，猪肉和牛肉表面的酵母及霉菌总数分别降低了（1.90 和 0.98）lg CFU/g；而以氩气为放电气体所产生的冷等离子体处理 10 min 后，猪肉和牛肉表面的酵母及霉菌总数分别降低了（0.41 和 0.50）lg CFU/g。Yong 等研究发现，经冷等离子体处理 10 min 后，接种于牛肉干表面的黄曲霉（*A. flavus*）孢子（初始值为 5.24 lg CFU/g）降低了 3.18 lg CFU/g。

（3）病毒

尽管病毒能够在肉及肉制品中存活数天且保持其感染性，但病毒在肉及肉制品中难以生长繁殖，存活数量远低于细菌。因此，关于冷等离子体灭活病毒的研究较少。Bae 等研究了大气压等离子体射流对接种于猪肉、牛肉和鸡胸肉表面的鼠诺如病毒-1（murine norovirus-1，MNV-1）和甲型肝炎病毒（hepatitis A virus，HAV）的灭活效果，所用电源峰值电压为 3.5 kV，频率为 28.5 kHz，以氮气为放电气体（6 标准升/min）。结果表明，经冷等离子体射流处理 5 min 后，接种于牛肉、猪肉和鸡胸肉表面的 MNV-1 分别降低了（2.09、2.11 和 2.01）lg PFU/mL；接种于牛肉、猪肉和鸡胸肉表面的 HAV 分别降低了（1.45、1.49 和 1.47）lg PFU/mL。此外，Roh 等研究了 DBD 等离子体对接种于即食鸡胸肉表面杜兰病毒（Tulane virus，一种人类诺如病毒替代病毒）的杀灭效果。结果表明，经工作电压为 39 kV、放电气体为空气的 DBD 等离子体处理 3.5 min 后，接种于即食鸡胸肉表面的杜兰病毒（初始浓度为 3.4 lg PFU/样品）降低了 2.2 lg。

上述研究结果表明，冷等离子体可以有效杀灭肉和肉制品表面污染的微生物，并且能够提高肉及肉制品的安全性并延长货架期。

7.2.2　冷等离子体杀菌作用机制

国内外学者对冷等离子体杀灭微生物的作用机制进行了大量研究。目前普遍认为，冷等离子体在放电过程中产生的活性物质、紫外线及带电粒子等杀菌作用因子能够与微生物相互作用使其灭活。由于冷等离子体和微生物细胞都具有一定的复杂性，关于冷等离子体杀灭微生物的具体作用过程和致死机理至今尚未有统一定论。

（1）氧化损伤杀菌机制

在气体放电过程中，大量电子被加速成为高能电子；高能电子与气体分子碰撞，使之激发、电离和解离，产生激发态分子、原子、离子和自由基等活性粒子；这些高能电子、活性粒子和气体分子之间进一步发生反应，又生成各种高反应活性的产物（表7-1）。等离子体中的活性物质主要包括活性氧（reactive oxygen species，ROS）和活性氮（reactive nitrogen species，RNS）。ROS 主要包括原子氧（O）、羟基自由基（·OH）、单线态氧（$^1O_2$）、过氧化氢（H_2O_2）、超氧阴离子自由基（$O_2^-·$）、烷氧基（RO·）、臭氧（O_3）等，RNS 主要包括一氧化氮（NO）、二氧化氮（NO_2）、过氧亚硝酸盐（$ONOO^-$）、过氧亚硝酸（ONOOH）等。大量研究发现，ROS、RNS 等活性物质在杀菌过程中起到了主要作用。冷等离子体中的 ROS、RNS 等活性物质具有很强的氧化能力和反应活性，能够破坏细胞膜、细胞壁等结构，以及 DNA、脂质、蛋白质等细胞组分，从而杀灭微生物。

表7-1　冷等离子体主要活性组分的氧化还原电位

活性组分	氧化还原电位/V
羟基自由基（·OH）	2.86
原子氧（O）	2.42
过氧亚硝酸盐（$ONOO^-$）和过氧亚硝酸（ONOOH）	2.10
臭氧（O_3）	2.07
过氧化氢（H_2O_2）	1.78
超氧化氢（HO_2）	1.50
超氧阴离子（O_2^-）	1.00
硝酸根（NO_3^-）	0.96
一氧化氮（NO）	0.90
二氧化氮（NO_2）	0.90

细胞膜是微生物与外部环境的重要屏障，对维持其正常生理功能起着重要的作用。冷等离子体中的 ROS、RNS 等活性物质能够扩散到微生物细胞表面，导致

细胞膜中的脂质发生过氧化；脂质过氧化可改变细胞膜的完整性、流动性和通透性，引起菌体细胞膜破裂、膜电位下降或去极化，造成胞内物质泄漏到胞外，进而影响 DNA、ATP、K^+、蛋白质和酶等的跨膜运输与信息交流。研究发现，冷等离子体中的活性物质能够导致蛋白质、DNA 等生物大分子发生氧化损伤。如果这种损伤非常严重，超过了微生物自身生理修复能力，就会导致细胞死亡。ROS 等能够造成细胞中的蛋白质发生氧化，如肽键断裂、氨基酸（如甲硫氨酸、半胱氨酸、色氨酸、苯丙氨酸和酪氨酸等）侧链氧化、蛋白质交联或聚集等，进而影响蛋白质的结构和功能。ROS 等也能够损伤 DNA，造成 DNA 链断裂、碱基（尤其是鸟嘌呤）的硝化和氧化、DNA 和蛋白质的交联、脱氧核糖氧化等，从而影响 DNA 的复制和转录并导致细胞死亡。研究证实，添加一些外源抗氧化酶（过氧化氢酶、超氧化物歧化酶等）和抗氧化剂（谷胱甘肽、抗坏血酸、甘露醇、组氨酸等）能够有效抑制冷等离子体对微生物的杀灭作用，表明活性物质在冷等离子体杀菌过程中发挥了重要的作用。

（2）带电粒子的静电干扰作用

冷等离子体中包含大量带电粒子，包括电子和各种正负离子。例如，当采用 He 和 N_2 为工作气体时，产生的带电粒子主要有 N^+、N_2^+、N_4^+、He^+ 和 He_2^+；而当使用 He 和 O_2 作为工作气体时，产生的带电粒子主要包括 He^+、He_2^+、O_2^+ 和超氧阴离子（O_2^-）等。带电粒子在等离子体与微生物细胞相互作用过程中发挥了重要的作用。研究发现，带电粒子可能在微生物细胞外膜破裂过程中发挥着非常重要的作用。电子、正负离子等带电粒子会轰击微生物细胞，造成损伤。此外，带电粒子也会聚集在细胞表面某些部位，从而形成静电斥力。当静电斥力大于细胞膜表面张力时，就会引发细胞膜破裂，造成电穿孔现象，导致胞内物质的泄漏。

（3）电场效应和细胞膜电穿孔机制

当等离子体作用于细胞时，外加电场与等离子体中带电粒子的自生电场都会对细胞产生影响。冷等离子体细胞膜电穿孔机制主要是通过冷等离子体产生的电场破坏微生物细胞膜的完整性，从而实现灭菌的目的。在直接处理模式下，冷等离子体产生的较强电场作用使微生物细胞膜压缩并产生孔隙，造成细胞内容物随之流出。电穿孔也会造成冷等离子体中的活性物质进入胞内，进一步损伤 DNA、蛋白质等胞内组分。

（4）紫外线辐射杀菌机制

在等离子体中，离子重新结合形成基态原子时，会连续发生电离、激发并形成自由基，同时还会持续产生紫外线辐射。气体放电过程中所产生的紫外线波长范围在 180~400 nm，而不同波长紫外线的产生受放电方式、放电气体类型等多

167

种因素的影响。波长在 220~280 nm 的紫外线辐射能够穿透微生物细胞壁，并通过诱导 DNA 胸腺嘧啶二聚体的形成和损伤蛋白质等细胞组分来抑制微生物生长。此外，紫外线辐射能够产生 ROS 并导致脂质过氧化，从而破坏细胞膜。然而，紫外线辐射对冷等离子体杀灭菌作用的贡献尚存在争议。Sharma 等在研究射频放电等离子体对大肠杆菌杀灭效果时，分别在培养皿上方覆盖 MgF_2 镜片（只允许波长 100 nm 以上紫外线透过，阻止自由基、离子等的透过）和聚乙烯片（能够阻止波长 300 nm 以下紫外线和离子的透过）。结果显示，相对于覆盖聚乙烯片的样品，冷等离子体对覆盖有 MgF_2 镜片的大肠杆菌具有更好的杀灭效果，表明冷等离子体中的紫外线具有良好的杀菌作用，也说明该装置所形成的紫外线的波长为 100~300 nm。但也有研究表明，冷等离子体激发过程所产生紫外线的功率密度较低（低于 50 $\mu W/cm^2$），不足以对微生物造成较大损伤，因此认为紫外线在冷等离子体失活微生物过程中的作用很小或没有显著作用。目前，关于冷等离子体产生的紫外线对细菌的灭活没有统一的结论，还需要进行深入研究。

综上所述，冷等离子体中含有大量的高能带电粒子和活性粒子，并且会产生热辐射和紫外线。上述物理和化学因子都能对微生物产生有效的破坏作用，如破坏细胞膜、造成细胞电穿孔、氧化 DNA 和蛋白质等细胞组分。因此，冷等离子体对微生物的杀灭作用被认为是多种物理和化学因子共同作用的结果（图 7-4）。未来，可采用反应分子动力学模拟等方法揭示冷等离子体与微生物细胞的相互作用机制。

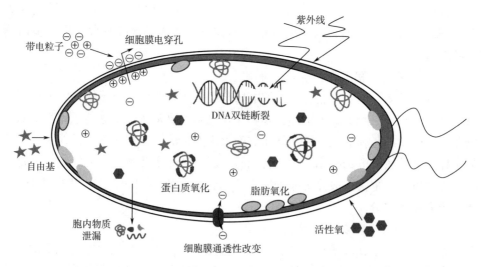

图 7-4 冷等离子体失活微生物的可能作用机制

7.3　冷等离子体在肉品保鲜中的应用

肉类食品在生产、加工、运输、销售等环节均有可能污染微生物，极易引发腐败变质和食物中毒。据报道，冷等离子体能够有效杀灭牛肉、猪肉等生鲜肉，以及酱牛肉、火腿、烧鸡等即食肉制品污染的微生物，在肉品杀菌保鲜和护色等领域具有广泛的应用前景。

7.3.1　冷等离子体在生鲜肉保鲜中的应用

生鲜肉肉质鲜嫩，含有丰富的蛋白质，营养价值高，但极易在屠宰、运输及销售等环节污染微生物而发生腐败变质，引发食源性疾病，危害人体健康。研究发现，生鲜肉污染的致病微生物主要包括沙门氏菌、单增李斯特菌、金黄色葡萄球菌（S. aureus）、空肠弯曲杆菌（C. jejuni）和小肠结肠炎耶尔森氏菌（Y. enterocolitica）等；污染的致腐微生物主要包括假单胞菌属（Pseudomonas）、希瓦氏菌属（Shewanella）、梭菌属（Clostridium）、嗜冷杆菌属（Psychrobacter）、不动杆菌属（Acinetobacter）、环丝菌属（Brochothrix）等。生鲜肉通常采取冷藏（0~4℃）和冷冻（-18℃及以下）的方式来贮藏保鲜，但是冷藏的生鲜肉货架期较短，冷冻对肉品品质的影响较大。研究证实，冷等离子体处理可以有效杀灭生鲜牛肉、猪肉等表面的微生物，延长其货架期（表7-2）。例如，Stratakos 和 Grant 发现，经 APPJ 处理 2 min 或 5 min 后，接种于牛肉表面的大肠杆菌分别降低了（0.9 和 1.82）lg CFU/cm²；与对照组样品相比，经 APPJ 处理 2 min 或 5 min 并于 4℃贮藏 7天后，生鲜牛肉表面大肠杆菌分别降低了（2.28 和 2.48）lg CFU/cm²。

表 7-2　冷等离子体处理对生鲜肉中微生物灭活的影响

生鲜肉种类	微生物	冷等离子体类型	处理参数	作用效果	参考文献
牛肉	E. coli	APPJ	20 kHz、6 kV、99.5% He + 0.5% O₂ （2 L/min）、2 min 或 5 min、间距为 15 mm	经 APPJ 处理 2 min 或 5 min，大肠杆菌（初始值 >5 lg CFU/cm²）降低了（0.9 和 1.82）lg CFU/cm²	[8]
猪肉	L. monocytogenes、E. coli O157：H7 和 S. typhimurium	DBD	100 W、15 kHz、N₂+ O₂、2.5~10 min	处理 10 min 后，L. monocytogenes 由初始 5.90 lg CFU/g 降低了 2.04 lg，E. coli O157：H7 由初始的 5.95 lg CFU/g 降低了 2.54 lg，S. typhimurium 由初始的 5.49 lg CFU/g 降低了 2.68 lg	[9]

续表

生鲜肉种类	微生物	冷等离子体类型	处理参数	作用效果	参考文献
牛肉	*L. monocyto-genes*、*E. coli* O157：H7 和 *S. typhimurium*	DBD	100 W、15 kHz、N₂+O₂、2.5~10 min	*L. monocytogenes* 由初始的 5.91 lg CFU/g 降低了 1.90 lg，*E. coli* O157：H7 由初始的 5.87 lg CFU/g 降低了 2.57 lg，*S. typhimurium* 由初始的 5.51 lg CFU/g 降低了 2.58 lg	[9]
猪肉	菌落总数	GD	400 W、Ar（40 L/min）、30 s、贮藏温度为4℃	对照组和 GD 等离子体处理组样品菌落总数分别在贮藏第 6 天和第 10 天超过限值（6.0 lg CFU/g）	[10]
羊肉	菌落总数	DBD	1.1~1.3 kW、8 kV、N₂（350 L/min）、60 s、贮藏温度为4℃	对照组样品菌落总数在贮藏第 5 天为 6.10 lg CFU/g，超过限值（5.70 lg CFU/g）；而处理组样品菌落总数在贮藏第 7 天超过限值	[11]
鸡胸肉	嗜温和嗜冷菌	DBD	80 kV、70 W、9 min、空气、处理间距为 3 cm、4℃贮藏 3 天	贮藏 3 天后，对照组嗜温和嗜冷菌分别为（6.83 和 7.86）lg CFU/g，处理组嗜温和嗜冷菌分别为（5.70 和 6.22）lg CFU/g	[12]
牛肉	菌落总数	GD	400 W、10~120 s	处理 120 s 后，菌落总数（初始值约为 3.75 lg CFU/g）降低了 1.1 lg CFU/g	[13]

7.3.2　冷等离子体在即食肉制品保鲜中的应用

即食肉制品营养丰富，食用方便，深受消费者青睐。然而即食肉制品在加工和销售等过程极易污染微生物，是导致我国食源性疾病暴发的主要原因之一。研究表明，冷等离子体处理能够有效杀灭酱牛肉、牛肉干、火腿及烧鸡等即食肉制品污染的微生物，并显著延长其货架期。

（1）即食牛肉制品

酱牛肉是我国传统肉制品的典型代表，深受消费者的喜爱。李欣欣等使用功率为 300~500 W 的冷等离子体处理酱牛肉（工作气体为空气）3 min 并于4℃贮藏。结果表明，贮藏期间冷等离子体处理组酱牛肉的菌落总数均低于对照组；对照组和 400 W 处理组样品的菌落总数分别在贮藏第 6 天和第 12 天超出限值（5 lg CFU/g）。当放电功率为 400 W、处理时间为 3 min 时，冷等离子体对酱牛肉的 pH、色泽、蛋白质和脂质氧化的影响较小，而且水分损失最少，杀菌效果最好，酱牛肉的货架期可延长约 5 天。Yong 等研究了 FTDBD 等离子体对牛肉干的杀菌效果，放电气体为空气，频率为 15 kHz。结果表明，经冷等离子体处理 10 min 后，接种于牛肉干表面的单增李斯特菌由初始的 6.04 lg CFU/g 降低至 3.68 lg CFU/g，大肠杆菌 O157：H7 由初始的 5.93 lg CFU/g 降低至 3.28 lg CFU/g，鼠伤寒沙门氏菌由初始的 5.62 lg CFU/g 降低至 2.59 lg CFU/g，黄曲霉孢子由初始的 5.24 lg CFU/g 降低至 2.06 lg CFU/g。Kim 等也发现，射频放电冷等离子体能够有效杀灭接种于牛肉干表面的金黄色葡萄球菌，其 D 值（杀灭 90% 微生物所需的时间）为 180 s。

（2）即食猪肉制品

火腿是以猪肉为主要原料加工制得的即食肉制品，风味独特。Lis 等研究了表面微放电（surfacemicro-discharge，SMD）等离子体对火腿的杀菌作用。结果表明，经 SMD 等离子体处理 20 min 后，接种于火腿表面的鼠伤寒沙门氏菌和单增李斯特菌分别降低了（1.14 和 1.02）lg。此外，研究人员采用 SMD 等离子体处理火腿 20 min 后，将火腿进行气调包装（70% N_2 + 30% CO_2）并于 8℃ 贮藏 7~14 天。结果表明，冷等离子体和气调保鲜协同处理可使贮藏期间火腿中鼠伤寒沙门氏菌和单增李斯特菌分别降低 1.84 和 2.55 lg。此外，Yadav 等研究了 DBD 等离子体对熟火腿的杀菌效果，所用装置的电源频率为 3.5 kHz，功率为 300 W。结果表明，经 DBD 等离子体处理 3 min 后，添加 1% 和 3% NaCl 的熟火腿表面英诺克李斯特菌（$L.\ innocua$）分别降低了（1.78 和 1.43）lg CFU/cm^2。经 DBD 等离子体处理并于 4℃ 贮藏 24 h 后，添加 1% 和 3% NaCl 的熟火腿中英诺克李斯特菌分别降低了（1.8 和 0.9）lg CFU/cm^2。

（3）即食禽肉制品

烧鸡是我国代表性的传统肉制品，风味优良，滋味醇厚。Zhang 等采用氩气放电 DBD 等离子体处理包装袋内的烧鸡，放电电压为 70 V，处理时间为 3 min，然后置于 4℃ 贮藏。结果表明，贮藏第 15 天时，空气包装组烧鸡菌落总数>7.0 lg CFU/g，酵母和霉菌为 5.80 lg CFU/g，乳酸菌为 5.40 lg CFU/g，假单胞菌约为 5.0 lg CFU/g；与空气包装组烧鸡相比，在贮藏第 15 天，DBD 等离子体处理组样品的菌落总数、酵母和霉菌、乳酸菌和假单胞菌分别降低了（3.21、2.41、2.44 和 1.96）lg CFU/g，且有效维持了其品质指标。类似地，盐水鸭作为中国地理标志产品，目前多采用散装或真空包装，不利于产品长期贮藏。针对上述问题，王晨等研究了 DBD 等离子体处理对包装盒中盐水鸭的杀菌作用及品质影响。

结果表明，经放电电压为（55、65 和 75）kV 的 DBD 等离子体处理后（单次处理 2 min，间隔时间为 30 s，重复处理 3 次），菌落总数由初始的 4.46 lg CFU/g分别降低至（3.94、2.97 和 2.79）lg CFU/g。在 4℃贮藏过程中，未处理样品的菌落总数在第 6 天达到临界值（4.903 lg CFU/g），而放电电压为（55、65 和75）kV 的 DBD 等离子体处理组样品的菌落总数分别在第 12 天、第 14 天和第 15天超过临界值。以上结果表明，DBD 等离子体处理最多可使盐水鸭的货架期从原来的 5~6 天显著延长至 15 天。此外，冷等离子体处理能有效降低盐水鸭的汁液损失率，抑制其在贮藏期内总色差值的升高。

7.3.3 冷等离子体对包装肉类产品的杀菌作用

除了直接采用冷等离子体处理食品，国内外学者也开展了通过冷等离子体对包装产品进行杀菌处理的研究工作。产生杀菌作用的冷等离子体来源于包装内部气体，对微生物具有良好的杀菌作用，还具有无化学残留、安全性高、能耗低且操作简便等优点。因此，将冷等离子体应用于包装肉类食品的杀菌处理具有重要的意义。Rød 等将接种英诺克李斯特菌的即食风干牛肉置于塑料包装袋中，并充入混合气体（70% Ar + 30% O_2），然后将包装袋置于 DBD 等离子体装置的两个铝电极之间进行处理：处理时间为 2~60 s，功率分别为 15.5 W 和 62 W，重复处理 5 次。结果表明，上述冷等离子体处理可使包装袋内即食风干牛肉表面英诺克李斯特菌分别降低（0.8 和 1.6）lg CFU/g，还可在一定条件下进行多次间歇式处理来增强冷等离子体的杀菌效果。

Lee 研究了 FTDBD 等离子体处理对包装袋内生鲜鸡胸肉的杀菌效果。结果表明，经 FTDBD 等离子体处理 10 min 后，样品的菌落总数降低了 3.36 lg CFU/g，单增李斯特菌（初始值为 5.88 lg CFU/g）降低了 2.14 lg，大肠杆菌 O157：H7（初始值为 5.84 lg CFU/g）降低了 2.73 lg，鼠伤寒沙门氏菌（初始值为 5.48 lgCFU/g）降低了 2.71 lg。Wang 等将生鲜鸡肉放置于托盘中并在密封后充入空气或混合气体，进行 DBD 等离子体处理：放电电压为 80 kV，处理时间为 180 s，然后置于 4℃贮藏。实验结果表明，相比于空气包装，使用混合气体（65% O_2 +30% CO_2 +5% N_2）放电所产生的冷等离子体对包装袋中鸡肉表面微生物有更好的杀灭效果。样品贮藏 10 天后，空气包装组样品嗜温菌总数超过 7 lg CFU/g，嗜冷菌总数超过 8 lg CFU/g；而贮藏 14 天后，冷等离子体处理组样品嗜温菌总数低于 8 lg CFU/g，嗜冷菌总数低于 6 lg CFU/g；上述冷等离子体处理可将包装鸡肉的保质期延长至 14 天。

7.3.4 冷等离子体处理对肉品品质的影响

国内外学者在研究冷等离子体对肉和肉制品杀菌作用时，还系统评价了其处理对肉品感官品质的影响。

（1）冷等离子体对肉类色泽的影响

色泽是评价肉和肉制品的重要品质指标，也是影响消费者购买行为的主要因素。肉品色泽的变化主要与肌红蛋白含量和氧化还原形式等因素有关。肌红蛋白通常以氧合肌红蛋白、脱氧肌红蛋白和高铁肌红蛋白三种形式存在。大量研究发现，冷等离子体会对肉品色泽造成影响，效果主要与肉品类型、冷等离子体处理条件等因素有关。例如，岑南香等发现，随着冷等离子体处理时间的延长，生鲜羊肉的 L^*（亮度值）升高，a^*（红度值）和 b^*（黄度值）降低，总色差值（ΔE）明显升高。而章建浩等发现，经冷等离子体处理并于 4℃ 贮藏过程中，气调包装牛肉的 L^* 值和 b^* 值升高，a^* 值降低。王晨等证实，经冷等离子体处理后，贮藏期内盐水鸭的 L^* 值显著高于未处理组样品，这可能是因为肉中的肌原纤维蛋白能够通过毛细作用保持肉中水分，而当肌原纤维蛋白发生氧化时，鲜肉的持水力降低，肌肉自身水分析出，导致鲜肉表面水分含量增大，从而使 L^* 值升高。冷等离子体中的自由基等活性物质能够将肌红蛋白血红素辅基中的 Fe^{2+} 氧化成 Fe^{3+}，并生成高铁肌红蛋白，导致 a^* 值降低。例如，章建浩等证实，随着贮藏时间延长，冷等离子体处理组牛肉的肌红蛋白总量显著降低，而高铁肌红蛋白含量呈显著增加趋势，且处理组高铁肌红蛋白含量显著高于未处理组。除肌红蛋白外，肉品的色泽变化还与脂肪氧化、持水性等因素存在相关性。因此，还需进一步深入研究冷等离子体影响肉品色泽的作用机制。

（2）冷等离子体对肉类新鲜度的影响

新鲜度是评价肉类质量的最重要的指标之一，挥发性盐基氮（total volatile basic nitrogen，TVB-N）是评价肉类新鲜度的主要参考指标。在微生物及微生物酶的作用下，肉和肉制品中的蛋白质被分解，并产生氨和胺类等碱性含氮物质，造成 TVB-N 含量的升高。《食品安全国家标准　鲜（冻）畜、禽产品》（GB 2707—2016）规定，鲜（冻）畜、禽产品的 TVB-N 含量应小于 15 mg/100 g。研究表明，冷等离子体可抑制贮藏过程中肉品 TVB-N 的生成，有效延长其货架期，且其抑制作用与处理时间、放电功率及放电气体组成等因素有关。孙运金等研究发现，经冷等离子体处理 15~120 s 并于 4℃ 贮藏；对照组生鲜牛肉的 TVB-N 值在贮藏第 4 天超过限值（15 mg/100 g）。冷等离子体处理 15 s 和 30 s 组生鲜牛肉的 TVB-N 含量在贮藏第 6 天超过限值，而 60 s 和 120 s 处理组样品的 TVB-N 含量在贮藏第 8 天超过限值，其货架期延长了 4 天。李欣欣等发现，冷等离子体处理能够有效抑制贮藏过程中酱牛肉 TVB-N 含量的升高，且抑制作用与放电功率有关，其中 400 W 处理样品的 TVB-N 含量最低。此外，翟国臻等研究发现，4℃ 贮藏 10 天过程中，滑动弧放电等离子体处理组生鲜猪肉的 TVB-N 含量均低于未处理组，且氩气组处理效果好于氮气组，空气组处理效果最弱。对照组样品在第6天的TVB-N值为18.1 mg/100 g，超过国家标准，而氩气处理组在第8天仍低于国家标准。综上所述，冷等离子体处理能够抑制贮藏过程中肉和肉制品TVB-N含量的升高，有效延长货架期，这与其杀灭并抑制肉品中微生物的生长繁殖有关。

（3）冷等离子体对肉类脂质氧化的影响

脂肪是肉中重要成分之一，显著影响肉品的风味、剪切力值、嫩度和多汁性等指标。尽管适度的脂质氧化有助于形成挥发性风味物质，使肉品具有消费者喜欢的独特风味，但也会造成必需脂肪酸、脂溶性维生素等营养成分的损失，降低肉品的营养价值，产生的氧化产物也可能危害健康。研究发现，冷等离子体中存在的ROS、RNS等活性物质会导致肉品表面的脂质发生氧化，进而对其品质造成不良影响。研究发现，冷等离子体引发的脂质氧化与放电电压、处理时间、肉品本身脂质组成及含量等因素有关。例如，Jayasena等发现，随着冷等离子体处理时间的延长，生鲜猪肉和牛肉中的脂肪氧化程度逐渐升高。相对于生鲜猪肉，生鲜牛肉更容易在冷等离子体处理过程中发生脂质氧化，这可能与两种生鲜肉的脂肪含量和脂肪酸组成存在较大差异有关。Rød等也发现，冷等离子体处理可导致即食牛肉干发生脂质氧化。于4℃贮藏1天和14天后，未处理组即食牛肉干的硫代巴比妥酸反应物（thiobarbituric acid reactive substances，TBARS）含量为0.1~0.15 mg/kg；而经冷等离子体处理后，即食牛肉干的TBARS含量显著升高至0.25~0.4 mg/kg。与牛肉、猪肉等相比，禽肉的脂肪含量较低，因此冷等离子体对禽肉脂质氧化的影响较小。

然而，一些研究发现，冷等离子体处理会抑制肉品的脂质氧化。孙运金等研究发现，与未处理组样品相比，经滑动电弧放电等离子体处理15 s、30 s和60 s并于4℃贮藏2~8天后，生鲜牛肉的TBARS含量明显降低，这可能是由于短时间冷等离子体处理能够有效杀灭微生物，从而减少了因微生物及微生物酶作用导致的脂质氧化；而120 s处理组生鲜牛肉的TBARS值明显升高，这可能是因为随着处理时间的延长，活性物质浓度逐渐升高，促进了脂质氧化。因此，把握好冷等离子体处理时间是生鲜肉贮藏保鲜的关键。

尽管肉品TBARS含量随着冷等离子体处理时间的延长而逐渐增加，但均远小于1.0 mg/kg的脂肪氧化酸败临界值。也有研究发现，冷等离子体处理组肉品TBARS含量低于γ射线辐照、电子束辐照等其他非热加工技术处理的样品。优化处理条件、添加抗氧化剂等可抑制冷等离子体引发的肉品脂质氧化。例如，Gao等研究了添加抗氧化剂对冷等离子体诱导鸡肉饼脂质氧化的影响。Gao等在碎鸡肉中分别添加不同的抗氧化剂，其中丁基化羟基甲苯（butylated hydroxytoluene，BHT）添加量为 0.02%，而肌肽、迷迭香提取物、松树皮提取物和石榴提取物的添加量均为 1%，并将碎肉样品制成 15 g 的肉饼并包装在塑料托盘中，然后采用放电电压为 70 kV 的 DBD 等离子体处理 180 s。结果表明，贮藏 5 天后，冷等离子体处理组样品的 TBARS 含量为 3.32 mg/kg，显著高于未处理组（1.4 mg/kg）；而添加 BHT、肌肽、迷迭香提取物、松树皮提取物和石榴提取物样品的 TBARS 含量则分别为（2.16、2.70、2.38、1.51 和 2.24）mg/kg。上述结果表明，添加抗氧化可有效抑制冷等离子体引发的肉品脂质氧化。

（4）冷等离子体对肉类蛋白质氧化的影响

蛋白质是肉品的重要组成成分，但极易在加工、贮藏等环节发生氧化，影响其营养价值和食用品质。肉品中蛋白质氧化主要包括蛋白质羰基衍生物形成、活性巯基基团损失和蛋白质交联 3 种形式。

蛋白质羰基是多种氨基酸在蛋白质氧化修饰过程中的早期标志物，也是评价肉品蛋白氧化程度的重要指标。研究发现，冷等离子体处理可造成肉品蛋白质氧化。岑南香等发现，新鲜羊肉的羰基含量随冷等离子体放电电压的增大和处理时间的延长而显著升高。未处理组新鲜羊肉的羰基初始含量<0.5 nmol/mg；70 kV 的冷等离子体处理 5 min 后，羊肉的羰基初始含量显著升高至 4.31 nmol/mg；而经冷等离子体处理并 4℃贮藏 24 h 后，羰基含量显著升高至 2.79 nmol/mg。杜曼婷等也发现，经冷等离子体处理并于 4℃贮藏 7 天的过程中，羊肉的羰基含量随冷等离子体处理时间和贮藏时间的延长而显著升高。冷等离子体中的 ROS、RNS 等活性物质能够通过直接氧化修饰蛋白质中的氨基酸残基、断裂主肽链骨架等途径产生羰基化合物。此外，冷等离子体诱导产生的丙烯醛、丙二醛、4-羟基-2-壬烯醛等脂质氧化产物可能与蛋白质中的半胱氨酸、组氨酸、赖氨酸等氨基酸残基反应生成羰基。

除蛋白质羰基外，总巯基含量也被广泛用于评价蛋白质的氧化损伤程度。蛋白质中的巯基被氧化成二硫键或二硫化物，造成总巯基含量降低。岑南香等发现，随着冷等离子体处理时间和放电电压的增加，羊肉中总巯基含量逐渐降低。未处理组羊肉的总巯基含量>75 nmol/mg；而经 70 kV 的冷等离子体处理 5 min 后，羊肉的总巯基含量降低至 44.08 nmol/mg。

综上所述，冷等离子体促进了肉品中蛋白质的氧化，进而对肉品的持水性、嫩度、色泽、营养与可消化性等带来不同程度的影响。

（5）冷等离子体对肉类 pH 的影响

pH 是评价肉品质量的指标之一，与肉品的色泽、持水力、嫩度等密切相关。杜曼婷等采用 DBD 等离子体处理羊双侧背最长肌并于 4℃贮藏。结果表明，处理组和未处理组羊肉的 pH 均在贮藏 3 天内下降，在 5 天后显著升高；贮藏期间，

DBD 等离子体处理组样品的 pH 均低于未处理样品。在贮藏前期，宰后肌肉在僵直过程中发生糖酵解反应产生乳酸并逐渐累积，造成 pH 降低。此外，冷等离子体中的活性物质与水反应生成 H^+、硝酸和亚硝酸等酸性物质，也会造成 pH 下降。而在贮藏后期，肌肉处于自溶和腐败阶段，微生物大量繁殖，蛋白质被分解并产生一些碱性物质，导致 pH 升高。冷等离子体能够有效杀灭样品中的微生物，并抑制微生物对蛋白质的分解作用，从而抑制 pH 升高。孙运金等研究了冷等离子体处理生鲜牛肉贮藏期间 pH 等指标的影响，其研究结果与上述杜曼婷的结果一致。孙运金等发现，于 4℃贮藏 8 天后，各冷等离子体处理组牛肉的 pH 均低于未处理，且 pH 随冷等离子体处理时间的延长而降低。综上所述，冷等离子体处理能够有效维持贮藏过程中肉和肉制品 pH 的稳定。

（6）冷等离子体对肉类保水性的影响

汁液流失是体现肉品保水能力的指标之一，反映了贮藏过程中肉样中水分的渗出情况。杜曼婷等研究发现，宰后羊肉汁液流失率随贮藏时间的延长而升高；而贮藏期间 DBD 等离子体处理组羊肉的汁液流失率均高于未处理样品，且汁液流失率随冷等离子体处理时间的延长而升高。章建浩等研究了冷等离子体处理对贮藏期间牛肉保水性等品质的影响，其研究结果与杜曼婷等的结果一致。章建浩等发现，4℃贮藏期间，冷等离子体处理组牛肉的汁液流失率均高于未处理组样品；经 4℃贮藏 20 天后，冷等离子体处理组和未处理组牛肉的汁液流失率分别升高至 1.88% 和 2.05%。造成上述结果的原因可能是冷等离子体处理可导致肉样表面水分挥发，也可能与冷等离子体处理导致肌原纤维蛋白发生变性和结构改变有关。

而王晨等报道了不同的研究结果。结果发现，在 4℃贮藏 6～15 天，冷等离子体处理组盐水鸭汁液流失率均低于未处理样品。贮藏第 15 天时，对照组的汁液损失率为 7.56%；而放电电压为 55 kV、65 kV 和 75 kV 的冷等离子体处理组样品的汁液损失率仅分别为 5.82%、5.03% 和 4.78%。造成上述结果的原因可能是冷等离子体破坏了蛋白质分子中的二硫键和氢键，提高了肌原纤维间的静电斥力，从而提高肌原纤维溶胀程度和保水性。综上所述，冷等离子体对不同种类的肉和肉制品保水性的影响存在较大差异。在未来的研究中，应系统研究冷等离子体对不同肉和肉制品保水性的影响规律及机制，并采用措施来避免冷等离子体处理对肉品保水性造成的不良影响。

（7）冷等离子体对肉类嫩度的影响

嫩度是肉的主要品质之一，反映了肉在被咀嚼时柔软、多汁和容易嚼烂的程度，也是评价肉质优劣的常用指标。一般以肉类在剪切时所受到的剪切力峰值作为肉的嫩度值。剪切力越小，表明肉品越嫩。多数研究表明，适当的冷等离子体处理可降低肉品剪切力，提高嫩度和口感。章建浩等发现，随着冷藏时间的延长（1~10 天），未处理组牛肉的剪切力先升高后降低，并在第 4 天达到最大值；而在整个冷藏期间，冷等离子体处理组牛肉的剪切力均低于未处理组样品。与未处理组牛肉相比，冷等离子体处理组牛肉剪切力在第 1 天和第 10 天分别降低了 6.76% 和 13.48%。杜曼婷等也发现，冷等离子体处理能够在一定程度上改善羊肉的嫩度。这可能是由于冷等离子体活性组分可作用于肉品中的蛋白质尤其是肌原纤维蛋白，导致肌原纤维宰后变性或降解，从而降低肉品的剪切力。

（8）冷等离子体对肉类风味的影响

风味特性是肉品的重要品质之一，直接影响消费者的购买意向。研究表明，适当强度的冷等离子体处理可改善肉品的风味。例如，Li 等采用气相色谱—离子迁移谱联用仪（gas chromatography-ion mobility spectrometry，GC-IMS）研究了气调保鲜协同 DBD 等离子体处理对冷藏期间肉丸风味物质的影响。结果表明，当处理时间为 6 min 时，肉丸中醇类（3-甲基-1-戊醇）和醛类（壬醛、苯甲醛）等风味物质浓度升高，使肉丸具有良好的风味；但当处理时间延长至 9 min 时，肉丸中癸醛、反二壬烯醛、苯乙醛和苯甲醛等物质的含量显著升高，肉丸出现明显异味。异味物质的产生可能与冷等离子体引发的脂质氧化有关。郭依萍等研究了冷等离子体协同气调保鲜对狮子头风味的影响，也得到了类似的结果。研究对贮藏第 0 天和第 21 天的各组狮子头进行 GC-IMS 分析。结果表明，贮藏第 0 天的狮子头检测到 25 种化合物；冷等离子体处理组样品中庚醇、1-己醇、1-丙醇、2-癸酮和壬醛含量显著高于对照组，这可能与冷等离子体处理造成的样品中脂肪氧化降解和不饱和脂肪酸降解有关。贮藏第 21 天，对照组腐败狮子头中 2-己酮、2-丁酮、苯乙烯、2-甲基吡嗪及八甲基三硅氧烷的含量显著高于冷等离子体处理组样品。较短时间的冷等离子体处理对狮子头挥发性化合物影响较小，放电电压为 85 kV 的冷等离子体处理 6 min 或 9 min 可以有效抑制狮子头中腐败风味物质的产生，这可能与其对狮子头的杀菌作用有关。然而，冷等离子体过度处理则会产生不良风味。王晨等通过电子鼻发现，随着冷等离子体处理电压的升高（55 kV、65 kV 和 75 kV），盐水鸭中烷烃、含硫化合物、芳香化合物等的含量与对照组差异逐渐增大，导致盐水鸭感官评分降低。

因此，针对不同的肉和肉制品，需系统优化冷等离子体处理工艺，以避免对其风味造成不良影响。

7.3.5　影响冷等离子体作用效果的因素

冷等离子体对肉品的杀菌效果和品质影响程度受多种因素影响，主要包括冷等离子体产生装置和参数（电压、功率、电极材料等）、处理参数（处理时间、处理间距等)、放电气体组成及流速、微生物特性及待处理样品特性等。

(1) 冷等离子体产生设备类型和参数

研究发现,冷等离子体产生装置的结构及放电参数是影响其作用效果的重要因素。吴旭琴等比较了 APPJ 与 DBD 两种不同类型冷等离子体对金黄色葡萄球菌、大肠杆菌和枯草杆菌黑色变种 (*B. subtilis* var. *niger*) 芽孢的杀灭作用。APPJ 使用氩气 (30 L/min),作用距离为 7 mm,功率为 80 W;DBD 等离子体采用氩气 (15 L/min) 和氧气 (45 mL/min),作用距离为 24 mm,功率为 1000 W。在该研究中,APPJ 对上述 3 种微生物的杀灭效率均明显优于 DBD 等离子体。这可能与采用的两种冷等离子体产生方法及放电气体不同有关。

冷等离子体放电电压和功率也是影响其杀菌效果的重要因素。据报道,冷等离子体对微生物的杀灭效果一般随放电电压和功率的升高而增强。王晨等发现,DBD 等离子体对包装盒中盐水鸭的杀菌作用随放电电压的升高而逐渐增强。对照组盐水鸭菌落总数为 4.46 lg CFU/g;经放电电压分别为 55 kV、65 kV 和 75 kV 所产生的 DBD 等离子体处理 6 min 后,盐水鸭菌落总数分别降低了 (0.52、1.49 和 1.67) lg CFU/g。Kim 等研究了不同放电功率所产生冷等离子体对培根的杀菌作用。结果表明,经接菌处理后,培根表面大肠杆菌、单增李斯特菌和鼠伤寒沙门氏菌分别为 (7.80、8.39 和 8.19) lg CFU/g;经功率分别为 (75、100 和 125) W 的冷等离子体处理 90 s 后 (放电气体为氦气+氧气),接种于培根表面的大肠杆菌分别降低了 (1.0、1.36 和 3.0) lg CFU/g,单增李斯特菌分别降低了 (0.94、1.23 和 2.6) lg CFU/g,鼠伤寒沙门氏菌分别降低了 (0.8、0.95 和 1.73) lg CFU/g。当放电电压或功率较低时,起到杀菌作用的 ROS、RNS 等很难被激发产生或生成量较少,不能有效杀灭微生物。随着放电电压或功率的升高,放电过程中会产生更多的高能活性物质,从而对微生物具有更强的杀灭作用。但在实际应用中,提高电压和功率等放电参数时,还需考虑设备的能耗、经济成本及产品品质等。此外,电极材料材质也显著影响冷等离子体对微生物的杀灭效果。

(2) 处理类型和参数

冷等离子体的处理方式可分为直接处理和间接处理两类。直接处理是将样品作为接地电极直接暴露于冷等离子区域中;间接处理是采用气流将冷等离子体传送到靶向区域来处理样品。相对于间接处理,冷等离子体直接处理对食品具有更强的杀菌效能。

冷等离子体对微生物的杀灭效果一般随处理时间的延长而增强。Kim 等发现,冷等离子体对培根的杀菌作用随处理时间的延长而增强。经接菌处理后,培根表面大肠杆菌、单增李斯特菌和鼠伤寒沙门氏菌分别为 (7.80、8.39 和 8.19) lg CFU/g;经功率为 125 W、放电气体为氦气+氧气的冷等离子体处理 60 s

和 90 s 后，接种于培根表面的大肠杆菌分别降低了（2.68 和 3.0）lg CFU/g，单增李斯特菌分别降低了（1.7 和 2.6）lg CFU/g，鼠伤寒沙门氏菌分别降低了（0.92 和 1.73）lg CFU/g。Jayasena 等也发现，DBD 等离子体对生鲜猪肉和牛肉的杀菌作用随处理时间的延长而增强。接种于生鲜猪肉表面的单增李斯特菌、大肠杆菌和鼠伤寒沙门氏菌分别为（5.9、5.95 和 5.49）lg CFU/g；经 DBD 等离子体处理（2.5、5、7.5 和 10）min 后，接种于生鲜猪肉表面的单增李斯特菌分别降低了（0.38、1.21、1.73 和 2.04）lg CFU/g，大肠杆菌分别降低了（0.51、1.14、1.9 和 2.54）lg CFU/g，鼠伤寒沙门氏菌分别降低了（0.31、0.91、2.33 和 2.68）lg CFU/g。当处理时间较短时，ROS、RNS 等活性物质产生量较低，不能有效杀灭微生物；而随着处理时间的延长，冷等离子体产生的 ROS、RNS 等活性物质也随之增多，其对微生物的杀灭作用也随之增强。

此外，电极间距也是影响冷等离子体灭菌效果的重要因素之一。冷等离子体对微生物的杀灭效果一般随冷等离子体与待处理样品之间距离的增大而降低。这是由于当处理间距增大时，电离气流到达待处理样品处的活性物质含量减少，从而降低了冷等离子体的杀菌效果。

（3）放电气体组成

放电气体的组成、流速及相对湿度等也是影响冷等离子体对肉和肉制品杀菌效果的重要因素。不同气体放电所产生活性物质的种类与浓度存在较大差异，进而极大地影响冷等离子体的杀菌效率。冷等离子体放电气体有多种选择，如空气、氧气、氮气及稀有气体（氦气、氩气）等，可以单独使用或组合使用。但在实际应用时，还需要考虑经济成本，因此空气放电冷等离子体应用较为广泛。空气在放电过程中会产生大量 ROS 和 RNS，在肉品杀菌过程中发挥着重要作用。翟国臻等比较了空气、氮气和氩气作为载气所产生滑动弧放电等离子体对冷鲜猪肉的杀菌效果。结果表明，不同气体所产生冷等离子体的杀菌效能存在较大差异，氩气放电所产生冷等离子体的杀菌效果最好，氮气次之，空气最差。经空气、氮气和氩气所产生滑动弧放电等离子体处理后，大肠杆菌 O157：H7 分别降低了（0.3、0.7 和 0.9）lg，金黄色葡萄球菌分别降低了（0.2、0.5 和 0.9）lg，沙门氏菌分别降低了（0.2、0.5 和 0.8）lg，单增李斯特菌分别降低（0.1、0.5 和 0.9）lg。Kim 等研究了不同气体所产生冷等离子体对培根的杀菌作用。结果表明，经氦气、氮气+氧气所产生冷等离子体（功率为 125 W）处理 90 s 后，接种于培根表面的大肠杆菌分别降低了（1.57 和 3.0）lg CFU/g，单增李斯特菌分别降低了（1.57 和 3.0）lg CFU/g，鼠伤寒沙门氏菌分别降低了（1.32 和 1.73）lg CFU/g。添加氧气在放电时会产生更多的 H_2O_2、O_3、·OH 等活性物质；加入 He 则会产生 He^+ 等活性物质，进而增强冷等离子体对微生物的杀灭效果。需要注意的是，当氧气含量达到一定浓度时，能够激发产生的含氧活性物质是有限的，即达到饱和状态。此时如果处理条件不变，即使提高氧气浓度，也不会对杀菌活性产生显著的变化。

如果放电气体流速较小，一些半衰期较短的活性物质可能无法到达食品表面，导致其对食品的杀菌效果较弱；而适当提高气体流速可以增强活性物质与食品的相互作用，进而增强其对微生物的杀灭效果。但一些研究证实，进一步提高气体流速，则会缩短冷等离子体与食品的相互作用时间，杀菌效果反而降低。因此，在实际应用中应针对不同样品的特性，系统优化放电气体的组成和流速，以达到最佳的杀灭效果，并有效保持食品的营养和感官品质。

（4）微生物特性

冷等离子体对微生物的杀灭效果还取决于微生物类型和生长期等因素。据报道，冷等离子体对革兰氏阴性菌、革兰氏阳性菌、真菌、细菌芽孢的杀灭效果呈现由强到弱的趋势，这主要与不同微生物的细胞结构存在差异有关。Lee 等评价了DBD 等离子体对大肠杆菌（革兰氏阴性菌）、金黄色葡萄球菌（革兰氏阳性菌）、酿酒酵母和枯草芽孢杆菌芽孢的杀灭作用。结果发现，DBD 等离子体对大肠杆菌、金黄色葡萄球菌、酿酒酵母和枯草芽孢杆菌芽孢的 D 值分别为 18 s、19 s、115 s 和 14 min。吴旭琴等研究了 APPJ 与 DBD 两种不同类型冷等离子体对黄色葡萄球菌、大肠杆菌和枯草杆菌黑色变种芽孢的杀灭作用，也得到类似结果。结果表明，DBD 等离子体对大肠杆菌和金黄色葡萄球菌的 D 值分别为 7 s 和 75 s，而对枯草杆菌黑色变种芽孢的 D 值为 70 s。革兰氏阴性菌的细胞壁相对较薄且肽聚糖为平面片层结构，更容易被冷等离子体所杀灭。而革兰氏阳性菌的细胞壁则相对较厚（20～80 nm）且由肽聚糖层组成，使冷等离子体中的活性物质很难穿透。与营养细胞相比，细菌芽孢具有多层外壳而不容易被灭活。此外，与处于稳定期的细菌相比，冷等离子体处理对处于指数期的细菌杀灭效果更加明显。这可能是由于指数生长期的细菌具有 2~3 层厚的肽聚糖层，而稳定期的细菌具有 4~5 层厚的肽聚糖层。

（5）肉品特性

肉品是一个多组分的复杂基质，其水分含量、表面粗糙度等性质及所处环境也会影响冷等离子体的杀菌效果。Boonyawan 等研究了沿面介质阻挡放电（surface dielectric barrier discharge，SDBD）等离子体对猪里脊肉、底板肉、五花肉、猪肝和猪肠的杀菌作用。上述 5 种样品的初始菌落数均大于 300 CFU/cm^2。结果表明，经功率为 18 W 的 SDBD 等离子体处理 1 min（间距为 5 mm）后，猪里脊肉、底板肉、五花肉、猪肝和猪肠表面总需氧细菌的失活率分别为 60%、92%、54%、87% 和 96%。Noriega 等研究了冷等离子体对接种于鸡皮和鸡胸肉表面英诺克李斯特菌的杀灭效果，也得到类似结果。在间距为 1.0 cm，电压为 11.0 V，频率为 23.0 kHz, He 流速为 5 L/min, O_2 流速为 25.0 mL/min 的处理条件下, 产生冷等离子体对接种于光滑和粗糙鸡皮表面英诺克李斯特菌的 D 值分别为 28.6 min 和 47.7 min, 对菌落总数的 D 值分别为 52.8 min 和 89.2 min。在相同冷等离子体处理条件下 (间距为 1.0 cm, 电压为 11.0 V, 频率为 30.0 kHz, He 流速为 5 L/min, O_2 流速为 25.0 mL/min), 接种于鸡胸肉表面的英诺克李斯特菌在处理 8 min 后降低了 0.41 lg CFU/cm^2, D 值为 19.5 min; 而接种于光滑鸡皮表面的英诺克李斯特菌在处理 8 min 后降低了 0.50 lg CFU/cm^2, D 值为 16.3 min。上述结果可能与各样品水分含量、表面结构和粗糙度等存在较大差异有关。表面较为粗糙的样品会保护微生物免受冷等离子体的杀灭作用。

7.4 等离子体活化水在肉品保鲜中的应用

7.4.1 等离子体活化水概述

尽管冷等离子体具有良好的杀菌作用, 但长时间处理会对食品品质造成不良影响。此外, 天然食品原料成分复杂、不均一以及形状不规则等, 现有的冷等离子体技术在处理均匀性等方面仍有待改善。大量研究表明, 可将水作为冷等离子体的中间媒介来对食品进行处理。经等离子体处理的无菌水或蒸馏水等被称为等离子体活化水 (plasma-activated water, PAW), 也被称为等离子体处理水。PAW 具有杀菌作用强、作用均匀、操作简单、作用温和、绿色环保等优点, 在农业、食品等领域展现出良好的应用前景。一些研究发现, 向水中添加过氧化氢、乳酸等物质可增强 PAW 对微生物的杀灭作用。

(1) PAW 制备方法

目前主要通过在水中或水表面进行冷等离子体放电来制备 PAW, 主要包括 DBD、APPJ 等 (图7-5)。

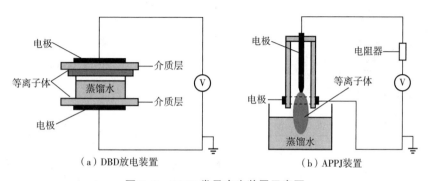

（a）DBD放电装置　　　　（b）APPJ装置

图7-5 PAW 常见产生装置示意图

DBD 装置可以在介质表面产生均匀的较大面积的等离子体层，同时也避免了电弧的产生。APPJ 装置电离所产生的冷等离子体由喷口向外喷出并与待处理水或溶液发生反应而得到 PAW。APPJ 的最大优势是冷等离子体从喷嘴射出，使得冷等离子体与高压电极分离，可以在开放空间的大气环境下产生相对均匀的冷等离子体。

（2）PAW 理化性质

与未经处理的水相比，PAW 的 pH、氧化还原电位、电导率等均发生显著变化。

①活性成分　在 PAW 制备过程中，会产生大量的长寿命活性物质，如 O_3、H_2O_2、NO_2^- 和 NO_3^- 等，也会产生一些短寿命活性物质，如 $\cdot OH$、$O_2^- \cdot$ 和 $ONOO^-$ 等（表 7-3）。冷等离子体处理水或溶液后产生的 ROS 和 RNS 被认为是 PAW 发挥抗菌等活性功能的关键成分。康超娣采用 APPJ 装置分别处理无菌去离子水 30 s、60 s 和 90 s，所制备 PAW 的 H_2O_2 含量分别升高至（17.31、24.33 和 26.08）$\mu mol/L$，NO_3^- 含量分别升高至（604.74、1384.49 和 2002.69）$\mu mol/L$，NO_2^- 含量分别升高至（851.13、1162.67 和 1319.49）$\mu mol/L$。Zhao 等研究发现，经冷等离子体处理 10 min 所制备 PAW 中 H_2O_2 和 O_3 含量分别升高至 103.8 mg/L 和 0.093 mmol/L；NO_3^- 和 NO_2^- 含量分别升高至 30.2 mg/L 和 3.5 $\mu mol/L$。

表 7-3　等离子体活化水中的主要活性物质

名称	化学式	半衰期
羟基自由基	$\cdot OH$	$10^{-10} \sim 10^{-9}$ s
超氧阴离子	$O_2^- \cdot$	10^{-9} s
过氧化氢	H_2O_2	很稳定
臭氧	O_3	$30 \sim 60$ min
亚硝酸根	NO_2^-	很稳定
硝酸根	NO_3^-	很稳定
一氧化氮	NO	$3 \sim 5$ s
过氧亚硝酸根	$ONOO^-$	10^{-3} s
铵离子	NH_4^+	很稳定

② pH　PAW 的 pH 会随冷等离子体处理时间的延长而降低，主要与放电过程中产生的 NO_2^-、NO_3^-、$ONOO^-$ 等含氮物质有关。康超娣研究表明，无菌去离子

水的 pH 为 6.32，经 APPJ 装置处理 30 s、60 s 和 90 s 所制备 PAW 的 pH 分别降低至 3.10、2.80 和 2.68。与上述研究类似，Zhao 等研究发现，去离子水的 pH 为 6.8，经冷等离子体处理 5 min 或 10 min 所制备 PAW 的 pH 分别为 3.1 和 2.6。

③氧化还原电位　氧化还原电位（oxidation reduction potential，ORP）是表征溶液氧化还原能力的重要指标。康超娣研究表明，冷等离子体处理能够显著升高水溶液的 ORP。无菌去离子水的 ORP 为 286.33 mV；经 APPJ 装置处理 30 s、60 s 和 90 s 所制备 PAW 的 ORP 分别显著升高至（553.00、577.66 和 580.66）mV。这主要与冷等离子体在溶液中产生的 ROS、RNS 等物质有关。

④电导率　由于产生了大量的水溶性化学物质（如 NO_2^-、NO_3^-、$ONOO^-$ 等），PAW 的电导率一般随放电时间的延长而显著升高。康超娣研究发现，经 APPJ 装置处理 30 s、60 s 和 90 s 所制备 PAW 的电导率分别为（331.67、580.33 和 723.33）μS/cm，显著高于未处理的无菌去离子水（26.87 μS/cm）。

（3）PAW 对食品中常见微生物的灭活效果

研究发现，PAW 对多种细菌（如大肠杆菌、金黄色葡萄球菌、腐败希瓦氏菌、铜绿假单胞菌、荧光假单胞菌、沙门氏菌、蜡样芽孢杆菌等）、酵母（如酿酒酵母、白假丝酵母等）及病毒（如 T4 噬菌体、U174 噬菌体、MS2 噬菌体和新城疫病毒等）均具有良好的杀灭效果。此外，PAW 也能够失活芽孢和生物被膜。康超娣发现，经 APPJ 装置处理无菌水 60 s 所制备 PAW 处理 2~10 min 后，假单胞菌 CM2（*P. deceptionensis* CM2）由初始的 9.67 lg CFU/mL 降低了 2.15~5.78 lg CFU/mL。研究发现，PAW 对微生物的杀灭作用与所用冷等离子体装置类型、冷等离子体激活时间、放电气体组成及流速、处理时间等因素有关。例如，PAW 对微生物的杀灭作用一般随制备时间的延长而增强。康超娣研究发现，经 APPJ 装置处理 30 s、60 s 和 90 s 所制备 PAW 处理 6 min 后，假单胞菌 CM2 分别由初始的 9.45 lg CFU/mL 降低了（1.54、3.42 和 5.30）lg CFU/mL。

研究发现，相比于革兰氏阴性细菌，革兰氏阳性细菌对 PAW 具有更强的耐受性。这可能是因为革兰氏阳性细菌的肽聚糖结构相对致密，能够更好地抵抗 PAW 造成的损伤。相对于细菌，PAW 对酵母和霉菌孢子的杀灭作用相对较弱，这是因为酵母和霉菌孢子的细胞壁结构更复杂。研究发现，蛋白质等食品组分会降低 PAW 对微生物的杀灭效果。因此，PAW 的实际应用需考虑食品组分的干扰作用和温度、光照等环境条件的影响。

（4）PAW 杀菌作用机制

在空气放电过程中能够产生·OH、NO、NO_2、O_2^-·等活性物质，可通过扩散作用进入液体，并与水分子等继续发生一系列复杂化学反应，进一步在液相中产生 NO_2^-、NO_3^-、$ONOO^-$、ONOOH 等活性物质。研究发现，上述液相中的活性物质在 PAW 失活微生物过程中发挥了重要作用。ROS 和 RNS 能够破坏微生物细胞结构中的肽聚糖等组分，进而破坏细胞膜的结构和功能，造成蛋白质、DNA、RNA 和 K⁺等胞内物质释放到胞外；此外，ROS 和 RNS 能够进入细胞内并造成 DNA、蛋白质等发生氧化损伤，进而干扰微生物正常的生理功能，最终造成微生物死亡。

（5）PAW 在食品工业领域的应用

目前，PAW 已被用于果蔬、水产品和肉品等生鲜食品杀菌保鲜、肉制品护色、食品接触材料（如食品设备、输送管道等）中细菌生物被膜的清除、芽苗菜生产等领域。PAW 的常见应用方式主要包括浸泡、漂洗或喷洒等。此外，PAW 浸泡处理被证实能够有效降低果蔬中的农药残留，在生鲜食品安全控制领域具有很好的应用潜力。

7.4.2　等离子体活化水在肉品保鲜和加工中的应用

相对于冷等离子体，PAW 处理效果更为均匀，已被证实对生鲜肉和肉制品具有良好的保鲜和护色效果。

（1）牛肉

一些研究评价了 PAW 对生鲜牛肉的杀菌保鲜作用。Zhao 等制备了 PAW，放电电压为 10 kV，以空气为放电气体，冷等离子体处理时间为 30 min；同时评价了 PAW 喷淋处理（1 mL/10 g）对牛肉表面微生物的杀灭效果。结果表明，经 PAW 喷淋（喷淋间隔时间为 24 h）并于 4℃贮藏 24 天后，牛肉表面的菌落总数降低了 3.1 lg CFU/g。结果同时发现，PAW 喷淋处理可将牛肉在 4℃的贮藏期延长了 4~6 天，且未对牛肉的 pH、TVB-N 含量、色泽、质地等品质造成不良影响。此外，Inguglia 等研究了等离子体活化卤水（plasma-activated brine，PAB）对牛肉干的护色和保鲜效果。结果表明，经空气或氮气放电冷等离子体处理后，PAB 中亚硝酸盐含量分别为 90~184 mg/L 和 3~17 mg/L；与亚硝酸钠护色处理相比，PAB 处理未对牛肉干的质构造成不良影响，也未促进脂质氧化，但会造成 a^* 值显著升高；经 PAB 护色处理后，卤水和牛肉干中英诺克李斯特菌分别降低了 0.5 lg CFU/mL 和 0.85 lg CFU/g。该研究表明，PAB 在肉品护色和保鲜领域具有很好的应用潜力。

此外，在待处理溶液中添加乳酸、醋酸等被证实能够增强 PAW 的抗菌活性。Qian 等评价了冷等离子体活化乳酸溶液（plasma-activated lactic acid，PALA）对生鲜牛肉的杀菌保鲜效果。Qian 等用冷等离子体射流（19.2 kV，0.46 W，空气）处理乳酸溶液（0.05%~0.20%）制备 PALA，并用 PALA 浸泡牛肉样品 80 s。结果表明，乳酸浓度为 0.20% 时所制备 PALA 具有最强的抗菌活性；经上述 PALA 处理 10 min 后，接种于牛肉表面的肠炎沙门氏菌（S. enteritidis）降低至 2.15 lg CFU/g，显著低于去离子水处理组（5.67 lg CFU/g）。此外，PALA 处理未对牛肉的色泽、pH、气味等造成不良影响。

（2）猪肉

PAW 在猪肉保鲜和加工方面也具有良好的应用前景。除直接用于生鲜肉保鲜外，PAW 也被用于火腿、香肠等肉制品的加工和保鲜。Yong 等采用 DBD 等离子体处理 1% 焦磷酸钠溶液来制备 PAW 并将其用于生产里脊火腿。结果表明，与添加亚硝酸钠所制备的里脊火腿相比，添加 PAW 组样品 a^* 值升高，但 b^* 值和 L^* 值均未发生显著变化。将火腿样品真空包装并于 4℃ 贮藏 2 周后，添加亚硝酸钠所制备里脊火腿的需氧菌总数为 6.68 lg CFU/g，亚硝酸钠残留量为 20.38 mg/kg；而添加 PAW 组里脊火腿需氧总菌数为 6.52 lg CFU/g，亚硝酸钠残留量仅为 10.36 mg/kg，同时过氧化值未发生显著变化。倪思思采用含 1% 焦磷酸钠的蒸馏水来制备 PAW 并用其制作中式猪肉香肠。结果表明，与未添加 PAW 的中式香肠相比，添加 PAW 所制得中式猪肉香肠菌落总数显著下降，而亚硝酸盐残留量、亚硝基血红素含量、总色素含量及发色率均显著升高。此外，添加 PAW 能够降低中式猪肉香肠的 TVB-N 和 TBARS 含量，并显著提高感官风味评价得分。在 4℃ 贮藏 28 天过程中，添加 PAW 所制得中式猪肉香肠菌落总数、TVB-N 和 TBARS 含量均显著低于未添加组样品，且具有更好的发色效果。以上结果表明，将 PAW 添加到中式猪肉香肠中能够起到抑菌防腐、发色固色、抗氧化和改善风味等多种作用。在不影响品质变化的情况下，PAW 可作为腌制肉类生产中亚硝酸盐的替代品。

（3）鸡肉

鸡肉具有高蛋白、低脂肪，矿物质和维生素丰富，风味独特、生产成本低等优点，符合消费者对食品营养的要求。康超娣等采用 APPJ 装置制备 PAW（放电功率为 750 W，放电气体为空气，冷等离子体处理时间为 60 s），并将其用于生鲜鸡胸肉保鲜处理。结果表明，经无菌去离子水或 PAW 浸泡处理 12 min 后，接种于鸡肉表面的假单胞菌 CM2 分别降低了（0.59 和 1.05）lg CFU/g；与无菌水处理组鸡胸肉相比，PAW 处理组样品的色泽、pH、质构特性和感官指标均无显著影响。以上结果表明，PAW 不仅能够有效杀灭鸡胸肉表面假单胞菌 CM2，而且对鸡胸肉品质影响较小。Kang 等采用 DBD 等离子体处理 0.8%（体积分数）乙酸溶液 30 min 来制备等离子体活化乙酸溶液（plasma-activated acetic acid，PAAA），并研究了其对接种于生鲜鸡肉、鸡皮、鸡腿表面的鼠伤寒沙门氏菌的杀灭作用和品质影响。Kang 等发现，经 0.8%（体积分数）乙酸溶液浸泡处理 10 min 后，接种于鸡皮、鸡胸肉和鸡腿表面的鼠伤寒沙门氏菌别降低了（1.23、

1.35 和 1.56）lg；而经 PAAA 浸泡处理 10 min 后，接种于鸡胸肉和鸡腿表面的鼠伤寒沙门氏菌分别降低了（2.33 和 2.75）lg。与未处理样品相比，PAAA 处理组鸡胸肉的 b^* 值、pH 和 TBARS 含量降低，但 L^* 值有所升高。

一些研究证实，PAW 与超声波、温热等协同处理可显著增强对微生物的杀灭效果。例如，Royintarat 等发现，相对于 PAW 或超声波（40 kHz，220 W，40℃）单独处理，PAW 与超声波协同处理对接种于鸡肉表面的大肠杆菌 K12（$E.\ coli$ K12）和金黄色葡萄球菌具有更强的杀灭效果。结果表明，经 PAW 或超声波单独处理后，接种于鸡肉表面的大肠杆菌 K12 和金黄色葡萄球菌的减少值均低于 0.5 lg；而经 PAW 与超声波协同处理后，接种于鸡肉样品（厚度为 2 mm）表面的大肠杆菌 K12 和金黄色葡萄球菌分别降低了（1.13 和 0.62）lg；而对于厚度为 4 mm 的鸡肉样品，大肠杆菌 K12 和金黄色葡萄球菌则分别降低了（1.23 和 0.87）lg。

现有研究证实，PAW 对生鲜肉和肉制品具有很好的杀菌保鲜作用，但 PAW 影响肉及肉制品品质的研究还不够充分。在未来的研究中，还应系统揭示 PAW 对肉品色泽、质地等品质的影响规律和作用机制，进而在保证保鲜效果的前提下最大限度地保持样品的营养和感官品质，满足消费者的需求。

7.4.3 等离子体活化水在冻肉解冻中的应用

目前，冷冻贮藏是最常用的肉类保鲜方法，而解冻过程对肉类的品质有较大的影响。空气解冻、水解冻等传统解冻方法虽然成本低，但存在解冻速度较慢、易污染微生物、汁液流失严重等缺点。因此，寻求新的解冻方法显得尤为重要。研究证实，具有抗菌活性的 PAW 可用于冻肉解冻处理。

（1）冷冻牛肉解冻

Liao 等采用 APPJ 装置制备 PAW，并将其应用于冷冻牛肉的解冻研究（表 7-4）。结果发现，经空气解冻后，牛肉菌落总数由初始的 4.78 lg CFU/g 升高至 5.27 lg CFU/g；而经 PAW 解冻处理后，牛肉表面的菌落总数可降低至 3.16 lg CFU/g。此外，PAW 解冻处理未对牛肉的质地、pH、色泽和风味产生不良影响，并且有效地抑制了牛肉的脂质氧化和蛋白质氧化。

表 7-4   不同解冻方法对牛肉中微生物数量的影响

处理方法	菌落总数	酵母和霉菌总数
冻牛肉	4.78±0.06^c	3.71±0.12^d
空气解冻［（20±1）℃］	5.27±0.24^d	4.16±0.01^e

处理方法	菌落总数	酵母和霉菌总数
水解冻 [（20±1)℃]	5.14±0.04[d]	3.87±0.10[de]
微波解冻（800 W）	3.37±0.03[a]	3.28±0.03[c]
PAW 解冻 [（20±1)℃]	3.16±0.24[a]	1.95±0.32[a]
弱酸性电解水解冻 [（20±1)℃]	3.95±0.19[b]	2.55±0.08[b]

注：同一列不同小写字母表示差异显著（$P<0.05$）。

同样地，应可沁等将 PAW 应用于冷冻牛腱子肉的解冻过程，将 PAW：冷冻牛腱子肉按 4：1 的质量比静置浸泡解冻 10 min。经去离子水浸泡解冻 10 min 后，样品菌落总数为 5.14 lg CFU/g；而经放电时间为（40、60、80、100 和 120）s 所制备 PAW 浸泡解冻 10 min 后，样品菌落总数分别为（4.96、4.84、4.63、4.42 和 4.23）lg CFU/g，表明 PAW 可明显降低解冻过程中潜在的微生物风险。与去离子水相比，PAW 作为解冻介质可显著增强牛肉的持水力，蛋白流失可减少 0.085 mg/mL，汁液损失率最多可降低 1.83%，脂质氧化可降低 0.0944 mg/kg，且未对牛肉的亚硝酸盐含量和 pH 造成显著不良影响。

（2）冷冻鸡肉解冻

Qian 等将 PAW 单独处理及联合超声波处理应用于冷冻鸡肉的解冻过程。研究发现，经空气解冻和去离子水解冻后，鸡肉菌落总数分别为 $7.73×10^4$ CFU/g 和 $17.63×10^4$ CFU/g；而经 PAW、PAW+超声波协同解冻后，鸡肉菌落总数分别为 $3.95×10^4$ CFU/g 和 $1.18×10^4$ CFU/g。此外，PAW 可显著抑制鸡肉脂质和蛋白质氧化，且不会对鸡肉的营养及感官品质造成不良影响。上述研究结果表明，PAW 解冻处理不仅可起到杀菌作用，还可最大限度地保持肉品品质，在冻肉解冻领域具有很好的应用前景。

7.5 结论与展望

7.5.1 结论

冷等离子体和等离子体活化水具有良好的杀菌作用，在肉品保鲜和加工领域有着巨大的应用潜力。研究证实，冷等离子体和等离子体活化水可有效杀灭微生物，也能够有效维持肉品的营养和感官品质。此外，冷等离子体在放电过程中能够产生亚硝酸盐类物质，可用于肉制品护色。综上所述，作为一种新型非热杀菌技术，冷等离子体在肉品保鲜和加工领域具有广阔的应用前景。

7.5.2　展望

虽然冷等离子体技术在肉品加工领域具有广阔的应用前景，但相关研究尚处于起步阶段，仍有一些理论和技术瓶颈有待解决。因此，研究人员还需对冷等离子体制备及应用理论化、标准化和规模化进行深入研究与探索。

（1）冷等离子体基础理论研究

冷等离子体成分极为复杂，活性粒子难以分离，其杀灭微生物的作用机制尚未完全阐明，对食品品质的影响规律尚不明确。在未来的研究中，应系统解析冷等离子体杀灭微生物的主要活性因子，并综合运用转录组学、蛋白质组学、代谢组学等高通量组学技术，探索冷等离子体与微生物的互作效应，阐释冷等离子体杀灭微生物的作用靶点和分子机理，揭示冷等离子体对食品营养成分及质地、色泽等感官品质的影响规律，以期为冷等离子技术在食品工业中的实际应用提供理论参考。

（2）冷等离子体处理工艺参数优化研究

虽然冷等离子体具有较好的杀菌效果和非热处理优势，但其在放电过程中产生的自由基等活性物质会诱导蛋白质、脂质等食品组分发生氧化，在一定程度上降低食品的营养价值和加工品质。如何有效控制冷等离子对产品品质的负面影响是当前的重要研究内容。在实际应用中应根据不同样品，系统研究冷等离子体类型、处理参数（如处理时间、间距）和放电气体特性（如组成、流速、相对湿度）等对其杀菌效果和食品品质的影响规律，优化冷等离子体处理工艺参数，从而最大程度地降低冷等离子体对肉和肉制品品质造成的不良影响。

（3）冷等离子体装备研发

目前冷等离子体和等离子体活化水设备普遍存在处理量小、成本高等问题，难以满足食品加工保鲜实际应用的需求。因此，冷等离子体和等离子体活化水装备研发将是未来重要的研究方向之一。在未来的工作中，应重点探索冷等离子体系统批量或连续处理大量食品的可行性，研发能够批量处理食品的绿色、智能化冷等离子体和等离子体活化水装备，并系统评价冷等离子体和等离子体活化水技术的成本效益。

参考文献

［1］相启森，董闪闪，郑凯茜，等．大气压冷等离子体在食品农药残留和真菌毒素控制领域的应用研究进展［J］．轻工学报，2022，37（3）：1-9.

［2］Yong H I, Lee H, Park S, et al. Flexible thin-layer plasma inactivation of bacteria and mold survival in beef jerky packaging and its effects on the meat's physi-cochemical properties [J]. Meat Science, 2017, 123: 151-156.

[3] Roh S H, Oh Y J, Lee S Y, et al. Inactivation of *Escherichia coli* O157 : H7, *Salmonella*, *Listeria monocytogenes*, and Tulane virus in processed chicken breast via atmospheric in-package cold plasma treatment [J]. LWT-Food Science and Technology, 2020, 127: 109429.

[4] Ulbin-Figlewicz N, Jarmoluk A, Marycz K. Antimicrobial activity of low-pressure plasma treatment against selected foodborne bacteria and meat microbiota [J]. Annals of Microbiology, 2015, 65 (3): 1537-1546.

[5] Bae S C, Park S Y, Choe W, et al. Inactivation of murine norovirus-1 and hepa-titis A virus on fresh meats by atmospheric pressure plasma jets [J]. Food Re-search International, 2015, 76 (Part3): 342-347.

[6] Boonyawan D, Lamasai K, Umongno C, et al. Surface dielectric barrier discharge plasma-treated pork cut parts: Bactericidal efficacy and physiochemical character-istics [J]. Heliyon, 2022, 8 (10): e10915.

[7] Sharma A, Pruden A, Stan O, et al. Bacterial inactivation using an RF-powered atmospheric pressure plasma [J]. IEEE Transactions on Plasma Science, 2006, 34 (4): 1290-1296.

[8] Stratakos A C, Grant I R. Evaluation of the efficacy of multiple physical, biologi-cal and natural antimicrobial interventions for control of pathogenic *Escherichia coli* on beef [J]. Food Microbiology, 2018, 76: 209-218.

[9] Jayasena D D, Kim H J, Yong H I, et al. Flexible thin-layer dielectric barrier discharge plasma treatment of pork butt and beef loin: Effects on pathogen inacti-vation and meat-quality attributes [J]. Food Microbiology, 2015, 46: 51-57.

[10] 翟国臻, 李佳, 郭杉杉, 等. 滑动弧放电等离子体处理对冷鲜猪肉保鲜的影响 [J]. 中国食品学报, 2022, 22 (1): 189-197.

[11] 杜曼婷, 黄俐, 高梦丽, 等. 介质阻挡放电低温等离子体处理对宰后羊肉品质的影响 [J]. 食品科学, 2022, 43 (21): 87-92.

[12] Wang J M, Zhuang H, Lawrence K, et al. Disinfection of chicken fillets in pack-ages with atmospheric cold plasma: Effects of treatment voltage and time [J]. Journal of Applied Microbiology, 2018, 124 (5): 1212-1219.

[13] 孙运金, 仇俊, 翟国臻, 等. 等离子体处理对生鲜牛肉杀菌保鲜效果及营养品质的影响 [J]. 数字印刷, 2022 (2): 122-131.

[14] 李欣欣, 李大宇, 赵子瑞, 等. 低温等离子体处理功率对酱牛肉贮藏品质的

影响 [J]. 吉林大学学报（工学版），2020, 50（5）：1934-1940.

[15] Kim J S, Lee E J, Choi E H, et al. Inactivation of *Staphylococcus aureus* on the beef jerky by radio-frequency atmospheric pressure plasma discharge treatment [J]. Innovative Food Science & Emerging Technologies, 2014, 22：124-130.

[16] Lis K A, Boulaaba A, Binder S, et al. Inactivation of *Salmonella* Typhimurium and *Listeria monocytogenes* on ham with nonthermal atmospheric pressure plasma [J]. PLOS ONE, 2018, 13（5）：e0197773.

[17] Yadav B, Spinelli A C, Govindan B N, et al. Cold plasma treatment of ready-to-eat ham：Influence of process conditions and storage on inactivation of *Listeria innocua* [J]. Food Research International, 2019, 123：276-285.

[18] Zhang Y L, Lei Y, Huang S H, et al. In-package cold plasma treatment of braised chicken：voltage effect [J]. Food Science and Human Wellness, 2022, 11（4）：845-853.

[19] 王晨，钱婧，盛孝维，等. 低温等离子体冷杀菌对盐水鸭货架期及风味品质的影响 [J]. 食品工业科技，2021, 42（17）：70-77.

[20] Rød S K, Hansen F, Leipold F, et al. Cold atmospheric pressure plasma treatment of ready-to-eat meat：Inactivation of *Listeria innocua* and changes in product quality [J]. Food Microbiology, 2012, 30（1）：233-238.

[21] Lee H, Yong H I, Kim H, et al. Evaluation of the microbiological safety, quality changes, and genotoxicity of chicken breast treated with flexible thin-layer dielectric barrier discharge plasma [J]. Food Science and Biotechnology, 2016, 25（4）：1189-1195.

[22] Wang J M, Zhuang H, Hinton Jr A, et al. Influence of in-package cold plasma treatment on microbiological shelf life and appearance of fresh chicken breast fillets [J]. Food Microbiology, 2016, 60：142-146.

[23] 岑南香，刘宸成，陈姑，等. 低温等离子体处理对羊肉脂质与蛋白质氧化性质的影响 [J]. 食品工业科技，2022, 43（14）：85-93.

[24] 章建浩，乔维维，黄明明，等. 低温等离子体处理对牛肉品质的影响 [J]. 现代食品科技，2018, 34（11）：194-199, 150.

[25] Gao Y, Yeh H Y, Bowker B, et al. Effects of different antioxidants on quality of meat patties treated with in-package cold plasma [J]. Innovative Food Science & Emerging Technologies, 2021, 70：102690.

[26] Li R, Zhu H Y, Chen Y F, et al. Cold plasmas combined with Ar-based MAP for meatball products：Influence on microbiological shelflife and quality attributes

[J]. LWT-Food Science and Technology, 2022, 159: 113137.

[27] 郭依萍, 李冉, 叶可萍, 等. 气调包装协同低温等离子体杀菌对狮子头保鲜效果的影响 [J]. 核农学报, 2022, 36 (9): 1815-1825.

[28] 吴旭琴, 王守国, 韩黎, 等. 常压低温等离子体对微生物的杀灭研究 [J]. 微生物学报, 2005, 45 (2): 309-311.

[29] Kim B, Yun H, Jung S, et al. Effect of atmospheric pressure plasma on inactivation of pathogens inoculated onto bacon using two different gas compositions [J]. Food Microbiology, 2011, 28 (1): 9-13.

[30] Noriega E, Shama G, Laca A, et al. Cold atmospheric gas plasma disinfection of chicken meat and chicken skin contaminated with *Listeria innocua* [J]. Food Microbiology, 2011, 28 (7): 1293-1300.

[31] 韩格, 陈倩, 孔保华. 低温等离子体技术在肉品保藏及加工中的应用研究进展 [J]. 食品科学, 2019, 40 (3): 286-292.

[32] 唐林, 王松, 郭柯宇, 等. 低温等离子体活化水在食品杀菌保鲜中的应用 [J]. 中国食品学报, 2021, 21 (12): 347-357.

[33] 康超娣. 等离子体活化水对鸡肉源 *P. deceptionensis* 杀菌效果及机制研究 [D]. 郑州: 郑州轻工业大学, 2019.

[34] Zhao Y M, Chen R, Tian E, et al. Plasma-activated water treatment of fresh beef: Bacterial inactivation and effects on quality attributes [J]. IEEE Transactions on Radiation and Plasma Medical Sciences, 2018, 4 (1): 113-120.

[35] Qian J, Zhuang H, Nasiru M M, et al. Action of plasma-activated lactic acid on the inactivation of inoculated *Salmonella* Enteritidis and quality of beef [J]. Innovative Food Science & Emerging Technologies, 2019, 57: 102196.

[36] Inguglia E S, Oliveira M, Burgess C M, et al. Plasma-activated water as an alternative nitrite source for the curing of beef jerky: Influence on quality and inactivation of *Listeria innocua* [J]. Innovative Food Science & Emerging Technologies, 2020, 59: 102276.

[37] Yong H I, Park J, Kim H J, et al. An innovative curing process with plasma-treated water for production of loin ham and for its quality and safety [J]. Plasma Processes and Polymers, 2018, 15 (2): 1700050.

[38] 倪思思. 等离子体活化水在中式香肠中的应用 [D]. 杭州: 浙江大学, 2021.

[39] Kang T, Yim D, Kim S S, et al. Effect of plasma-activated acetic acid on inactivation of *Salmonella* Typhimurium and quality traits on chicken meats [J].

Poultry Science，2022，101（5）：101793.

［40］Royintarat T，Choi E H，Seesuriyachan P，et al. Ultrasound-assisted plasma-activated water for bacterial inactivation in poultry industry ［C］. Melbourne：IEEE，2019.

［41］Liao X Y，Xiang Q S，Cullen P J，et al. Plasma-activated water（PAW）and slightly acidic electrolyzed water（SAEW）as beef thawing media for enhancing microbiological safety ［J］. LWT - Food Science and Technology，2020，117：108649.

［42］应可沁，李子言，程序，等. 等离子体活化水作为解冻介质对牛肉杀菌效能及品质的影响 ［J］. 食品工业科技，2022，43（2）：338-345.

［43］Qian J，Yan L F，Ying K Q，et al. Plasma-activated water：A novel frozen meat thawing media for reducing microbial contamination on chicken and improving the characteristics of protein ［J］. Food Chemistry，2022，375：131661.

第8章 静电纺丝技术与肉品保鲜

近年来，纳米纤维活性/智能包装材料成为食品包装材料发展的新方向。静电纺丝纳米纤维具有比表面积大、孔隙率高、对活性物质包埋率高等优点，被广泛用作肉品的防腐保鲜。本章综述了静电纺丝技术的基本原理、分类、常用基材和影响因素，介绍了静电纺丝抗菌活性包装材料、抗氧化活性包装材料和智能包装材料在肉品保鲜领域中的应用进展，总结了该研究领域存在的问题并展望了今后的研究方向，以期为静电纺丝技术在肉品保鲜领域的实际应用提供参考。

8.1 静电纺丝技术概述

8.1.1 静电纺丝技术

（1）发展历史

静电纺丝相关概念最早可以溯源到 17 世纪，液体静电引力现象的发现和探索对于静电纺丝的发展具有重要意义。Anton Formhals 在 1934 年和 1944 年申请的一系列专利中描述了利用静电力生产聚合物长丝的实验装置，详细论述了其工艺原理，被公认为是静电纺丝制备纤维的技术开端。此外，Geoffrey Taylor 探究了如何从数学上描述和模拟聚合物溶液从球形到锥形的演变过程，并由此产生了静电纺丝标志性概念——泰勒锥（Taylor cone）。

（2）原理和装置

静电纺丝是高聚物溶液或熔体在外加电场作用下连续生成直径在纳米至微米级超细纤维的过程。其中，溶液静电纺丝比熔融静电纺丝应用更加普遍，其纺丝设备主要由高压电源、注射装置及接收装置三部分组成，如图 8-1 所示。

（3）静电纺丝过程

静电纺丝主要可以分为三个过程：一是泰勒锥形成，二是带电射流的拉伸和细化，三是纤维的固化和收集。在纺丝过程中，由于高压电场的存在，电场力和表面张力的共同作用使纺丝溶液在针头处形成一定的锥形，随着电压的增强，针头处液滴逐渐被拉伸。当溶液或熔体所受的电场力大小等于表面张力时，液滴被拉伸成泰勒锥；当电场力进一步增大超过临界值时，聚合物溶液或熔体表面上的电场力克服表面张力时，液滴从泰勒锥末端喷出，形成射流，过量的电荷使得射

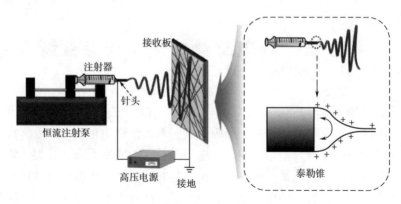

图 8-1　静电纺丝基本装置及原理

流进一步拉伸、劈裂和细化，且射流在飞行过程中伴随着溶剂的挥发，最终在接收装置上固化成一层纳米纤维膜。

8.1.2　静电纺丝的分类及常见基材

（1）静电纺丝的分类

目前，根据电场、针头、接收装置及纺丝液类型等，可将静电纺丝分为多种类型。

①根据纺丝距离和电压分类　根据纺丝距离和电压的不同，静电纺丝可分为近直场静电纺丝和远直场静电纺丝（经典静电纺丝）（图 8-2）。传统的静电纺丝通常在远场模式下进行，一般纺丝距离在 5~15 cm，高压在 10~20 kV；此条件下难以精确控制纤维沉积的位置，所得纤维一般为无序纤维。近直场静电纺丝通过降低纺丝距离（500 μm~5 cm）和纺丝电压（0.6~3 kV）来控制纺丝射流

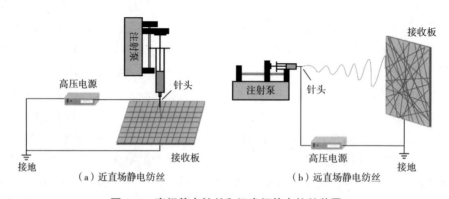

（a）近直场静电纺丝　　　　　　　（b）远直场静电纺丝

图 8-2　直场静电纺丝和远直场静电纺丝装置

处于初始稳定运动状态，实现对纺丝射流的精确控制及固化后纤维的精准沉积。然而，近直场静电纺丝过程中的液体流量相对较低，导致生产量显著减少，且其设备复杂，限制了它在大规模生产中的应用。因此，目前用于食品领域的静电纺丝技术仍以远直场静电纺丝为主。

②根据针头数量和类型分类　针头是静电纺丝制备纤维的关键部件之一，最简单的静电纺丝一般采用单根针头。为了提高纺丝效率和克服单针头的缺陷，研究者研发了多针头射流装置。多针头多射流装置是将一定数量的针头通过不同排布方式排列，从而实现多针头同时纺丝，有效提升了纺丝效率。此外，根据针头内部结构的不同，可以将静电纺丝分为单轴静电纺丝、同轴静电纺丝和三轴静电纺丝（图8-3）。目前，研究多集中于单轴和同轴静电纺丝，关于三轴静电纺丝在食品领域的应用较少。三层结构纤维能够为活性物质提供多层保护，更有利于实现活性物质的控缓释。因此，基于三轴静电纺丝技术的活性物质包埋和应用将是未来的一个热点研究方向。

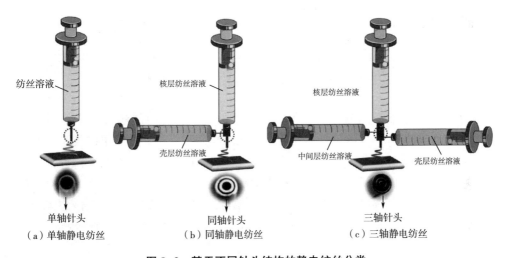

纺丝溶液

核层纺丝溶液

壳层纺丝溶液

核层纺丝溶液

中间层纺丝溶液

壳层纺丝溶液

单轴针头

同轴针头

三轴针头

（a）单轴静电纺丝　　（b）同轴静电纺丝　　（c）三轴静电纺丝

图8-3　基于不同针头结构的静电纺丝分类

③根据接收装置分类　静电纺丝纤维可在固态或者液态接收装置中收集，因此可以分为干法静电纺丝和干喷湿法静电纺丝。对于干法静电纺丝，主要采用固体装置来接收纤维。在经典的静电纺丝过程中，常选用铝箔或者金属网格、平板等来接收；由于电纺过程中鞭动的不稳定性，接收到的纤维多是无序排列的。通过改进接收装置来制备取向纳米纤维是一种较为常用的方法。例如，研究人员设计旋转接收装置，通过高速旋转的转辊对射流的牵伸作用来获得取向排列的纳米纤维（图8-4）。干喷湿法静电纺丝与干法静电纺丝的主要不同点在于该法采用凝固浴作为接收装置。在高静电场作用下，悬于注射器针尖的高分子液滴形成泰

勒锥，锥尖朝向负极接收装置。随着静电压地不断增加，被喷出来的溶液细流鞭动射入凝固浴接收装置。由于溶剂不能迅速挥发，溶液细流在进入凝固浴前无法固化。只有溶液细流进入凝固浴后，由于凝固浴成分对纺丝溶剂的相溶性和对溶质的不可溶性，溶剂迅速扩散至凝固浴中，溶液细流才固化成纤维。目前，在食品研究领域，应用最为广泛的是干法静电纺丝技术。

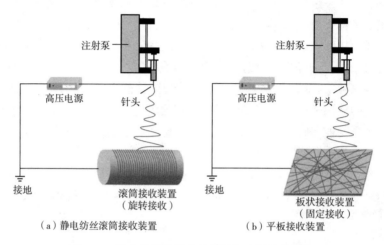

（a）静电纺丝滚筒接收装置　　　　（b）平板接收装置

图8-4　静电纺丝滚筒接收装置与平板接收装置

④根据纺丝液类型分类　根据纺丝流体的不同，静电纺丝可分为不同类型（图8-5）。以聚合物溶液为纺丝流体的静电纺丝是最基本、最简单的类型，该方法是将活性物质与聚合物溶液混合后直接进行单轴静电纺丝。然而，该种情况下所得的纤维结构比较简单，且纺丝过程中活性物质易暴露在纤维表面。针对上述问题，近年来研究者提出了多单元的静电纺丝，即将纳米粒子、脂质体、包合物等纳米载体与聚合物溶液混合后进行静电纺丝，制得负载纳米粒子的纤维。乳液

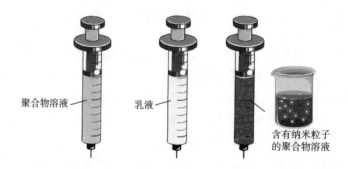

图8-5　基于不同纺丝液类型的静电纺丝

静电纺丝是将负载活性成分的油包水或水包油乳液直接用于静电纺丝，在电场作用下两相分离，最终得到具有核壳结构的纤维。乳液静电纺丝能够通过亲水性聚合物递送亲脂性化合物，并且避免使用有毒有机溶剂，具有较好的应用前景。

（2）静电纺丝常用的基材

目前，用于静电纺丝的材料主要包括合成聚合物和天然聚合物两大类（表 8-1）。随着消费者食品安全意识不断增强，天然聚合物材料逐渐成为食品静电纺丝领域的研究焦点。

表 8-1　食品领域静电纺丝常用基材

合成聚合物	天然聚合物			
	蛋白质		多糖	
	植物源	非植物源	植物源	非植物源
聚乙烯醇（PVA）	玉米醇溶蛋白	明胶	果胶	壳聚糖
聚乳酸（PLA）	大豆分离蛋白	乳清分离蛋白	纤维素	海藻糖
聚氧化乙烯（PEO）	小麦蛋白	鱼肌浆蛋白	淀粉	普鲁兰糖
聚己内酯（PCL）	苋菜蛋白	蚕丝蛋白	糊精	透明质酸
聚乙烯吡咯烷酮（PVP）	高粱蛋白	羊皮水解蛋白	瓜尔豆胶	
聚乳酸-羟基乙酸共聚物（PLGA）	花生蛋白	蛋清蛋白	魔芋葡甘聚糖	

①合成聚合物　合成聚合物一般是通过化学方法合成的一种可生物降解的高分子材料，如 PVA、PLA、PVP、PCL 等。该类聚合物材料具有较好的可纺性，且所得纤维膜的机械性能较好，广泛用于医药、食品等领域。在食品领域，合成聚合物的应用主要包括以下两种方式：第一，合成聚合物（如 PVA、PLA、PEO、PVP）单独作为基材制备活性包装材料；第二，以纺丝性能较好的合成聚合物来辅助多糖、蛋白等天然聚合物进行纺丝，制备复合包装材料。

②天然聚合物　天然聚合物与合成聚合物相比，蛋白质、多糖等天然聚合物具有良好的生物相容性、低毒性、可再生及可控生物降解性。基于天然聚合物的静电纺丝纤维，不仅拥有纳米材料的独特性能，还具有良好的安全性和可降解性，在食品领域中具有广阔的应用前景。

目前，用于静电纺丝的蛋白质基材主要包括明胶、玉米醇溶蛋白、大豆分离蛋白等。然而，由于蛋白质的二级和三级结构极为复杂，直接使用蛋白质进行静电纺丝比较困难，而且所制备纤维的机械强度比较差，难以满足实际应用。因此，研究人员主要通过蛋白质与合成聚合物共纺、纺丝溶剂选择等手段来提高蛋白质的可纺性，并通过改性或纺丝策略设计来调控所得纤维材料对活性物质的控释性能。在室温下，明胶具有良好的水溶性，但由于明胶分子不充分缠结，所制备的明胶水溶液可纺性较差，因此通过提高温度或添加不同溶剂（如乙酸、乙酸乙酯）对明胶进行前处理，可增强明胶分子链之间的相互作用，进而提升明胶溶液的可纺性。蛋白质基静电纺丝纳米纤维在包封和控缓释生物活性物质方面具有巨大潜力，但未来仍需深入探究蛋白质和活性物质的相互作用，以及其对静电纺丝材料中活性物质功能发挥的影响规律。

多糖是另一类重要的纺丝基材，具有来源丰富、生物可降解、相容性好等优点。然而，大多数多糖的水溶液电导率或黏度较高，限制了其单独作为基材时的纺丝性能。壳聚糖在酸性条件下带正电，具有良好的抗菌活性，被认为是最有吸引力的食品包装材料之一。壳聚糖在酸性水溶液中具有较高的电导率，难以通过静电纺丝形成良好的纤维结构，可通过改变壳聚糖的理化性质（如分子量、脱乙酰化程度）、加工参数、环境条件以及与其他聚合物混合等方式，来制备壳聚糖基静电纺丝纤维。此外，海藻糖、果胶等阴离子多糖的分子链刚性较强、溶液黏度较高，无法直接用于静电纺丝，可通过与合成聚合物共混来改善纺丝溶液的流变性能，提升海藻酸钠溶液的可纺性。除上述不可纺多糖外，目前已经报道可以单独进行纺丝的多糖主要有普鲁兰多糖、环糊精和淀粉，但是以此制备纤维的过程中存在有机溶剂使用、所得纤维亲水性或机械性能差等问题。

8.1.3 静电纺丝的影响因素

聚合物溶液性质、纺丝工艺条件和环境条件是影响静电纺丝纤维直径和形貌的主要因素。优化纺丝工艺参数有助于制备形貌完整、直径均一的纳米纤维，提升其应用性能。

（1）聚合物溶液性质

在静电纺丝过程中，聚合物溶液的性质（如电导率、黏度、表面张力）会直接影响所制备纤维的微观形貌和性能。特别地，聚合物溶液的黏度是影响纳米纤维功能特性的重要参数，它与聚合物的相对分子质量和浓度直接有关。低黏性纺丝射流易发生"瑞利泰勒不稳定"现象，表现为纺丝射流倾向于发生静电喷涂而形成微米/纳米颗粒。降低聚合物溶液的表面张力有利于连续生产直径分布均匀的纳米纤维。因此，为了制备形貌良好的纳米纤维，可通过添加表面活性剂来降低聚合物溶液的表面张力。此外，聚合物溶液的电导率也影响静电纺丝纤维的直径分布。纺丝液电导率太低会造成聚合物溶液的带电荷量变低，导致溶液所受的静电力无法克服表面张力的束缚，难以正常纺丝。目前，研究人员主要通过加入一定量的盐或聚电解质来增加聚合物溶液的电导率，促进带电液滴的拉伸。但是，当溶液的电导率过高时，射流运动速率过快，导致无法保证射流充分拉伸及纺丝溶剂充分挥发，进而会形成珠状纤维。

（2）工艺条件

纺丝电压、溶液流速、接收距离等工艺条件是影响静电纺丝的一类重要因素。在纺丝距离一定的前提下，纺丝电压的大小决定了针头和接收装置之间的电场强度，进而影响对射流运动速度及所受的拉伸强度。在一定范围内，升高纺丝电压会导致静电纺丝纤维直径减小。而当电压超过临界值时，纤维直径显著增大且极易形成串珠状结构。

同样地，溶液流速会影响溶剂的挥发和纤维的固化时间。一般情况下，纺丝溶液的流速不宜过高，这主要是因为在低流速状态下，溶剂有更长的挥发时间，更容易在接收装置上固化为纤维。溶液流速也会影响静电纺丝纤维的直径。如果通过针头的溶液流量无法及时补充喷射出的溶液量，则无法维持针头尖端的泰勒锥，进而无法保证纺丝过程的连续性，甚至会造成针头的堵塞。此外，溶液流速还会影响纤维的孔隙率和微观形貌。静电纺丝纤维直径大小和纤维表面孔隙直径均随流速的增加而增加，若高流速下的纤维在到达收集器之前不能完全干燥，最终会形成大量的串珠状纤维。

针头与收集装置之间的接收距离与沉积时间、蒸发速率等有关，同样会影响静电纺丝纤维的直径分布和微观形貌。当接收距离在一定范围内增加时，射流向接收板的飞行距离延长，进而延长溶剂的蒸发时间，这使纺丝溶液能够得到充分拉伸而形成均匀且直径较小的纳米纤维；而当接收距离超过一定范围时，在纺丝电压一定的前提下，针头与接收装置之间的电场强度会随之降低，因而射流到达接收板时不能完全固化为纳米纤维，进而造成纤维直径变大或产生珠状结构等问题。此外，接收距离越小，产生的纤维湿度越大，形成的珠状结构则越多；与使用高挥发性有机溶剂的溶液相比，聚合物水溶液形成纤维所需的距离更长。因此，调节距离时还需考虑溶剂的种类，以达到较好的纺丝效果。

（3）环境条件

除聚合物的性质和工艺参数外，静电纺丝纤维的形态还受温度、相对湿度等环境条件的影响。一般情况下，纤维直径与环境温度成反比。一方面，温度的升高可造成聚合物溶液黏度降低，进而加速分子的运动，使射流能够被充分拉伸而降低纤维直径。另一方面，纺丝过程中溶剂的挥发会随着温度的升高而增强，造成纤维直径减小。对于负载具有高挥发性的活性物质的纳米纤维的制备，温度过高会促使活性物质的挥发而导致包埋率较低。另外，相对湿度也会影响静电纺丝过程中溶剂的挥发和纤维的固化。在一定范围内，纤维的直径会随相对湿度的增加而降低；但当湿度超过一定范围后，会导致纺丝过程中溶剂不能得到充分挥发，最终引起纤维直径增大。

8.2 静电纺丝抗菌纤维膜及其在肉品保鲜中的应用

食品活性包装是近年来发展起来的一种新型包装形式，主要是将活性成分负载到包装材料中来减缓食品的腐败变质并延长产品货架期。抗菌包装作为一种活性包装，是将一定量的抗菌剂分散在包装材料中或形成涂膜，通过抗菌成分与食品表面微生物的接触来实现抑菌功能，进而延长食品的货架期。

目前，利用静电纺丝技术制备食品抗菌活性包装材料的方式主要有三种（图 8-6）：一是直接以具有抗菌性的壳聚糖等聚合物材料为基材，通过静电纺丝制备得到抗菌纤维膜。二是将包装基层固定在接收板上，并将含有抗菌剂的纺丝液电纺到包装材料上，进而制备抗菌活性包装；抗菌剂可蒸发到顶部空间（挥发性抗菌剂）或扩散迁移到食品表面（非挥发性抗菌剂）来发挥抗菌保鲜作用。三是通过混合静电纺丝或同轴静电纺丝等形式，制备负载抗菌剂的静电纺丝纳米纤维抗菌活性包装。抗菌剂被包埋或固定在纳米纤维中，可最大限度地保持热稳定性较差的抗菌剂（如精油）的抗菌活性，并可实现抗菌剂的缓控释放。目前，第三种方式是研究和应用最多的一类抗菌纤维膜制备方法。

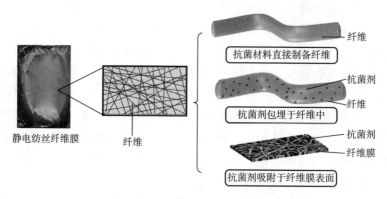

图 8-6　基于静电纺丝构建抗菌材料的三种主要方式

8.2.1　负载不同抗菌剂的静电纺丝抗菌纤维膜的制备及性能

抗菌剂是抗菌活性包装中发挥抗菌作用的主要成分，根据其来源不同可以将其分为无机抗菌剂、有机抗菌剂和天然抗菌剂。

（1）基于无机抗菌剂的静电纺丝纤维膜

目前，用于制备静电纺丝抗菌纤维的无机抗菌剂主要包括金属纳米粒子、金属氧化物、氧化石墨烯等。

①负载金属纳米粒子和金属氧化物的静电纺丝抗菌纤维膜　目前，银纳米粒子（Ag-NPs）是研究最为广泛的金属纳米粒子无机抗菌剂，其主要的抗菌机理是通过与细菌或病毒的细胞壁/膜发生强结合，从而直接进入菌体，迅速与氧代谢的硫醇（-SH）结合，阻断代谢并使其失去活性。但银纳米粒子由于表面能高，易发生聚集和氧化，这限制了金属银纳米粒子的实际应用。基于无机金属纳米粒子的抗菌纤维膜制备途径主要包括两种：第一种是直接将金属离子与聚合物溶液共混纺丝；第二种是将金属离子通过共价/非共价作用固定化到静电纺丝纤维膜的表面。近年来，研究者提出了一种绿色环保的方法来制备银纳米粒子复合聚丙烯腈（polyacrylonitrile，PAN）纤维，即利用紫外光照射催化银纳米粒子固定在 PAN 纤维表面，制备出 Ag-NPs/PAN 纳米纤维，并对比研究了其与传统共混法制备的 Ag/PAN 纤维膜的抗菌效果。结果发现 Ag-NPs/PAN 纤维表现出更持久和高效的抗菌性，对大肠杆菌和枯草芽孢杆菌的抗菌率均接近 90%。

除了金属纳米粒子，以氧化锌纳米粒子（ZnO-NPs）、二氧化钛纳米粒子（TiO_2-NPs）、氧化铜纳米粒子（CuO-NPs）为主导的金属氧化物纳米粒子也被广泛用于制备静电纺丝抗菌纤维膜。Liu 等发现通过添加 ZnO 所制备的乙基纤维素/明胶/ZnO 静电纺丝纤维膜对大肠杆菌和金黄色葡萄球菌具有较好的抗菌活性。当 ZnO 添加浓度为 1%、1.5% 和 2% 时，抗菌膜对金黄色葡萄球菌和大肠杆菌的抑菌圈分别为（0.69、1.30、1.61）mm/mg 和（0.75、1.17、1.33）mm/mg。特别地，当 ZnO 添加浓度为 1.5% 时，紫外线照射可使抗菌膜对葡萄球菌的抗菌率提高 18.8%。

②负载金属有机框架的静电纺丝抗菌纤维膜　金属—有机框架（metal-organic-framework，MOF）材料是一种多孔金属材料。与金属纳米粒子相比，MOF 可以储存并释放金属离子，进而提高抗菌的时效性，同时防止金属离子的聚集和氧化。Kiadeh 等针对铜基金属有机框架中铜离子的突释问题，以叶酸为稳定剂将叶酸—铜—有机框架包埋到果胶/PEO 纳米纤维中，所得纤维膜对大肠杆菌和金黄色葡萄球菌的抑菌率可达 99.6% 和 92.5%，说明此纤维膜可以作为一种潜在的食品抗菌活性包装材料。

③负载氧化石墨烯的静电纺丝抗菌纤维膜　氧化石墨烯含有羰基、羧基、羟基和环氧基等含氧官能团，具有良好的抗菌性。Zhang 等将经过儿茶酚衍生物—甲基丙烯酰胺单体改性的氧化石墨烯接枝到 PLA 静电纺丝纤维膜上，发现经改性处理制备的纤维膜对大肠杆菌和金黄色葡萄球菌可造成不可逆损伤。除了优异

的抗菌效果外，氧化石墨烯还能够显著改善复合纤维的机械性能。与纯PVA静电纺丝纤维膜相比，PVA/氧化石墨烯纳米复合纤维膜中氧化石墨烯的添加使杨氏模数增加了40.8%，屈服应力增加了83.6%。因此，该纤维膜可以作为一种潜在的食品抗菌包装材料。

无机抗菌剂具有稳定、持久的抗菌性能，并且安全性、受热性良好，在静电纺丝抗菌材料研究领域具有一定优势。但银系抗菌剂容易变色，钛系抗菌剂在光照下才能发挥作用，且存在抗菌迟效性等缺点。因此，如何规避其缺点且兼顾高效性已成为该领域的主要课题。

（2）基于有机抗菌剂的静电纺丝纤维膜

有机抗菌剂是发展比较成熟的一类抗菌剂，具有种类多、价格低和杀菌能力强等优点。目前，用于静电纺丝的有机抗菌剂主要包括季铵盐类、N-卤代胺类、月桂酰精氨酸乙酯盐酸盐类等。利用该类抗菌剂构建静电纺丝抗菌纤维膜时，也主要通过包埋或者固定化的形式来提高抗菌剂的稳定性、增大接触面积，进而提高抗菌效果。

目前，对于季铵盐类和N-卤代胺类抗菌剂，主要通过聚合物改性或接枝等方式来构建抗菌材料；对于月桂酰精氨酸乙酯盐酸盐，主要是通过不同的纺丝策略来包埋该抗菌剂以实现长效抗菌的目的。尽管基于有机抗菌剂的静电纺丝抗菌材料能够实现较好的抗菌效果，但是接枝聚合物的安全性问题尚未得到充分的研究，因此该类抗菌材料在食品领域的应用还需要进一步研究。

（3）基于天然抗菌剂的静电纺丝纤维膜

天然抗菌剂主要是由动物、微生物、植物体内提取的具有抗菌活性的成分，具有抑菌性强、来源广泛、安全性高等特点，因此以天然抗菌剂构建静电纺丝抗菌包装材料成为食品活性包装领域的研究热点。

①动物源天然抗菌剂　其主要包括壳聚糖、溶菌酶、乳铁蛋白等。壳聚糖是虾及蟹等甲壳类动物中富含的甲壳素经脱乙酰化而得到的衍生物，是自然界唯一的阳离子多糖，具有安全无毒、生物可降解等优点。目前，壳聚糖参与制备静电纺丝抗菌材料的方式主要有以下三种：一是直接以壳聚糖为基材来制备静电纺丝抗菌纤维膜；二是以化学改性壳聚糖为基材构建静电纺丝抗菌纤维膜；三是构建负载壳聚糖纳米粒子的静电纺丝抗菌纤维膜。

溶菌酶又称胞壁质酶或N-乙酰胞壁质聚糖水解酶，能够水解细胞壁肽聚糖中N-乙酰胞壁酸和N-乙酰葡萄糖胺之间的β-1,4-糖苷键，导致细胞壁破裂和细菌裂解，从而发挥杀菌作用。然而，溶菌酶易受高温、pH、金属离子等因素的影响而失活，因此保证结构稳定性是溶菌酶发挥抗菌作用的必要条件。目前，研究者主要通过包埋、吸附、抗菌剂复配等策略来提高溶菌酶的抗菌效果。首先，包埋是构建溶菌酶静电纺丝抗菌纤维膜最直接的方法。为了避免静电纺丝条件（如纺丝溶剂）对溶菌酶活性的损害，研究人员通常先将溶菌酶包埋于纳米粒子中，然后将其与 PLGA 共混纺丝。活力测定结果表明，经过纺丝后，超过90%的酶活能够得到保留。其次，直接以静电纺丝纤维膜为载体吸附溶菌酶也是构建静电纺丝抗菌纤维膜的重要途径。通过调节 pH 使得溶菌酶带正电，然后将静电纺丝 PVA/聚丙烯酸纤维膜浸泡到溶菌酶溶液中，聚丙烯酸中羧酸基团的脱质子化使得纤维表面带负电，通过静电相互作用溶菌酶被成功的吸附固定在纤维膜表面。经该抗菌纤维膜处理 14 天后，由于纤维膜表面溶菌酶的作用，金黄色葡萄球菌的数量降低 4 倍，说明该抗菌膜能够发挥长时抑菌作用。最后，研究者也尝试通过抗菌剂复配的方式来进一步拓宽溶菌酶的抗菌谱，构建负载复合抗菌剂的静电纺丝复合抗菌纳米纤维膜。Feng 等将溶菌酶与肉桂精油复配，制备得到复合抗菌剂纤维膜。该纤维膜不仅能够降低精油的用量，也能拓宽单一溶菌酶纤维膜的抗菌谱。抑菌实验结果表明单一的溶菌酶纤维膜仅对单增李斯特菌有明显抗菌效果，而复合膜对单增李斯特菌、沙门氏菌、青霉菌和黑曲霉有较好的抗菌效果。

　　乳铁蛋白是一种广谱抑菌剂，对肉类表面易生长的 30 多种致病菌具有抑制作用。有研究以冷水鱼明胶为原料，构建得到负载牛乳铁蛋白的静电纺丝抗菌纤维膜，并就其对不同食源性微生物（荧光假单胞菌、腐败希瓦氏菌、大肠杆菌等）的抗菌活性进行了研究。结果表明，当乳铁蛋白添加量为 5%和 10%时，纤维膜对各细菌的抑菌圈直径均小于 10 mm；而当添加量为 15%（质量分数）时，纤维膜对各受试菌的抗菌效果均增强；特别地，纤维膜对腐败希瓦氏菌和大肠杆菌的抑菌圈可达 17 mm。

　　②植物源天然抗菌剂　其主要包括植物精油、多酚和黄酮类化合物、植物提取物等。植物精油是一种含有 20～60 种活性有机化合物的混合物，这些活性成分赋予植物精油特殊的气味和功能特性。

　　A. 植物精油　近年来，植物精油以其来源天然、安全性高和抗菌谱广等优点成为食品抗菌保鲜研究领域中的代表性植物源抗菌剂。然而，植物精油具有稳定性差、易挥发、难溶于水等缺点，限制了其在食品领域中的应用。为了解决上述问题，研究者采取不同技术对精油进行包埋以期掩盖精油的不良气味、提高精油的稳定性和水溶性。特别地，静电纺丝作为一种简单、温和的活性物质包埋技术，在植物精油抗菌活性材料制备方面备受青睐。目前，以精油为抗菌剂借助静电纺丝技术构建抗菌纤维膜的方式主要包括以下 5 种：

　　a. 精油直接包埋法　将植物精油与纺丝基材共混后通过单轴静电纺丝制备静电纺丝纤维膜是最简单的精油包埋方式。此外，为提高精油在纺丝溶液中的分散性，研究者还采用乳液静电纺丝制备负载肉桂精油的纤维膜：首先，将精油添加到 PVP 水溶液中，通过加入表面活性剂得到水包油型乳液；然后，进行静电纺丝。纤维膜的抗菌效果随着肉桂精油含量的增加而增强；空白 PVP 纤维膜组无明显抑菌圈，而纺丝液中精油添加量为 4% 时，纤维膜对金黄色葡萄球菌和大肠杆菌的抑菌圈为 10 mm 和 7 mm。除了单轴或乳液静电纺丝外，以含有精油的纺丝液为核层流体、以聚合物溶液为壳层流体，采用同轴静电纺丝技术可以一步法构建负载精油的核壳结构纤维。相比于乳液静电纺丝，该法无需提前制备乳液，且所得纤维膜中精油的分布更加均匀。以橙子精油为核层流体、以玉米醇溶蛋白溶液为壳层流体进行同轴静电纺丝可以成功包埋橙子精油，当精油添加浓度为 35% 时，精油负载率和包埋率可达 22.28% 和 53.68%。且所得纤维膜对大肠杆菌的抗菌效果明显好于空白组（抑菌圈直径分别为 14.44 mm 和 3.57 mm），说明此纤维膜可以作为一种潜在的食品包装材料。

b. 精油—环糊精包合物　环糊精（cyclodextrin，CD）是由 6~12 个 D-吡喃葡萄糖基以 α-1，4-葡萄糖苷键连接而成的环状低聚糖，主要包括 α-环糊精（α-CD）、β-环糊精（β-CD）和 γ-环糊精（γ-CD）三种类型，如图 8-7 所示。CD 空腔内因 C-H 键的屏蔽作用而具有疏水性，开口端由羟基构成而具有亲水性，其特殊的碗状结构可与许多小分子物质通过非共价形式形成包合物，因此在医药、高分子材料、食品等方面具有广泛的应用。将精油包埋于疏水腔中，可以提高精油的分散性和稳定性，降低精油在纺丝过程中的挥发损失。在前期研究中，以 β-CD 与精油制备络合物的应用最为广泛。β-CD 是由 7 个葡萄糖分子连接而成的环状化合物（图 8-6）。将肉桂精油/β-CD 络合物加入不同的聚合物溶液中可以成功制备负载精油包合物的抗菌纳米纤维膜。除了 β-CD，研究者也尝试使用 α-CD 和 γ-CD 来包埋牛至精油，并将所得的牛至精油/CD 包合物与聚羟基丁酸戊酸共聚酯共纺制备抗菌纤维膜。研究发现，γ-CD 比 α-CD 具有更高的包封率，且负载 γ-CD/牛至精油包合物的纤维膜处理大肠杆菌和金黄色葡萄球菌 15 天后，能够使菌落数降低 3.28 lg 和 3.63 lg。为了顺应食品领域对于天然、安全材料的需求，研究者还尝试以 CD 为基材直接静电纺丝来包埋精油。该方法不但能够提高精油的包封率，还能避免合成聚合物的参与。另外，CD 经改性来制备羟丙基-β-CD 和羟丙基-γ-CD 可以提高 CD 的溶解度，进一步调控 CD 浓度可以成功制备包埋樟脑油的纳米纤维膜，这为樟脑油在食品防腐保鲜领域的应用奠定了基础。

c. 精油纳米粒子或脂质体　除了借助 CD 的疏水性空腔对精油包埋外，纳米粒子或纳米脂质体也常被用来包埋精油。然而，单独的精油纳米粒子或纳米脂质体易造成精油的突释。构建负载精油纳米粒子或脂质体的静电纺丝纤维膜是一种

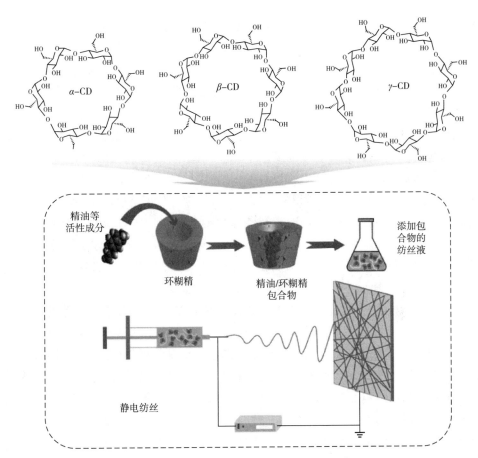

图 8-7　不同类型的环糊精及静电纺丝精油/CD 包合物抗菌材料制备示意图

有效解决上述问题的策略。Cui 等考察了丁香精油/壳聚糖纳米粒子和明胶静电纺丝纳米纤维膜对大肠杆菌 O157∶H7 生物被膜的抗菌活性。当丁香精油/壳聚糖纳米粒子浓度为 30%（W/V）时，经抗菌膜处理 8 h 后的大肠杆菌 O157∶H7 数量减少 99.98% 左右。体外释放实验表明，丁香精油-壳聚糖纳米粒子经纤维包埋后，能够实现丁香精油的缓控释放。另外，基于目标菌的生理特性，研究者构建了一种能够被特异性降解并释放精油的蛋白脂质体。首先，将肉桂精油包合于 β-CD 中形成肉桂精油/β-CD 包合物。其次，将其包埋于蛋白脂质体中，利用蜡样芽孢杆菌（*Bacillus cereus*）分泌的蛋白酶，水解蛋白脂质体膜上的酪蛋白形成孔洞，实现脂质体内的肉桂精油的控制释放。

　　d. 精油吸附或涂覆　精油具有易挥发性，抗菌材料在应用过程中精油的挥发迁移速度对于抗菌保鲜的时效性具有重要影响。因此，研究者构建了可同时负载人造沸石和精油的静电纺丝纤维膜。通常情况下，在低温贮藏条件下，精油的释放量不能满足抗菌保鲜的需求。而在此研究中，精油与多孔基材存在较弱的物理吸附作用，有利于精油在低温条件下的释放，进而发挥长时保鲜作用。近年来，基于静电纺丝的表面涂覆技术也被用于食品的防腐保鲜中，主要是通过静电喷涂的形式，将精油或其纳米溶液涂覆到纤维膜表面或者食品表面。

e. 精油与其他抗菌剂复配　精油包埋虽能一定程度上提高其稳定性、减少挥发损失，但是在实际应用过程中，若抗菌纤维膜中精油浓度过高仍会存在不良风味的问题，进而限制抗菌纤维膜的应用。因此，在保证良好抗菌效果的前提下，抗菌剂复配能够较好地解决此问题。如将肉桂精油/β-CD 包合物与另一种天然抗菌剂溶菌酶进行混纺，所得复合抗菌剂纤维膜不仅能降低精油的用量，而且能拓宽溶菌酶的抗菌谱。Amjadi 等也将 ZnO 纳米粒与迷迭香精油复合来制备抗菌纳米纤维膜。与单纯的 ZnO 静电纺丝纤维膜相比，该复合抗菌剂纤维膜对金黄色葡萄球菌（抑菌圈直径从 15.8 mm 增加至 18.5 mm）和大肠杆菌（抑菌圈直径从 12.4 mm 增加至 14.7 mm）的抑菌效果均得到提高。

B. 多酚和黄酮类化合物　多酚和黄酮类化合物（如姜黄素、香芹酚、没食子酸、茶多酚）是另一类重要的植物源抗菌剂。与植物精油类似，多酚和黄酮类抗菌剂的稳定性或水溶性较差，静电纺丝技术（单轴静电纺丝、同轴静电纺丝、乳液静电纺丝）和其他包覆技术（纳米粒子、脂质体、环糊精等）结合来构建抗菌活性材料，可以有效提高其稳定性，实现较好的防腐保鲜效果。例如，采用单轴或同轴静电纺丝包埋姜黄素，并借助热交联或调控壳层厚度的方法，能够实现姜黄素的可控释放，提高抗菌效果。此外，也有研究制备负载香芹酚/酪蛋白纳米粒子的静电纺丝纤维膜，并将其用于解决豆制品中的蜡样芽孢杆菌污染问题。除了单轴静电纺丝，Li 等以 PVP 和丁香酚的混合溶液为核层流体，以紫胶溶液为壳层流体，采用同轴静电纺丝制备了负载丁香酚的核壳纳米纤维包装膜，所得到核壳纳米纤维膜可有效实现对挥发性丁香酚的有效荷载及可控释放，进而延长草莓的货架期至 6 天。

C. 植物提取物　植物提取物也是静电纺丝抗菌活性材料研究领域应用较多的一类天然抗菌剂。相比于单一的植物活性成分，植物提取物一般是经过粗提后得到的提取液。较多研究报道了直接将植物提取物与纺丝基材混合，然后通过静电纺丝制备抗菌纤维膜。Ullah 等将苦瓜提取物与 PVA 共混制备静电纺丝纤维膜，发现当提取物添加量为 30% 时，纤维膜对革兰氏阳性菌（枯草芽孢杆菌）和革兰氏阴性菌（大肠杆菌）均具有较好的抗菌活性，抑菌圈直径分别为 16.811 mm 和 14.685 mm，而单纯 PVA 纤维膜处理组的抑菌圈直径为 0 mm。植物提取物往往具有包含抗菌活性在内的多种生物活性。因此，以植物提取物为抗菌剂所构建的静电纺丝抗菌材料能够发挥多种功效，有利于食品的防腐保鲜。但是，植物提取物往往含有残留的提取溶剂或杂质，且较为黏稠，直接将提取物和纺丝基材混合会影响纺丝溶液的物理特性（电导率、黏度等），不利于静电纺丝纤维的制备。因此，以提取物为活性成分制备静电纺丝抗菌材料具有简单、增效的作用，但是仍需要对纺丝溶剂和纺丝基材进行不断选择和优化来进行纺丝。

不同植物源抗菌剂制备静电纺丝构建抗菌包装材料的研究总结见表 8-2。

表 8-2　负载不同天然抗菌剂的静电纺丝抗菌纤维膜

抗菌剂		纺丝材料	纺丝类型	负载形式
植物精油	玫瑰果汁油	醋酸纤维素（cellulose acetate, CA）	同轴	直接包埋
	罗勒精油	PEO	单轴	脂质体
	生姜精油	大豆分离蛋白（soy protein isolate, SPI）、PEO、玉米醇溶蛋白（Zein）	单轴	直接包埋
	肉桂精油	PLA、壳聚糖	乳液	直接包埋
	荆芥精油	PLA	同轴	直接包埋
	百里香精油	β-环糊精（β-cyclodextrin, β-CD）、明胶	单轴	纳米粒子
	山苍子精油	β-CD、蒲公英多糖	单轴	环糊精包合物
	桉树精油	β-CD、Zein	单轴	环糊精包合物
	肉桂精油	PVA、β-CD	单轴	环糊精包合物
	菊花精油	壳聚糖	单轴	直接包埋
	花椒精油	β-CD、普鲁兰糖	单轴	环糊精包合物
植物精油	茶树精油	β-CD、PEO	单轴	环糊精包合物
	薄荷精油、洋甘菊精油	明胶	单轴	直接包埋
	百里香精油	丝素蛋白	单轴	直接包埋
	迷迭香精油	Zein	单轴	直接包埋
	当归精油	明胶	单轴	直接包埋
	月桂精油	Zein	单轴	直接包埋
多酚和黄酮类	没食子酸	Zein	单轴	直接包埋
	香芹酚	羟丙基 β-CD、羟丙基 γ-CD	单轴	环糊精包合物
	姜黄素	葡甘聚糖、Zein	单轴	直接包埋
	茶多酚	PLA	单轴	直接包埋

抗菌剂		纺丝材料	纺丝类型	负载形式
多酚和黄酮类	苦瓜酚	Zein/明胶	单轴	直接包埋
	白藜芦醇	玉米蛋白	单轴	直接包埋
	微藻多酚	PEO、CS	单轴	直接包埋
植物提取物	橄榄叶提取物	丝素蛋白、透明质酸	同轴	直接包埋
	覆盆子提取物	PEO、SPI	单轴	直接包埋
	苦橙皮提取物	乙基纤维素、SPI	单轴	直接包埋
	藏红花提取物	Zein	同轴	直接包埋
	黄连提取物	PVA	单轴	直接包埋
	芦荟皮提取液	PEO	单轴	直接包埋
	大葱提取物	PLA	单轴	直接包埋
	石榴皮提取物	PVA	单轴	直接包埋

③微生物源抗菌剂　微生物源抗菌剂主要是指由细菌、真菌等微生物产生的具有抑制其他微生物生长的物质，主要包括乳酸链球菌素（Nisin）、ε-聚赖氨酸（ε-polylysine，ε-PL）、纳他霉素等，其中 Nisin 和 ε-PL 在静电纺丝抗菌保鲜研究领域中应用最多。

Nisin 是由乳酸乳球菌乳酸亚种的某些菌株在代谢过程中所合成的一种天然生物抗菌剂，可以抑制多数革兰氏阳性菌。然而，Nisin 可与食品中酶、脂质等成分发生相互作用，进而降低抑菌活性。静电纺丝纳米纤维负载 Nisin，一方面可减少其与食品成分间的相互作用、提高 Nisin 的稳定性；另一方面可基于纳米纤维膜中 Nisin 的控缓释，达到长效抗菌的效果。目前，研究者主要从两个层面出发来构建负载 Nisin 的静电纺丝抗菌纤维膜，提升其防腐保鲜效果。

在材料结构层面，单轴静电纺丝是用于制备包埋 Nisin 的抗菌纤维膜最简单、最直接的方法。除了直接包埋法，研究人员也探究了以 Zein 为基材制备多孔纳米纤维膜，并以其为吸附基质吸附 Nisin 来制备抗菌材料。结果发现，基于包埋法和吸附法得到的 Nisin 纳米纤维膜对金黄色葡萄球菌均具有较好的抗菌效果，且包埋法比吸附法得到的 Nisin 纤维膜抗菌效果更好。另外，基于包埋法制备的 Nisin 静电纺丝纤维膜，Nisin 的控缓释对于其抗菌效果的发挥具有重要影响。因此，Han 等采用单轴，同轴及三轴静电纺丝技术分别制备负载 Nisin 的抗菌纳米纤维膜，纺丝液中 Nisin 添加量为 19%，然后采用 AATCC147 和 AATCC100 抗菌实验来定性评价不同抗菌纤维膜对金黄色葡萄球菌的抗菌效果。研究结果表明，由于壳层厚度和疏水性的作用，三轴静电纺丝纤维膜具有更持久、更高效的抗菌效果，5 天内能够使菌落数下降 4~5 lg，杀菌率高达 99.99%；而单轴静电纺丝膜的抗菌效果仅能维持 1 天。此外，还有研究将纳米粒子和静电纺丝相结合来构建复合结构的静电纺丝抗菌纤维膜：首先采用静电自组装原理制备负载 Nisin 的聚谷氨酸/壳聚糖纳米粒子（包封率为 49.3%）；其次将其与明胶共混制备 Nisin 静电纺丝纤维膜。奶酪保鲜实验结果表明，负载 Nisin 纳米粒子的纤维膜比空白纳米粒子纤维膜具有更好的抗菌保鲜效果，7 天后单增李斯特菌降低了 1.76 lg。

在广谱抗菌层面，Nisin 主要作用于革兰氏阳性菌，但往往无法有效应对复杂菌系引发的肉品腐败问题。因此，抗菌谱窄是限制 Nisin 应用的重要原因。其中，与其他活性物质复配使用能够在降低各抗菌剂用量的基础上，拓宽抑菌谱，从而提升防腐保鲜效果。Liang 等将 Nisin 和 EDTA 负载到 PLA/壳聚糖复合膜中制备了复合抗菌包装膜，结果发现将 EDTA 和 Nisin 结合可以显著提高纤维膜对革兰氏阴性菌的抗菌效果。此外，植物精油等活性成分与 Nisin 结合来制备新型的复合活性包装膜，可同时具有广谱抗菌性和抗氧化性。添加这些活性物质不但能够弥补 Nisin 抗菌谱窄的缺陷，还能赋予包装膜良好的抗氧化性能。

ε-聚赖氨酸是一种由 25~30 个赖氨酸残基聚合而成的抗菌多肽，具有热稳定性好、水溶性强、安全性高、不影响食品风味等特点，目前多将其涂抹于食物表面或直接添加到食品中。然而，上述添加方法存在抗菌剂释放快、抗菌时效短等缺点，不利于食品的长效保鲜。有研究采用壳聚糖/海藻酸钠纳米粒子、脂质体等纳米体系来包埋 ε-PL，实现其控缓释，但是直接将 ε-PL 纳米溶液喷涂到食品表面，易造成抗菌剂分布不均匀、凝聚等问题。因此，近年来，采用静电纺丝构建负载 ε-PL 的静电纺丝纳米纤维膜，成为提高 ε-PL 的应用稳定性、实现其长效控缓释的重要技术手段。Liu 等以明胶和壳聚糖为基材制备了负载 ε-PL 的纳米纤维膜。研究发现，加入 ε-PL 可以提高纤维膜的热稳定性，且 ε-PL 不易从纤维膜中释放出来。当明胶：壳聚糖：ε-PL 的比例为 6：1：0.125 时，能够更有效控制 6 种食源性致病菌（大肠杆菌、克雷伯氏菌、肠炎沙门氏菌、铜绿假单胞菌、金黄色葡萄球菌和单增李斯特菌），处理 4 h 后菌落数降低约 4 lg。

目前，在基于静电纺丝构建抗菌活性材料的研究中，研究者仅是通过改变纺丝基材或者抗菌剂来构建不同的抗菌材料，并对其抗菌活性及应用性能进行研究。但是，不同来源抗菌剂的抑菌机理存在差异，关于静电纺丝抗菌纳米纤维膜发挥抗菌活性的内在机制尚缺乏深入探究，这将是未来抗菌活性包装研究领域的一个重点方向。

8.2.2　静电纺丝抗菌纤维膜在肉品保鲜中的应用

微生物污染是造成肉品腐败变质的最主要原因。采用静电纺丝制备负载不同抗菌剂的抗菌纤维膜的可行性和纤维膜抗菌效果较好。目前，静电纺丝抗菌纤维膜广泛用于各种食品的防腐保鲜研究，其中肉品保鲜是静电纺丝抗菌纤维膜的重要研究方向。

（1）静电纺丝抗菌纤维膜在不同肉品防腐保鲜中的应用

静电纺丝抗菌材料广泛应用于牛肉、猪肉、鸡肉等畜禽肉的防腐保鲜（表8-3）。

表8-3　静电纺丝抗菌纤维膜在不同肉品保鲜中的应用

肉品类型	聚合物	抗菌剂	肉样处理	应用方式	作用效果
牛肉	PEO	菊花精油	单增李斯特菌菌液浸泡（$10^2 \sim 10^3$ CFU/mL）	包裹	4℃、12℃和25℃条件下贮藏7天后，抗菌膜处理组单增李斯特菌抑菌率分别为99.91%、99.97%和99.95%
牛肉	CA	唇香草精油	—	包裹	4℃贮藏条件下，纤维膜处理可以将牛肉保质期延长4天
牛肉	PEO	肉桂精油	—	包裹	25℃和37℃贮藏7天后，抗菌纤维膜对牛肉中蜡样芽胞杆菌的抑制率均达到99.999%
牛肉	明胶	多聚赖氨酸	单增李斯特菌菌液浸泡（$10^2 \sim 10^3$ CFU/mL）	包裹	4℃贮藏10天后，抗菌膜处理组单增李斯特菌落数由3.12 lg CFU/g 降至1.91 lg CFU/g
牛肉	明胶	丁香酚	—	包覆	4℃贮藏条件下，抗菌膜可延长牛肉保质期至9天，空白组牛肉在第7天已完全腐败
猪肉	PEO	壳聚糖	大肠杆菌菌液浸泡（10^3 CFU/mL）	包裹+真空	4℃贮藏条件下，抗菌膜可延长牛肉保质期至7天
猪肉	PCL	蜂胶提取物和壳聚糖	—	包裹	4℃贮藏条件下，与空白组相比，抗菌膜可将牛肉保质期延长4天

肉品类型	聚合物	抗菌剂	肉样处理	应用方式	作用效果
猪肉	Zein	香芹酚	—	包裹	25℃贮藏条件下，纤维膜处理组的猪肉比对照组猪肉的货架期延长了 24 h
猪肉	普鲁兰糖、乙基纤维素	肉桂醛	—	包裹+气调保鲜	4℃贮藏条件下，抗菌膜可将猪肉保质期延长 3 天
鸡肉	明胶	百里香精油	空肠弯曲菌菌液浸泡（$10^4 \sim 10^5$ CFU/mL）	包裹	25℃贮藏 5 天，空白组鸡肉空肠弯曲菌菌落数升高至 7.91 lg CFU/g，纤维膜处理组菌落数下降 1.38 lg CFU/g
鸡肉	海藻酸钠/PEO	幽兰花素	肠炎沙门氏菌菌液浸泡（$10^4 \sim 10^5$ CFU/mL）	包裹	4℃贮藏 10 天和 25℃贮藏 7 天后，对照组菌落数由 3.28 lg CFU/g 升高至 6.20 lg CFU/g 和 8.80 lg CFU/g，纤维膜处理组菌落数由 6.20 lg CFU/g 降至 2.06 lgCFU/g，由 8.80 lg CFU/g 降至 2.53 lg CFU/g
鸡肉	PVA	月桂精油和迷迭香精油	—	包裹	4℃储藏 7 天后，与对照组相比，单增李斯特菌落数降低了 2 个 lg 以上

①牛肉 在肉品防腐保鲜应用中，直接包覆是静电纺丝抗菌纤维膜最主要的应用方式。通过纤维膜与肉品表面的接触实现活性成分的释放，进而发挥其抗菌作用。在保鲜实验中，牛肉一般被分割成大小或形状相同的块状，然后用抗菌纤维膜直接包裹后进行贮藏。Dai 等制备了负载百里香酚/β-CD 包合物的 PEO/酪蛋白静电纺丝纤维膜，并用其包裹牛肉进行保鲜。结果表明，与对照组相比，在 4℃条件下避光贮藏 7 天，百里香酚/β-CD/PEO/酪蛋白纤维膜处理的牛肉中菌落数下降 0.8 ~ 1.7 lg CFU/g（$P < 0.05$），7 天后菌落总数仍低于 6 lg CFU/g。Huang 等采用冷等离子体对 PLA 静电纺丝纤维膜表面进行处理，然后将 Nisin 或 ε-PL 与纤维膜表面的羧酸基团通过共价键作用连接到纤维膜表面得到抗菌纤维膜（Nisin-g-PLA 和 ε-PL-g-PLA）。将约 50 g 的鲜牛肉分别用不同的纤维膜（PLA、Nisin-g-PLA、ε-PL-g-PLA）包裹后置于密封袋中并在 4℃条件下贮藏

15 天。结果表明，从贮藏第 7 天开始抗菌纤维膜组的假单胞菌数量明显低于空白组。牛肉起始菌落总数为 3.72 lg CFU/g，空白组在第 11 天时菌落总数达到 7.01 lg CFU/g，超过限值（7 lg CFU/g），而 Nisin-g-PLA 处理组在第 15 天时仅为 6.83 lg CFU/g。因此，Nisin-g-PLA 纤维膜处理可以有效延长牛肉货架期。

②猪肉　静电纺丝抗菌纤维膜在猪肉保鲜方面也具有较好的应用前景。最初，研究者通过抗菌纤维膜包裹猪肉样品来研究其防腐保鲜效果。Wen 等制备了负载肉桂精油/β-CD 的 PLA 静电纺丝纤维膜，并将其用于猪肉保鲜。研究表明，不同纤维膜包裹的肉样表面的菌落数随时间的延长而增加。其中，空白组的菌落数上升最快，在 25℃条件下贮藏第 3 天时菌落数已超过 10^6 CFU/g，肉样也产生了明显异味；而 PVA/CEO/β-CD 纤维膜和 PLA/肉桂精油/β-CD 纳米纤维膜包裹的肉样在第 7 天时才超过腐败水平（10^6 CFU/g），说明这种抗菌纤维膜可以有效抑制猪肉腐败。除了直接包裹，静电纺丝抗菌纤维膜还可以以抗菌垫的形式用于气调包装肉品的防腐保鲜。冷却猪肉在气调贮藏过程中易出现汁液流出现象，不仅加速肉品的腐败变质，也会影响其外观品质。因此，王芳等以丁香酚为抗菌剂采用静电纺丝技术制备了一种高吸湿性抗菌吸水衬垫，并将其放置于冷鲜猪肉的气调包装中，在 4℃条件下处理 18 天，对比分析市售无尘纸吸水垫、抗菌纳米纤维吸水垫及空白组中肉品的质量变化情况。研究结果表明，各组肉品的 pH、挥发性盐基氮（total volatile basic nitrogen，TVB-N）含量、硫代巴比妥酸反应物（thiobarbituric acid reactive substances，TBARS）含量、菌落总数、蒸煮损失率、汁液流失率等指标均随时间的延长而呈现上升趋势，但抗菌纳米纤维吸水垫组的增幅显著小于其他组（$P<0.05$）；添加 15% 丁香酚的 PVA 纳米纤维膜处理组的肉样菌落总数在第 15 天时仅为 5.64 lg CFU/g，而空白组和无尘纸组的肉样菌落数与对照组已超过 6 lg CFU/g。以上结果说明静电纺丝抗菌吸水垫可以有效地减缓肉类细菌的增长。

③鸡肉　除牛肉和猪肉外，鸡肉也常被用作模型肉来评价静电纺丝纤维膜的抗菌保鲜效果。Lin 等研究发现，鸡肉经静电纺丝 ε-PL/壳聚糖纳米纤维膜包裹后在 25℃条件下储藏 7 天后，鸡肉表面接种的鼠伤寒沙门氏菌和肠炎沙门氏菌的数量分别降低了 3.17 lg CFU/g 和 3.12 lg CFU/g，且鸡肉的色泽、风味等感官指标均优于对照组。Wang 等以紫苏醛为抗菌剂，以明胶和 Zein 为基材制备得到明胶/Zein/紫苏醛静电纺丝纤维膜，并通过液体培养实验研究了纤维膜对金黄色葡萄球菌和肠炎沙门氏菌的抗菌效果。结果表明，纤维膜的抑菌效果随纤维膜中紫苏醛含量的增加而升高。当明胶/Zein/紫苏醛比例为 5∶1∶0.02 时，金黄色葡萄球菌和肠炎沙门氏菌经明胶/Zein/紫苏醛纤维膜处理 4 h 后，菌落数下降明显高于不含紫苏醛纤维膜处理组。此外，将鸡肉经明胶/Zein/紫苏醛纤维膜包裹后在

4℃下贮藏 12 天，结果发现在第 9 天时对照组菌落总数已高达 7.73 lg CFU/g，而抗菌纤维膜组菌落总数仅为 4.72 lg CFU/g；当贮藏 12 天后，抗菌纤维膜组鸡肉的菌落总数为 5.95 lg CFU/g，接近于腐败限值。以上结果说明该纤维膜可以有效延缓鸡肉的腐败和延长其货架期。

④羊肉　孙武亮等以茶多酚为抗菌剂，以 pH 敏感材料聚丙烯酸树脂 Eudragit L100-55 为基材，采用静电纺丝技术制备了载茶多酚的 Eudragit L100-55 抗菌纤维膜。将抗菌纤维膜放置于羊肉块下面，然后放入模拟托盘包装盒中（直径 90 mm，高 20 mm），并用 PET 袋包装封口。将处理好的羊肉放入 4℃冰箱中保存 12 天，通过测定菌落总数、TVB-N、TBARS、pH、色泽和汁液流失率来评价抗菌垫的保鲜效果。研究表明，该抗菌纤维膜可将托盘包装冷鲜羊肉货架期由 6 天延长至 9 天，有效减缓肉品的腐败。刘晓娟以 pH 敏感材料 Eudragit L100-55 和茶多酚作为核层混合材料，以 PLA 作为壳层材料，制备了负载天然抗菌剂且具有 pH 响应的同轴静电纺丝纤维膜。保鲜实验结果表明，冷鲜羊肉的 pH 始终大于 5.5。在该 pH 条件下，Eudragit L100-55 的溶解可持续释放茶多酚从而抑制微生物生长。与空白冷鲜羊肉相比，同轴纤维膜处理组羊肉的货架期可延长至 12 天。

⑤其他　除了用于生鲜肉外，静电纺丝抗菌纤维膜还可以用于肉制品的防腐保鲜。研究者通过静电纺丝技术制备明胶/Zein/Nisin 抗菌纤维膜，并将其与真空保藏技术联合用于盐水鸭腿的保鲜。盐水鸭腿分别采用单独真空包装、空白纳米纤维膜结合真空包装及抗菌纳米纤维膜结合真空包装，测定三种不同包装对冷藏过程中盐水鸭腿感官品质总体可接受度评分、pH、TVB-N、TBARS、色泽及菌落总数的影响。结果显示，静电纺丝抗菌纤维膜与真空包装技术组合包装的盐水鸭腿的理化特性（TVB-N、TBARS、pH 等）及感官品质显著优于其他处理组（$P<0.05$）；冷藏至第 15 天，抗菌纤维膜组样品菌落总数为 4.35 lg CFU/g，未超过国家标准限值（6 lg CFU/g），与初始菌落数相比，仅增加 1.86 lg，增加值显著低于对照组；通过数据拟合进行预测，抗菌纤维膜联用真空包装组盐水鸭腿的货架期为 21 天，比对照组延长了 10 天。李伟等首先采用不同材料（铝箔纸、食品包装纸和保鲜膜）接收肉桂精油/β-CD 蛋白脂质体纤维膜得到不同的抗菌纤维膜，然后研究了不同纤维膜包裹对牛肉表面微生物的抑制作用及牛肉品质的影响。首先，牛肉在 121℃下进行高压蒸汽灭菌处理 20 min，冷却后接种 $10^4 \sim 10^5$ CFU/mL 的蜡样芽孢杆菌于肉块表面，并进行风干。然后，肉样经不同的纤维膜包裹后置于不同温度（4℃、12℃、25℃和 37℃）下贮藏 4 天，以未接收纤维膜的包装材料包裹的肉块为对照组。结果发现，不同抗菌纤维膜对牛肉表面的蜡样芽孢杆菌均有明显的抑制效果，经纤维膜包裹 2 天后的活菌数均可下降 90% 以

上，且能够很好地维持牛肉的色泽、质构特性以及感官品质。Karim 等利用静电纺丝技术制备了负载肉桂醛玉米醇溶蛋白纳米纤维膜，将其用于分别接种了 *E. coli* O157：H7 和 *S. aureus*PTCC 1337 的香肠，结果发现香肠在4℃条件下贮藏10天后均未检出微生物，且香肠的色泽、质地和感官特性未发生显著变化。

（2）用于肉品保鲜的静电纺丝抗菌纤维膜的构建策略

目前，用于畜禽肉及肉制品的静电纺丝抗菌材料在抗菌剂、纺丝基材、纺丝技术、材料特性及作用方式等存在差异。

①抗菌剂类型　目前用于制备肉品抗菌保鲜材料的抗菌剂以天然抗菌剂（壳聚糖、植物精油、香芹酚、ε-PL、植物提取物等）为主，其中植物精油居多。对于壳聚糖，其主要是作为单独纺丝基材或者与其他抗菌剂复配的方式来构建抗菌纤维膜。研究发现，PEO/壳聚糖纤维膜具有较好的抗菌效果，能够使鲜肉的保质期延长1周。对于植物精油及其他多酚和黄酮类抗菌剂，以其制备的静电纺丝抗菌纤维膜均具有较好的防腐保鲜效果。Wen 等将肉桂精油/β-CD 包合物引入 PLA 静电纺丝膜中，结果发现，肉桂精油质量浓度为 11.35 $\mu g/mL$ 时所制备的纤维膜能够抑制大肠杆菌和金黄色葡萄球菌的生长；质量浓度达到 79.45 $\mu g/mL$ 时，所制备静电纺丝膜对大肠杆菌和金黄色葡萄球菌起到杀灭效果；进一步研究发现，PLA/CEO/β-CD 纳米纤维膜包裹的猪肉在第8天才出现腐败变质，而对照组未包装的猪肉在第4天就开始腐烂。除了植物精油，细菌素等活性多肽也逐渐受到研究者的关注。最近，研究者以米酒乳杆菌素为抗菌剂构建了静电纺丝抗菌纤维膜，该研究以英诺克李斯特氏菌（*Listeria innocua*）为对象，考查了负载米酒乳杆菌素的纳米纤维膜对接种该菌的鹌鹑肉的防腐保鲜效果。结果发现经过冷藏24天后，抗菌纤维膜包裹组的菌落数比未包裹组降低了 2.8 lg。此外，还有研究以有机酸（苯乳酸）为抗菌剂制备了明胶/壳聚糖/苯乳酸静电纺丝抗菌纤维膜，并将其用于冷鲜鸡肉的防腐保鲜。所得纤维膜对金黄色葡萄球菌和大肠杆菌均具有较强的抗菌性，两种菌经抗菌纤维膜处理后的菌落数分别降低 5 lg 和 4 lg，该抗菌纤维膜可以使鸡肉的贮藏期延长至4天。总之，用于构建静电纺丝抗菌纤维膜的抗菌剂类型较多，但是将其应用于实际肉品保鲜的研究尚且较少。未来，研究人员还要进一步拓展除植物精油外的其他类型抗菌剂的静电纺丝纤维膜在肉品防腐保鲜上的应用，并通过实验设计验证和揭示抗菌材料发挥防腐保鲜的机制。

②静电纺丝基材　目前，在肉品保鲜研究中，PVA、PEO、PVP、PCL 等合成聚合物材料仍是主导型基材。一方面，这取决于其较好的可纺性，可以作为助纺剂辅助其他可纺性较差的天然聚合物（多糖、蛋白等）材料，顺利纺丝制备得到静电纺丝抗菌纤维膜。另一方面，为了提高肉品保鲜过程中静电纺丝抗菌纤

维膜的结构稳定性，通过材料选择或复配来构建表面亲疏水性可控的静电纺丝纤维膜是当前肉品抗菌保鲜领域的一个重点研究方向。在 PVP 溶液中添加聚乙烯醇缩丁醛（polyvinyl butyral，PVB）能够实现 PVP/PVB 纤维膜疏水性的调控，获得负载蒜素的静电纺丝抗菌纤维膜。该纤维膜具有较好的吸水特性和水稳定性，在常温条件下能够将鸡胸肉货架期延长至 5 天。目前，为了适应人们对于食品安全健康的消费需求，关于静电纺丝抗菌材料的研究逐渐由以合成聚合物为基材向天然聚合物为基材的方向转变。如表 8-3 所示，基于 Zein、明胶、壳聚糖等天然聚合物的静电纺丝抗菌材料已经被用于畜禽肉品的防腐保鲜。未来，研究人员还需要进一步从材料改性、纺丝条件优化等方面拓展各类天然聚合物材料在食品防腐保鲜中的应用。

③制备技术和材料特性　当前用于畜禽肉抗菌保鲜的静电纺丝抗菌纤维膜多由单轴静电纺丝和同轴静电纺丝制备。此外，由于所采用的抗菌剂以植物精油、植物多酚为主，因此抗菌纤维膜的制备也会借助脂质体、环糊精包埋物、纳米粒子等方式来提高抗菌剂在纺丝液中的分散性和纺丝过程中的稳定性，从而提高静电纺丝抗菌纤维膜的抗菌性能。另外，研究者还通过材料对肉品环境的响应特性来设计静电纺丝抗菌纤维膜，进而促使其发挥防腐保鲜作用。Lin 等将 PEO 作为静电纺丝聚合物基质，制备了肉桂精油/β-CD 蛋白脂质体纳米纤维，并利用蜡样芽孢杆菌分泌的细菌蛋白酶水解肉桂精油/β-CD 蛋白脂质体中的蛋白质，实现肉桂精油的可控释放，对牛肉蜡样芽孢杆菌具有良好的抗菌效果。在 25℃、37℃ 条件下，肉桂精油/β-CD 蛋白脂质体纳米纤维处理 4 天后，蜡样芽孢杆菌数量减少99.999%，且不影响牛肉的感官特性。类似地，负载百里香酚/β-CD 的 PEO/酪蛋白静电纺丝抗菌纤维膜，也可以通过酪蛋白被细菌的蛋白酶特异性降解以实现百里香酚的控制释放，其长效抗菌作用能够实现牛肉在 7 天内的冷藏保鲜。另一研究在负载罗勒精油脂质体的纤维膜中添加大豆卵磷脂制备抗菌纤维膜。在应用过程中，单增李斯特菌的磷脂酶能够分解纤维膜，进而促进纤维膜中抗菌剂的释放。冷鲜猪肉在贮藏第 4 天时，对照组的菌落数由 1.22 lg CFU/g 升到 6.05 lg CFU/g；而抗菌膜处理组猪肉的菌落数仍控制在 6 lg CFU/g 以下，该抗菌纤维膜能够在 4 天内维持冷鲜猪肉的品质。除了上述单响应的静电纺丝抗菌纤维膜，也有研究者研究了基于双重降解响应的抗菌纤维膜。该研究将负载肉桂醛的透明质酸/羧甲基壳聚糖纳米粒子包埋到丝素蛋白基静电纺丝纤维中，通过大肠杆菌O157：H7 特异性分泌的 β-葡萄糖醛酸酶和丝氨酸蛋白酶可以水解丝素蛋白和透明质酸，使肉桂醛从纤维膜中释放出来。肉品保鲜实验结果表明，在 4℃ 和 25℃条件下牛肉经该纤维膜处理 5 天后，大肠杆菌 O157：H7 的数量分别减少了99.98% 和 99.89%，抗菌纤维膜对牛肉的色泽、硬度、弹性等感官质量没有明显

影响。除细菌酶系特异性降解外，有研究用百里香精油、β-CD 和 ε-PL 制备纳米粒子，并将该纳米粒子负载到明胶静电纺丝纤维膜中，评价该纳米纤维膜对鸡肉沙门氏菌的抗菌效果。ε-PL 分子链上的氨基会促进百里香精油纳米粒子与带负电的细菌结合，进而加速细菌的凋亡。25℃时，对照组鼠伤寒沙门氏菌和肠炎沙门菌的数量分别达到 8.21 lg CFU/g 和 8.37 lg CFU/g，而 ε-PL/壳聚糖纳米纤维膜处理组鼠伤寒沙门氏菌和肠炎沙门菌的数量分别降至 5.03 lg CFU/g 和 5.25 lg CFU/g，说明 ε-PL/壳聚糖纳米纤维膜对鸡肉沙门氏菌的抑制效果较好。感官评价结果表明，纳米纤维膜保持了鸡肉的色泽和风味。pH 对肉品质量起着重要作用，食物可能会因 pH 的频繁变化而变质。因此，根据食物 pH 的变化控制活性成分的释放是另一种构建策略。Eudragit L100（L100）是一种典型的 pH 响应型聚合物，被广泛应用于制药行业。研究采用同轴静电纺丝技术，以肉桂精油和 L100 分别为抗菌剂和纺丝基材构建了 pH 触发型的静电纺丝抗菌纤维膜。该纤维膜中肉桂精油在高 pH 环境下的释放符合聚合物溶蚀机制，在低 pH 环境中的释放符合 Fick 扩散机制。该纤维膜用于猪肉（猪腰瘦肉）保鲜时，能够在 4℃条件下将其保质期延长 3 天。

（3）静电纺丝抗菌纤维膜对肉品防腐保鲜效果的评价方法

畜禽肉及其制品具有水分活度高、营养丰富等特点，极易受微生物污染而发生腐败变质。因此，畜禽肉是静电纺丝抗菌纤维膜抗菌保鲜性能评价的一类重要模型食品。如表 8-3 所示，从肉的类型来看，在静电纺丝抗菌纤维膜防腐保鲜研究中所采用的模型肉品仍以猪肉和牛肉较多，其防腐保鲜评价主要分为抗菌效果评价和肉品品质评价两个方面。

①抗菌效果评价　抗菌效果评价是衡量静电纺丝纤维膜在肉品防腐保鲜方面应用可行性的关键环节，主要通过两种方式开展。第一种是选定一种或两种代表性微生物（一般是革兰氏阴性和阳性菌各取一种），通过定性（抑菌圈法）和定量（液态培养法）的方法直接评价静电纺丝抗菌纤维膜的抗菌性能。第二种是直接以肉品为样品，通过静电纺丝抗菌纤维膜处理后，测定肉品表面菌落数，评估肉品的保质期，进而反映所得纤维膜的抗菌保鲜效果。Li 等将白藜芦醇包裹在明胶/玉米醇溶蛋白静电纺丝纤维中，制备了具有抗菌活性的静电纺丝纤维膜。结果表明，在 4℃贮藏条件下，该抗菌纤维膜可将猪肉货架期延长 3 天。该种情况下由于肉品表面微生物增殖速度较慢，需要较长时间才能检测到不同组别间的差异。为解决此问题，研究者还采用另外一种肉品抗菌保鲜试验，即先在肉品接种特定的腐败菌，然后用抗菌纤维膜处理，定时对肉品表面的菌落数进行测定。Lin 等利用静电纺丝技术制备负载百里香精油的丝素蛋白纳米纤维膜，并采用等离子体对纤维表面进行改性处理，将该纤维膜包裹事先接种鼠伤寒沙门氏菌的鸡

肉和鸭肉，并于4℃和25℃条件下贮藏7天。结果发现，在4℃贮藏7天后，未处理组鸡肉和鸭肉中鼠伤寒沙门氏菌分别为6.64 lg CFU/g和8.06 lg CFU/g；而抗菌纳米纤维膜处理的鸡肉和鸭肉中鼠伤寒沙门菌数量分别减少至1.15 lg CFU/g和1.96 lg CFU/g，且鸡肉的色泽、风味等感官指标均优于未处理组。25℃条件下的结果与4℃条件的趋势类似。

②肉品品质评价　静电纺丝抗菌纤维膜对肉品的防腐保鲜效果不单从肉品表面腐败微生物的数量多少来评价，还会从肉品的pH、TVB-N、TBARS、蒸煮损失、质构特性和感官品质等方面来进行综合评价。

pH：肉制品的pH是决定肉的新鲜度、味道和整体质量的重要因素。一般情况下，新鲜肉pH 5.8~6.2、次新鲜肉pH 6.3~6.6、变质肉pH 6.7以上。在贮藏过程中，微生物分解蛋白质产生碱性物质，导致肉品的pH升高，因此监测贮藏过程中pH的变化可以间接反映肉品的新鲜度。Zhang等基于肉品贮藏过程中的pH变化规律制备了一种具有pH响应的肉桂精油静电纺丝纤维膜。研究发现，不同组猪肉的pH均随着贮藏时间的延长而增加；贮藏4天后，对照组pH由5.62增加到6.03；而纤维膜处理组猪肉的pH明显低于对照组，这是由于pH的升高能够触发pH响应材料的降解，进而释放出肉桂精油抑制微生物的增殖。此外，肉品pH的变化也是构建智能可视包装材料的重要因素。

TVB-N：根据《食品安全国家标准　食品中挥发性盐基氮的测定》（GB 5009.228—2016）规定，一级鲜肉的TVB-N值的评价标准为≤15 mg/100 g，二级鲜肉的TVB-N值的评价标准为≤25 mg/100 g，腐败肉的TVB-N值的评价标准为>25 mg/100 g。研究表明，静电纺丝抗菌纤维膜可抑制肉品贮藏过程中TVB-N的生成，有效实现肉品的防腐保鲜，且其抑制作用与抗菌剂类型、抗菌剂浓度等因素有关。Liu等研究发现，苯乳酸抗菌纤维膜包覆鸡胸肉可以有效降低TVB-N含量。对照组和不含苯乳酸的纤维膜包覆的鸡胸肉在贮藏第4天时，TVB-N值已超过15 mg/100 g；而含有1%苯乳酸的纤维膜包覆的鸡胸肉在贮藏第6天时，TVB-N值仍小于15 mg/100 g，属于一级鲜肉。此外，有研究发现超声处理可以有助于纤维膜中抗菌剂的缓控释放，降低肉品的TVB-N的形成。在贮藏过程中，对照组和纤维膜处理组鸡肉的TVB-N值均随时间的延长而升高。贮藏第7天时，对照组鸡肉的TVB-N由7.25 mg/100 g升至36.51 mg/100 g，远超过二级鲜肉的国家标准限值；而纤维膜处理组鸡肉的TVB-N值为21.54 mg/100 g，仍属于二级鲜肉。综上，静电纺丝抗菌纤维膜可以通过抗菌剂释放来抑制微生物的增殖，进而减少肉品中TVB-N的形成。TVB-N值不仅是监测肉品新鲜度的重要指标，也是间接反映静电纺丝纤维膜防腐保鲜效果的重要参数。

TBARS：在贮藏过程中，肉中的不饱和脂肪酸会受到氧气、光照、加热、脂肪酶等因素的作用，发生氧化反应并生成相应的脂质过氧化物。脂质过氧化物分解产生的醛、酮等小分子物质是肉品不良气味的主要来源。因此，TBARS 值能够反映肉中的脂肪氧化程度，进而判定肉的新鲜程度。研究发现，鸡肉在 4℃ 条件下经山苍子精油/桃胶/PEO 抗菌纤维膜包覆后，脂质氧化显著降低；贮藏 7 天后，对照组鸡肉的 TBARS 值为 1.22 mg MDA/kg，而纤维膜处理组鸡肉的 TBARS 值仅为 0.81 mg MDA/kg。因此，静电纺丝抗菌纤维膜可以有效减缓鸡肉中脂肪氧化，实现对肉品的长效保鲜。

蒸煮损失：蒸煮损失是评价肉品新鲜度的重要指标。在肉品贮藏过程中，微生物会造成肌肉组织中蛋白质的分解，提高蒸煮损失率。有研究表明，冷却猪肉的蒸煮损失随贮藏时间的延长而增加，其中空白组比丁香酚/PVA 抗菌纤维膜处理组上升速率更大。在储藏前 3 天，各组肉样的持水能力无显著差异（$P >$ 0.05），之后空白组的蒸煮损失显著高于其他处理组（$P < 0.05$），这与静电纺丝抗菌纤维膜吸收血水、抑制微生物增殖、减少肌肉组织中蛋白质的分解有关。因此，在抗菌保鲜实验中，监测肉品的蒸煮损失率，可以有效评价静电纺丝抗菌纤维膜对肉品的防腐保鲜效果。

质构特性和感官品质：肉品的质构特性（硬度、黏弹性等）和感官品质（色泽、气味等）也是辅助评价抗菌纤维膜防腐保鲜效果的重要指标。特别地，有研究对静电纺丝抗菌纤维膜处理的肉品的菌落数、质构特性和感官品质进行了相关性分析，结果发现菌落数与肉品的质构特性和感官品质存在显著的负相关，进一步证实了静电纺丝抗菌纤维膜对肉品的防腐保鲜作用。Wen 等发现，空白组猪肉在 25℃ 条件下贮藏第 3 天时已出现异味；第 5 天时肉样表面发霉，色泽变为褐红，肉样已经完全变质。而静电纺丝抗菌纤维膜处理组的肉样气味仍然正常，无腐烂变质现象。这说明静电纺丝抗菌纤维膜可通过抑制微生物增殖，减缓肉品腐败变质进程，进而有效保障肉品的可食用性。

（4）静电纺丝抗菌纤维膜对肉品保鲜效果的主要影响因素

如前面所述，静电纺丝抗菌纤维膜主要是采用不同的静电纺丝技术策略制备具有不同结构的纤维来负载抗菌剂。静电纺丝纤维膜通过包覆等方式来处理肉品，发挥防腐保鲜作用。然而，在此过程中，纤维膜的抗菌效果主要会受到以下三方面因素的影响：

①抗菌剂　抗菌剂是静电纺丝抗菌纤维膜发挥防腐保鲜作用的关键。不同抗菌剂对各种病原菌或腐败菌的抑制作用具有差异性。第一，针对肉品中常见的微生物类型，需要明确抗菌剂与抗菌效果之间的量效关系，进而选择合适的浓度制备静电纺丝纤维膜。第二，针对易挥发和水溶性差的抗菌剂，在纺丝过程或者应用过程中会造成抗菌剂的损失，进而影响保鲜效果，需要根据具体的抗菌剂特

性，将静电纺丝技术与其他包埋技术（如脂质体、纳米粒子、环糊精络合）相结合来提高抗菌剂的稳定性。第三，针对复杂的食品污染微生物，有些抗菌剂的抗菌谱比较窄（如 Nisin、溶菌酶），其单独制得的抗菌纤维膜的防腐保鲜效果具有局限性，因此研究者通常采用抗菌剂复配的方式来综合提高纤维膜的广谱抗菌效果。

②纤维结构　　目前，包埋法是制备静电纺丝抗菌纤维膜的主要方式。通过采用不同的纺丝策略将抗菌剂包埋于不同结构的纤维中，这对于抗菌剂的稳定性及其释放具有重要影响作用。最初，研究者仅采用单轴静电纺丝技术通过纺丝溶液和抗菌剂混合共纺来制备抗菌纤维膜。然而，由于单层包埋结构简单，且易造成抗菌剂在纤维表面的暴露，因此该类抗菌膜仍会出现抗菌剂的突释，进而会影响长效保鲜效果。为进一步优化载体的结构，研究者提出采用同轴静电纺丝或乳液静电纺丝构建具有核壳双层结构的纤维或者采用三轴静电纺丝构建具有三层结构的纤维。研究表明，多层结构的静电纺纤维膜能耐有效降低抗菌剂的突释，实现抗菌剂的缓慢释放，进而能够延长食品的货架期。此外，除了探索不同的制备技术，研究者还需要加强对不同结构纤维中抗菌剂的释放动力学进行研究和探讨，从而更好地指导静电纺丝纤维膜在食品防腐保鲜中的应用。

③纤维膜亲疏水性　　PVA、PEO 等合成聚合物材料具有生物安全性高、生物可降解、可纺性好等优点，是制备静电纺丝抗菌纤维膜应用最多的基材。此外，相比于其他水不溶性聚合物，该类聚合物材料是以水作为纺丝溶剂，所得纤维膜用于食品防腐保鲜具有更高的安全性。但是，由亲水性材料制备的静电纺丝纤维膜在应用时往往会发生亲水溶胀或崩解的现象，无法保证抗菌剂的缓控释放，会降低对食品的保鲜效果。因此，研究者采用化学交联（戊二醛）、热交联、疏水性聚合物纺丝等手段来提高静电纺丝抗菌纤维膜的表面疏水性。然而，为符合消费者日益增长的安全意识，以天然聚合物为基材结合相关改性技术来构建疏水性静电纺丝纤维膜，将是未来该方面的重点研究方向。

8.3　静电纺丝抗氧化纤维膜及其在肉品保鲜中的应用

肉品含有的油脂和蛋白质在微生物、光、热等条件下易发生氧化，氧化过程产生的过氧化脂质等会导致肉品的外观、质地和营养价值发生劣变，如褪色、腐败、酸败等，降低食品的感官品质和营养价值，甚至危害人体健康。抗氧化包装作为活性包装的一种，能够延缓食品氧化，提高食品质量。传统的涂覆法或包埋法制备的抗氧化包装材料易影响食品品质或发生抗氧化剂突释等问题，无法保证长效抗氧化效果。与抗菌活性包装类似，静电纺丝可以高效负载抗氧化剂，提高其稳定性并实现持续控释，从而能够达到更好的抗氧化效果。

8.3.1 静电纺丝抗氧化纤维膜的制备及性能

目前，关于静电纺丝构建抗氧化纤维膜的研究多采用植物精油、多酚和黄酮类、植物提取物、维生素 E、活性多肽等天然抗氧化剂（表 8-4）。

表 8-4 基于不同天然抗氧化剂的静电纺丝抗氧化纤维膜

抗氧化剂		纺丝材料	纺丝类型	负载形式	抗氧化性能 （DPPH 清除率）
植物精油类	姜精油	胶原水解物	单轴	直接包埋	79.8%
	百里香精油	壳聚糖、明胶	单轴	直接包埋	70%左右
	牛至精油	聚偏二氟乙烯	单轴	直接包埋	>95%
	橄榄精油	PVA、壳聚糖、PVP、麦芽糊精	同轴	直接包埋	61.74%
多酚和黄酮类	没食子酸	羟丙基甲基纤维素、PEO	单轴	直接包埋	50.35%
	姜黄素	土豆淀粉	单轴	直接包埋	20%
	茶多酚	PVA、乙基纤维素	同轴	直接包埋	92.55%
	阿魏酸	麦醇溶蛋白，CD	单轴	β-CD 包合物	88.79%
	槲皮素	Zein	单轴	γ-CD 包合物	97%
	白藜芦醇	PLA、有机蒙脱土	单轴	直接包埋	83.75%
	单宁酸	瓜尔多胶	单轴	直接包埋	80%
	香芹酚	Zein、PLA	单轴	直接包埋	75%
植物提取物	马齿苋提取物	PLA	单轴	直接包埋	88.2%
	绿茶提取物	PVP	单轴	直接包埋	42.75%
	螺旋藻提取物	PVA	单轴	直接包埋	47%
	苦瓜提取物	Zein、明胶	同轴	直接包埋	32.9%
蛋白、多肽类	藻蓝蛋白	PCL、poly-L-lactic acid（PLLA）、PVA	单轴	纳米粒子	6.1%
	酪蛋白多肽	普鲁兰糖	单轴	直接包埋	54.1%

（1）植物精油

鉴于植物精油良好的抗菌和抗氧化特性，借助静电纺丝技术，以精油为活性成分构建兼具抗菌和抗氧化的活性包装材料，能够较大程度上延缓食品的腐败变质，这也是当前食品防腐保鲜领域的热点研究方向。Tang 等使用明胶、薄荷精油和洋甘菊精油制备了静电纺丝抗氧化纤维膜，采用 DPPH 法测定了两种精油的抗氧化活性。结果表明，经过静电纺丝后，薄荷精油和洋甘菊精油的抗氧化能力仍然保持不变；当两种精油的添加浓度均为 9% 时，明胶/薄荷精油纤维膜的抗氧化活性（DPPH 清除率近 70%）高于明胶/洋甘菊精油纤维膜的抗氧化活性（DPPH 清除率近 50%），这主要是由于甘菊精油中多酚类物质含量较高所致。

（2）多酚和黄酮类

如表 8-4 所示，多酚和黄酮类活性成分（茶多酚、单宁酸、没食子酸、槲皮素、姜黄素等）在静电纺丝抗氧化纤维膜研究中占主导地位。Fonseca 等利用可溶性马铃薯淀粉作为纺丝基材，制备了负载香芹酚的静电纺丝纤维膜。结果表明，所制备的纤维膜对 ABTS 自由基的清除率最高可达 93%。除了溶液静电纺丝，Zhan 等还采用乳液静电纺丝法制备了包封桔皮素的耐水性 PVA/聚丙烯酸［poly（acrylic acid），PAA］静电纺丝纤维膜。实验结果表明，橘皮素的释放速率与纤维膜中聚合物的含量有关，当 PVA/PAA 含量由 6% 增加到 8% 时，在 40 h 内橘皮素的释放量由 62.3% 降到 49.6%；而单纯的橘皮素乳液在 35 h 内能释放全部的橘皮素。此外，纤维膜的 DPPH 清除率也随着 PVA/PAA 含量的降低而升高。因此，PVA/PAA/橘皮素静电纺丝纤维比单纯橘皮素乳液具有持久的释放特性，且保持了较好的抗氧化性。另外，也有研究将该类抗氧化剂与抗菌剂复合用于制备兼具抗菌和抗氧化性能的静电纺丝纤维膜。Lan 等采用同轴静电纺丝技术成功制备了以茶多酚为核层，以 ε-PL 为壳层的抗氧化/抗菌纳米纤维膜。结果表明，该纤维膜可以实现茶多酚的缓慢持续释放，96 h 内茶多酚释放量小于 20%，这与纤维膜制备过程中壳层的高流速有关；释放 24 h 后，对照组的 DPPH 清除率小于 20%，而茶多酚纤维膜组的 DPPH 清除率高于 70%。

（3）植物提取物

植物提取物富含多种抗氧化活性成分，与以单一抗氧化剂构建静电纺丝抗氧化纤维膜相比，研究者更倾向于直接以植物提取物为原料来构建抗氧化纤维膜。Estevez-Areco 等制备了负载迷迭香提取物的 PVA 静电纺丝纤维膜，DPPH 清除实验结果表明纤维膜中 90% 迷迭香的抗氧化活性得到保留。此外，为了获得性能良好的适于不同类型食品的抗氧化包装膜，研究者以青天葵提取物为活性物质来制备不同的抗氧化纤维膜。例如，针对亲水性食品包装的抗氧化膜，以大豆分离蛋白/普鲁兰多糖为基材，制备可食性 SPI/普鲁兰多糖/青天葵提取物纳米纤维膜。青天葵提取物中的抗氧化活性物质在水、3%乙酸和 10%乙醇模拟液中具有较高的释放量；而在50%乙醇和95%乙醇模拟液中，其释放受到了限制，表明所得的纤维膜适合于亲水性食品的抗氧化包装。其他种类的植物提取物用于抗氧化活性包装材料的研究如表 8-4 所示。

（4）维生素

除了上述植物源天然抗氧化剂，部分维生素也具有较强的抗氧化活性。维生素（如维生素 E 和维生素 B₃）也被研究者用于构建静电纺丝抗氧化纤维膜。例如，维生素 E 主要由 α-生育酚（α-tocopherol，α-TC）组成，具有公认的高抗氧化活性。Aytac 等制备了 α-生育酚/环糊精包合复合物（α-TC/CD），并将其包封在 PCL 纳米纤维中。用 DDPH 法测定了 PLA 纤维膜和 α-TC/CD/PLA 纤维膜的抗氧化活性，结果表明二者的 DPPH 自由基清除率分别为 4% 和 97%。

（5）抗氧化多肽和蛋白

除了以上活性物质，一些抗氧化性较好的蛋白质或多肽也被用于制备静电纺丝抗氧化纤维膜。Hosseini 等用来源于鱼的抗氧化肽制备了壳聚糖/PVA 纤维膜，多肽的加入使共混纳米纤维膜具有更强的疏水性。包封后的多肽在静电纺丝纤维中保持了抗氧化活性，多肽纤维膜的 DPPH 清除率可达 44.5%，且纤维膜能够实现多肽的持续释放。螺旋藻以高蛋白含量而闻名，其中含有具有重要商业价值的抗氧化蛋白，如藻蓝蛋白。有研究将益生菌与藻蓝蛋白共混静电纺丝制备抗氧化活性纤维膜。与单纯的 PVA 纤维膜相比，藻蓝蛋白/PVA 纤维膜的 DPPH 和 ABTS⁺ 清除率分别为 17.68% 和 24.68%。同时，负载藻蓝蛋白和益生菌的 PVA 纤维膜具有更高的 DPPH 清除率和 ABTS⁺ 清除率，分别为 28.05% 和 51.02%。以上结果表明，植物乳杆菌与藻蓝蛋白具有协同增强抗氧化活性的功能。

8.3.2　静电纺丝抗氧化纤维膜在肉品保鲜中的应用

目前关于静电纺丝抗氧化纤维膜的研究多集中于纺丝基材、抗氧化剂种类等方面的探索，其应用研究主要涉及医药、组织工程、活性物质递送和食品包装等方面。其中，食品抗氧化包装的应用包括汉堡、鱼油、鱼肉、畜禽肉等。相比于静电纺丝抗菌纤维膜，静电纺丝抗氧化纤维膜在鲜肉或肉制品保鲜方面的研究较少。

（1）用于肉品保鲜的静电纺丝抗氧化纤维膜的构建策略

在抗氧化剂类型上，现有研究主要利用植物精油、活性肽、α-生育酚等天然抗氧剂来制备静电纺丝抗氧化纤维膜并研究其对肉品的保鲜效果。Gonçalves 等开发了含有微藻生物肽的 PCL 纳米纤维膜，并研究了该纤维膜对鸡肉切片储存期间的稳定性的影响规律。研究结果表明，静电纺 PCL/生物肽纳米纤维膜对

DPPH 和 ABTS 自由基的清除率分别为 22.6% 和 12.4%。经 PCL/生物肽纳米纤维膜包覆处理后，鸡肉块的 TBARS 和 TVB - N 值分别为 0.98 mg MDA/kg 和 25.8 mg/100g。因此，PCL/生物肽纳米纤维为产品提供了更高的稳定性，并控制了氧化过程，确保了产品在 12 天储存期间的质量。

在构建技术上，现有研究中抗氧化纤维膜主要采用单轴静电纺丝直接包埋抗氧化剂或者抗氧化剂包合物（环糊精络合物、脂质体等）来制得。研究者采用静电纺丝技术制备了负载 α-生育酚（α-TC）和 α-TC/γ-CD 包合物的聚乳酸（PLA）纳米纤维膜。DPPH 清除实验表明，这种纺丝膜具有 97% 的抗氧化活性。贮藏实验结果，表明该抗氧化纤维膜能够显著提高牛肉样品在 4℃ 下的氧化稳定性，21 天后对照组牛肉的 TBARS 值达到 1.55 mg MDA/kg，而纤维膜处理组牛肉的 TBARS 仅为 0.78 mg MDA/kg，说明该纤维膜可以较好地抑制肉品中的脂质氧化，进而延长牛肉的货架期。此外，也有研究首先采用二氧化硅纳米粒子吸附丁香酚，然后用脂质体包封，最后将脂质体负载到 PEO 纤维膜中，结果发现，PEO/脂质体纳米纤维膜可以有效保持丁香酚的理化性质和物理稳定性，最大限度地减少牛肉的氧化，并维持牛肉的感官品质。

（2）静电纺丝抗氧化纤维膜在肉品保鲜中的应用方式

静电纺丝抗氧化纤维膜在肉品方面的应用研究尚处于起步阶段，根据现有研究中抗氧化纤维膜应用方式的不同，可以将其分为以下三类：

①仅具有抗氧化性的静电纺丝纤维膜　将抗氧化活性成分（活性肽、α-生育酚等）负载到静电纺丝纤维中，获得仅具有抗氧化活性的纤维膜，该种纤维膜处理肉品主要是通过减缓脂质氧化来延长其货架期。

②兼具抗氧化和抗菌活性的静电纺丝纤维膜　肉品的腐败变质往往同时涉及微生物的污染和脂质氧化。因此，相比于单纯的抗氧化纤维膜，兼具抗菌和抗氧化的纤维膜在肉品防腐保鲜方面具有更好的应用前景。绝大多数抗氧化活性物质如植物精油、多酚等，还具有良好的抗菌效果。因此，以此类活性成分得到的纤维膜在肉品保鲜应用时，能够发挥抗菌和抗氧化的双重作用。研究者采用静电纺丝法制备负载月桂精油和迷迭香精油的静电纺丝 PVA 纤维膜，该纤维膜可抑制高达 68% 的脂质氧化。在抗菌活性方面，对照组鸡胸肉在贮藏 7 天后，病原菌数量增加了约 1 lg；而纤维膜处理组鸡胸肉的微生物数量下降 1 lg。因此，该静电纺丝纤维膜的抗氧化和抗菌协同作用能够延长鸡胸肉的保质期。此外，也有研究通过将两种活性成分共包埋于纤维膜中来获得更佳的抗菌抗氧化效果。负载 Nisin 和儿茶素的明胶纤维膜不但能够抑制猪肉表面微生物的生长，还能够降低猪肉内的脂质氧化。经过该活性膜包裹的猪肉在冷藏条件下储存 5 天后仍保持较好的质量。

③兼具抗氧化和新鲜度指示的静电纺丝纤维膜　除与抗菌剂复配来构建抗菌/抗氧化纤维膜外，抗氧化剂还可以与 pH 响应型的活性成分共包埋来制备兼具抗氧化和新鲜度指示的静电纺丝纤维膜。pH 响应性是指活性成分在不同 pH 条件下可以显示不同的颜色。该类纤维膜的应用不仅能够减缓肉品的氧化腐败变质，而且在肉品发生腐败时能够引发纤维膜的颜色发生变化，进而可以及时发现产品质量问题。研究者采用静电纺丝制备了双层纤维膜，分别为普鲁兰糖/紫甘薯提取物层和 Zein/甘油/香芹酚层。其中，该膜的指示作用和抗菌作用分别取决于紫甘薯提取物和香芹酚，而抗氧化作用取决于两者。研究结果发现，该多功能膜在 pH 2~12 内具有较好的灵敏性，且颜色具有可逆性。此外，该纤维膜具有较好的抗氧化作用，DPPH 清除率可达 68.31%，能够在 25℃ 条件下将猪肉保质期延长至 24 h。

（3）静电纺丝抗氧化纤维膜对肉品防腐保鲜效果的评价方法

静电纺丝抗氧化纤维膜的保鲜效果也是主要从抗氧化效果和肉品品质两个方面来进行评价。

①抗氧化效果评价　目前，纤维膜的抗氧化性能主要借助体外抗氧化能力实验来评价，主要包括 2, 2-联苯基-1-苦基肼（2, 2-Diphenyl-1-picrylhydrazyl，DPPH）自由基清除率实验和 2, 2'-联氮-双-3-乙基苯并噻唑啉-6-磺酸［2, 2'-azino-bis（3-ethylbenzothiazoline-6-sulfonic acid），ABTS］阳离子自由基清除率实验。实验可选择维生素 E 作为阳性对照，从而能够量化不同纤维膜的抗氧化水平。测定不同纤维膜的抗氧化能力，能够选择适宜的抗氧化纤维膜用于肉品的抗氧化保鲜。

②肉品品质评价　脂质氧化是肉品腐败变质的重要因素之一。在肉品保鲜实验时，测定肉品的 TBARS 指标是评价肉中脂质氧化稳定性的最直接方式，进而能够反映抗氧化纤维膜对肉品的保鲜效果。研究表明，脂质过氧化与蛋白质降解存在一定关系，会影响肌肉的保水性。肌肉的保水性降低会使肉的蒸煮损失率增加。另外，氧化会造成高铁肌红蛋白的生成，进而会影响肉的色泽。因此，研究往往会将肉品的色泽、蒸煮损失率、质构特性和感官品质等指标与 TBAS 结果相结合，综合分析抗氧化纤维膜对肉品的防腐保鲜性能。

（4）静电纺丝抗氧化纤维膜对肉品保鲜效果的主要影响因素

抗氧化纤维膜与抗菌纤维膜均是通过不同的静电纺丝策略负载抗氧化剂和抗菌剂而制备。因此，影响抗氧化纤维膜的防腐保鲜效果的因素与本章 8.2.2（4）静电纺丝抗菌纤维膜对肉品保鲜效果的主要影响因素相似，包括抗氧化剂性质及稳定性、抗氧化纤维膜结构、纤维膜表面性能等。目前，关于抗氧化纤维膜用于肉品抗氧化保鲜的研究相对较少，现有研究主要集中于抗氧化剂的选择及其抗氧化纤维膜性能的评价，而关于不同影响因素与纤维膜抗氧化性能之间的相关性研究尚未见报道。未来，研究人员不但需要探求新的纺丝技术来获得具有长时保鲜效果的抗氧化纤维膜，还要不断从纤维结构、抗氧化剂释放动力学、肉品品质等方面着手来探讨之间的内在关系。

8.4　静电纺丝智能包装材料在肉品保鲜中的应用

8.4.1　智能活性包装

食品包装的主要目的是保护食品在加工、流通和贮藏过程中免受外部环境的危害，延长食品的储存期。食品活性包装（抗菌包装和抗氧化包装）旨在通过膜中抗菌剂/抗氧化剂的释放，达到延长货架期的目的。然而，上述食品活性包装材料不能提供食品质量安全的预警信息。消费者在无法直观判断食品新鲜度（品质）的情况下，会造成食物浪费或引发食品安全问题。因此，构建产品质量（如新鲜度）可视化的智能包装膜或兼具抗菌/抗氧化和智能指示的包装膜，可以有效保障食品质量安全，这也是目前食品包装的重要发展方向。智能包装是一种将智能功能与常规包装相结合的包装系统，以快速检测和警告食品的质量变化，能够在运输和储存期间监测、传感、记录、跟踪和传达食品在内部和外部环境中的状态。当前，智能包装主要包括时间—温度指示型、泄漏（气体）指示型和颜色（pH）指示型、其他类型。

（1）时间—温度指示型智能包装

时间—温度指示型智能包装是通过酶促反应以及其他理化反应来指示食品包装内温度随时间改变而发生的变化，是根据温度的变化来反映食品的相关信息。根据所使用的指示剂的种类可将其分为物理型、化学型、生物型以及酶型四类。其中，酶型的时间-温度指示型智能包装的开发及应用研究最为广泛。但是，酶对环境温度变化有很高的敏感性、相对成本较高，使该类指示型智能包装的生产与使用受到极大限制。

（2）泄漏（气体）指示型智能包装

泄漏（气体）指示型智能包装是利用特殊定制的氧气或者二氧化碳指示卡，检测包装内部氧气或者二氧化碳的含量，从而确定包装的完整性。泄漏指示型智能包装目前在乳及发酵类制品中应用较多，但在食品储存过程中，食品内部微生物的生长繁殖也会产生二氧化碳，因此利用此方法判断包装是否泄漏的准确度还有待进一步改进。

（3）颜色（pH）指示型智能包装

颜色（pH）指示型智能包装是一种可以通过直观的颜色变化来反映包装内部食品品质以及其新鲜程度的包装方式。通常情况下，颜色指示型智能包装以对pH敏感的色素成分（包括天然色素成分和化学指示剂）作为指示剂，以聚合物（如PVA）或者生物大分子（如淀粉、壳聚糖）作为负载指示剂的基质材料。特别地，含有天然pH指示剂的智能包装材料逐渐成为近年来研究的焦点。

（4）其他类型的智能包装

传感器是能够感受到被测量的信息，并按照一定的规律转换成可用信号的器件或装置，通常由敏感元件和转换元件组成，主要有化学、生物和物理传感器等类型。化学传感器包括以化学吸附、电化学反应等现象为因果关系的传感器，将被测信号的微小变化转化成电信号。生物传感器则是由固定的细胞、酶或其他生物活性物质与换能器（如电极、热敏电阻）相配合组成的传感器。物理传感器是通过物理信号反馈，如对电流、压力等物理量的检测，然后把这些特定的物理量转化为方便处理的信号变量。随着食品工业的发展以及对食品长期储存和保存需求的增加，在包装材料中应用和集成传感器构建智能包装系统，是重要研究方向。

8.4.2　静电纺丝智能包装材料在肉品防腐保鲜中的应用

虽然以静电纺丝纤维膜为基质材料，结合pH、温度、气体响应因子等所开发的智能包装膜在肉类新鲜度/腐败监测方面处于起步阶段，但也取得很多有价值的研究成果。例如，利用静电纺丝纤维膜来固定酶可以增加其稳定性并减少所需的酶量。因此，静电纺丝在酶型时间温度指示器（time-temperature indicatos，TTIs）构建方面具有较大的应用潜力，聚合物与TiO_2颗粒共混静电纺丝可制备出对氧气敏感的纳米纤维膜。此外，肉类和肉制品因微生物和酶降解发生变质时会产生胺类物质。TVB-N的产生通常被用来衡量肉制品的新鲜度和肉制品的整体质量。所有这些易挥发的氨基氮都有助于形成碱性环境，进而可以触发传感器中的某些染料敏感性。由于挥发性化学物质易发生迁移，负载指示剂的纳米纤维膜具有较高的孔隙率，这增加了挥发性氨与活性化合物相互作用的活性中心的数量。因此，基于静电纺丝技术制备颜色（pH）指示型智能包装具有灵敏度高、成本低等优点，是当前应用最多的一类智能指示包装材料。

（1）基于静电纺丝的时间—温度指示型智能包装材料

时间温度指示器（time-temperature indicatos，TTIs）依赖肉制品品质变化过程中的物理或化学变化所产生的时间和温度累积效应。Jhuang等将漆酶固定在静电纺丝Zein纳米纤维膜（CEZL）上，以提高酶时间—温度指示剂的稳定性。在

4~25℃贮藏条件下，固定化漆酶保持活性，其活性随温度的变化而变化。也就是说，CEZL 具有良好的温度敏感性和稳定性，能有效地反映和记录温度和食品贮存时间的变化，解决了传统包装材料无法实时监测产品质量的问题。然而，酶型 TTIs 的生产和应用成本较高，在实际应用过程中受到限制。朱瑞英选取阳离子多糖（壳聚糖）和带负电荷的 10，12-二十五烷二炔羧酸为材料，以静电相互作用为主要驱动力将两者交替沉积至醋酸纤维素纳米纤维膜表面，利用扫描电镜分析、傅里叶红外光谱分析、X 射线衍射分析等手段表征该复合纤维膜。复合纤维膜对温度敏感，其颜色会在不同温度条件下随着时间的变化而改变，使该复合纤维膜能够作为时间—温度指示包装材料。

（2）基于静电纺丝的泄漏指示型智能包装材料

基于 TiO_2 催化的亚甲基蓝（methylene blue，MB）氧化还原反应（MBox 为蓝色，MBrd 为无色），以甘油为牺牲电子供体，采用静电纺丝技术构建了 PVA/甘油/TiO_2/MB 纳米纤维膜，设计出一种智能漏氧指示型智能包装材料。为了解决指示材料的缺陷，研究者采用聚苯乙烯（polystyrene，PS）对静电纺丝纤维涂覆。PS 涂层和未涂层的纳米纤维膜都可以在短时间内被紫外线激活。将这种氧气泄漏型指示材料用于肉丸包装，结果表明在有氧或无氧的情况下能够呈现出明显的颜色变化。同样地，另一研究利用静电纺丝技术将 MB、甘油、TiO_2 分别混入 PVA 水溶液和 PVP 水溶液中，分别制备出 PVA 氧气指示膜、PVP 氧气指示膜，并对两种氧气指示膜进行对比研究。结果发现 PVA 氧气指示膜仅在 180 s 内就可以明显地指示出氧气的存在。PVP 氧气指示膜因 PVP 的水溶性强，在空气中其纳米结构会受到水分的影响而遭到部分破坏，因此 PVP 纤维膜指示氧气的时间相对较长，需要至少 1 h。

（3）基于静电纺丝的颜色指示型智能包装材料

所谓颜色指示型智能包装材料主要是根据纤维膜材料的颜色变化来反映食品新鲜度的变化。目前，根据显色原理的不同，颜色指示型智能包装材料主要包括三类：

①基于荧光剂与挥发性胺作用的智能包装膜　Jia 等将纤维素衍生物、荧光素异硫氰酸酯（fluorescein isothiocyanate，FITC）和原卟啉（protoporphyrin IX，PpIX）共混获得比率型荧光传感器。这种比率型荧光传感器不仅能对生物胺产生快速反应，而且可以通过静电纺丝制成智能标签，用于监测海产品的新鲜度，也为畜禽肉新鲜度监测提供参考。其原理如下：标签开始时呈现红色荧光，随着胺浓度的增加，FITC 的质子被剥夺，分子结构改变导致绿色荧光增强。标签荧光颜色的变化代表了产品新鲜度的变化。红色表示新鲜，黄色表示轻微腐败，绿色表示腐败。因此，该智能标签可以应用于肉品供应链，以实时监测肉品的新鲜

度。但是，鉴于化学合成荧光剂的潜在安全性，发掘天然植物提取色素并研究其在智能指示包装材料开发领域的应用及相关机制具有重要意义。

②基于指示剂与挥发性胺作用的智能包装膜 在静电纺丝领域，能够与挥发性胺发生相互作用的颜色指示剂，根据来源主要可分为化学合成指示剂和植物提取物。化学合成指示剂在一定的介质条件下，能够产生肉眼可见的颜色变化，常常被用来检验溶液的酸碱性。最初，大部分监测食品新鲜度的研究集中于使用化学指示剂，如聚苯胺、溴百里酚蓝、酚红、溴甲酚蓝、甲基橙等。但是应用过程中发现，这类指示剂存在 pH 显色范围小、颜色变化单一等问题。与荧光剂相似，化学合成指示剂可能会对人们健康造成潜在的危害。基于上述限制因素，化学指示剂并不适合于食品的新鲜度监测。因此，研究亟须寻求天然活性成分作为指示剂来构建新鲜度智能包装材料。

目前，应用较多的植物提取物型指示剂包括姜黄素、花青素、茜素等。姜黄素中乙酰丙酮和酚基上的质子是酸性的。当暴露于碱性条件下，特别是在 pH 7~13 内，二酮基团转化为酮—烯醇形式，导致光谱移动，颜色从黄色变为橙色/红色。因此，Luo 和 Lim 使用负载姜黄素的静电纺丝纤维膜来监测挥发性胺。纤维膜暴露于胺后呈现出从亮黄色到橙/红色的颜色转变，表明该姜黄素纤维膜在智能包装中具有广阔的应用前景。此外，有研究以壳聚糖和 PEO 为纺丝基材可制备负载姜黄素的静电纺丝纤维膜，既能可视化监测食品变质表面的 pH 的变化和TVB-N 的释放，也能对肠杆菌产生抗菌作用。负载姜黄素的静电纺丝纤维膜在4℃ 条件下能够将鸡胸肉的新鲜度保持 5 天。鸡胸肉的 pH 和 TVB-N 浓度从新鲜样品的（6.2 和 7.01）mg/100 g，分别增加到第 5 天结束时的（6.53 和 23.45）mg/100 g，此时样品的相关指标已经达到了限值。根据比色分析结果可知，在鸡胸肉变质的过程中，新鲜度指示膜的颜色从亮黄色变为红色。

花青素存在于许多植物的花、果实和叶子中。花青素兼具抗氧化性和抑菌活性，也是一类气敏性物质，可与食品贮藏过程中产生的挥发性胺发生显色反应。花青素会产生颜色变化的原因是其中存在的酚类和共轭物质，如天竺葵色素、芍药色素、牵牛花色素等。花青素具有安全无毒、易萃取以及水溶性好等特点，是制备智能指示材料的理想原料。近年来，将花青素作为颜色指示剂应用于食品新鲜度监测的研究也越来越多。王圣等从 9 种天然原料（黑米、黑豆、紫薯、黑枸杞、蓝莓、桑葚、玫瑰、紫甘蓝、玫瑰茄）中提取花青素，研究了不同来源的花青素的活性及气敏特性。结果发现，玫瑰茄色素对大肠杆菌和枯草芽孢杆菌均有显著的抑制作用（$P<0.05$），抑菌圈直径分别为最大值 8.90 mm 和 8.38 mm。玫瑰色素对金黄色葡萄球菌的抑菌圈直径为最大值 11.03 mm。玫瑰茄色素对三甲胺（trimethylamine，TMA）和猪肉腐败气味灵敏度最高，且于 4℃ 和 25℃ 下稳定

性较好。将壳聚糖、淀粉、聚乙烯醇两两共混，以玫瑰茄色素作为活性成分制备出壳聚糖/淀粉膜、壳聚糖/聚乙烯醇膜、聚乙烯醇/淀粉膜、玫瑰茄/壳聚糖/淀粉膜、玫瑰茄/壳聚糖/聚乙烯醇膜、玫瑰茄/聚乙烯醇/淀粉膜。玫瑰茄纤维膜包裹猪肉，不但可以有效抑制猪肉中脂肪的氧化酸败，而且能够对猪肉的新鲜度变化进行指示。Zhang 等制备了负载玫瑰茄花青素的淀粉/聚乙烯醇/壳聚糖纳米纤维膜，将其在 25℃ 下用于监测猪肉的新鲜度变化（36 h），结果发现随着猪肉的 TVB-N 值增加到限值（15 mg/100 g），包装膜呈现出由红色到绿色的颜色变化。为了监测羊肉在 4~25℃ 下的保鲜效果，研究者采用 PLA 与蓝莓花色苷制备了静电纺丝纳米纤维膜。扫描电镜显示单纯的 PLA 纳米纤维含有更多的串珠结构，当在纤维中引入花青素，纤维变得更为均一。纤维膜包装羊肉贮藏 1 天后，由原来的粉红色变为淡粉色，贮藏 3 天后变成无色。Prietto 等将 Zein 溶液与红甘蓝花青素混纺制备纳米纤维膜。静电纺丝纳米纤维膜具有较大的比表面积和孔隙率，对周围环境变化的敏感性较强。研究发现，在 pH 1~10 缓冲溶液中，负载不同浓度花青素提取物的静电纺丝纤维膜呈现出快速的颜色变化。因此，在畜禽肉及制品新鲜度监测中具有重要应用前景。例如，利用含紫甘薯提取物的普鲁兰糖纳米纤维膜和含香芹酚的玉米醇溶蛋白纤维膜分别作为显色层和抗菌层所设计的活性智能包装膜，可成功监测猪肉 pH 的变化，并能延长猪肉的保质期。在 pH 2~12 内，包装膜会响应 pH 而显示明显的颜色变化。除了高灵敏的颜色变化外，该纤维膜还显示出良好的抗菌和抗氧化活性，使猪肉在 25℃ 下的保质期延长了 1 天。为了进一步提升纳米纤维膜的应用性能，Duan 等联合使用花青素和姜黄素制备了普鲁兰糖/壳聚糖纳米纤维膜，与负载单一指示剂的纤维膜相比，复合指示剂智能包装膜的效果更好，能够克服单一指示剂颜色变化不明显的缺点。

　　植物中的茜素也是一种胺敏感型活性物质，可以用来监测食物的新鲜度。研究发现，玉米醇溶蛋白/茜素纳米纤维膜对微量胺具有较高的灵敏度和良好的颜色响应。它不仅可以监测肉类变质末期的颜色变化，而且可以监测早期预警阶段的颜色变化。Zhang 等采用静电纺丝技术研制了一种用于猪肉新鲜度监测和保鲜的双层膜。该双层膜分别为 PVA/海藻酸钠/茜素静电纺丝纤维膜和聚偏氟乙烯/香兰素静电纺丝纤维膜，其中前者为传感器层，后者为抗菌层。双层膜的水接触角比单层膜大且对胺的灵敏度更高，ΔE 值为 47.99。此外，双层膜对金黄色葡萄球菌和大肠杆菌均具有较好的抗菌活性，在 25℃ 条件下，使猪肉的保质期延长了 24 h。

　　③基于指示剂与肉品介质 pH 作用的智能包装膜　除了响应 TVB-N 的浓度变化，食品的新鲜度还可通过响应肉品的酸碱度来监测，这种监测方式更加方便且成本较低。Guo 等通过静电纺丝技术开发出了一种由支链淀粉/紫薯提取物

（富含花青素）和 Zein/甘油/香芹酚组成的新型智能双层纤维膜，用于猪肉的新鲜度监测。该纤维膜具有颜色可逆性以及良好的抗菌和抗氧化活性，在 25℃下，可将猪肉货架期延长 1 天。

综合以上分析可知，新鲜度指示材料是近几年来静电纺丝在肉品防腐保鲜领域的一个热点研究方向。然而，目前用于新鲜度指示的天然活性物质较少，并且在指示过程中存在对食品中关键物质含量变化响应速率慢等问题。静电纺丝膜具有较高的孔隙率和比表面积，通过纺丝基材选择和纺丝条件优化可以对纤维孔隙率等进行调控。因此，未来可以从静电纺丝纤维结构方面出发来提高基材对关键物质的反应灵敏度；在新鲜度指示纤维膜中附加抗菌剂或抗氧化剂，同时实现检测肉品新鲜度和防腐保鲜的双功能（图 8-8），可以为肉品的新鲜贮藏提供多重保障。因此，基于静电纺丝纤维膜载体构建保鲜和新鲜度监测为一体的智能包装材料是未来需要重点研究的方向。

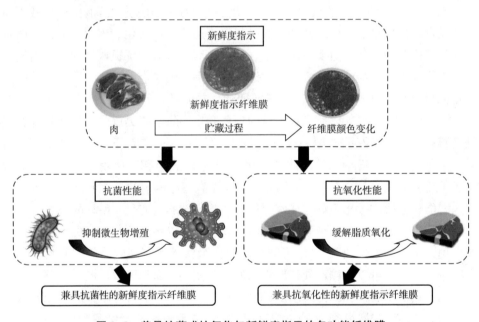

图 8-8 兼具抗菌或抗氧化与新鲜度指示的多功能纤维膜

8.5 结论与展望

8.5.1 结论

静电纺丝微/纳米材料具有材料形貌可控、比表面积高、孔隙率大、包封率高、被包埋功能因子稳定性高、功能因子可控释放等优点，在食品科学研究领域备受关注。目前，静电纺丝技术在食品领域中的研究以食品活性包装（抗菌活性和抗氧化活性）和智能指示材料为主。作为一种简单、温和的功能材料制备技术，静电纺丝技术在食品防腐保鲜领域具有较大的发展和应用潜力。

8.5.2　展望

随着人们生活水平和安全环保意识不断提高，对食品包装的功能化将会提出更高的要求。未来基于静电纺丝技术的食品活性智能包装研究需要考虑以下几个方面的问题：

（1）静电纺丝制备微/纳米纤维的机理研究

目前，虽然已有一些研究探究了纺丝液性质、纺丝工艺参数等添加对静电纺丝过程及所得纤维性能的影响规律，但针对不同纺丝基材（多糖类、蛋白类或水溶性材料、疏水性材料等）和纺丝策略（单轴静电纺丝、同轴静电纺丝、三轴静电纺丝、乳液静电纺丝等），其纺丝机制并不相同，这需要结合具体的条件和纤维制备情况来进行分析。未来，研究人员应进一步拓展不同基材或纺丝策略之间的交叉研究，进而能够更有效地制备静电纺丝纳米纤维。

（2）加强对天然生物材料的应用

随着人们健康安全意识不断提高，以天然聚合物替代合成聚合物来静电纺丝构建微食品微/纳米材料将是未来的重点研究方向。当前，虽然多数研究以蛋白或多糖类聚合物为基材构建食品活性或智能包装材料，但由于多数蛋白质和多糖的可纺性较差，纺丝过程中仍需要添加合成聚合物作为助纺剂来制备静电纺丝纤维膜。因此，未来研究需要进一步阐释天然聚合物溶液特性与纺丝性能之间的相互关系，进而为开发食品级静电纺丝材料奠定理论基础。

（3）纳米纤维膜中活性物质的释放及其作用机制

当前，大多数关于静电纺丝抗菌或抗氧化活性包装的研究中，研究者仅是通过改变不同活性成分、纺丝基材或纺丝策略来构建不同的抗菌或抗氧化活性包装材料，并对其抗菌和抗氧化性能进行评价。然而，食品活性材料研究的最终目的是实现对食品的防腐保鲜。深入了解不同静电纺丝载体在食品模拟介质中活性物质的释放机制，对于准确把握和应用静电纺丝活性包装膜对不同食品的防腐保鲜具有重要意义。

（4）加强技术联用，提高静电纺丝活性纤维膜的抗菌或抗氧化活性

前期研究发现，通过冷等离子体或紫外光处理静电纺丝纤维膜，可以提高纤维膜的抗菌或抗氧化活性。因此，未来研究可以进一步拓展不同加工技术之间的融合和协同作用，以期达到更好的食品防腐保鲜效果。

参考文献

［1］ Phan D N, Dorjjugder N, Saito Y, et al. The synthesis of silver-nanoparticle-anchored electrospun polyacrylonitrile nanofibers and a comparison with as-spun silver/polyacrylonitrile nanocomposite membranes upon antibacterial activity ［J］. Polymer Bulletin, 2020, 77 (8), 4197-4212.

［2］ Liu Y, Li Y, Deng L, et al. Hydrophobic ethylcellulose/gelatin nanofibers containing zinc oxide nanoparticles for antimicrobial packaging ［J］. Journal of Agricultural and Food Chemistry, 2018, 66 (36): 9498-9506.

［3］ Kiadeh S Z H, Ghaee A, Farokhi M, et al. Electrospun pectin/modified copper-based metal-organic framework (MOF) nanofibers as a drug delivery system ［J］. International Journal of Biological Macromolecules, 2021, 173: 351-365.

［4］ Zhang Q, Tu Q, Hickey M E, et al. Preparation and study of the antibacterial ability of graphene oxide - catechol hybrid polylactic acid nanofiber mats ［J］. Colloids and Surfaces B- Biointerfaces, 2018, 172: 496-505.

［5］ Liu X, Nielsen L H, Qu H, et al. Stability of lysozyme incorporated into electrospun fibrous mats for wound healing ［J］. European Journal of Pharmaceutics and Biopharmaceutics, 2019, 136: 240-249.

［6］ Amariei G, Kokol V, Boltes K, et al. Incorporation of antimicrobial peptides on electrospun nanofibres for biomedical applications ［J］. RSC Advances, 2018, 8: 28013-28023.

［7］ Feng K, Wen P, Yang H, et al. Enhancement of the antimicrobial activity of cinnamon essential oil-loaded electrospun nanofilm by the incorporation of lysozyme ［J］. RSC Advances, 2017, 7: 1572-1580.

［8］ Alp-Erbay E, Yesilsu A F, Ture M. Fish gelatin antimicrobial electrospun nanofibers for active food - packaging applications ［J］. Journal of Nano Research, 2019, 56: 80-97.

［9］ Maliszewska I, Czapka T. Electrospun polymer nanofibers with antimicrobial activity ［J］. Polymers, 2022, 14: 1661.

［10］ Figueroa-Lopez A, Enescu D, Torres-Giner S, et al. Development of electrospun active films of poly (3-hydroxybutyrate-co-3-hydroxyvalerate) by the incorporation of cyclodextrin inclusion complexes containing oregano essential oil ［J］. Food Hydrocolloids, 2020, 108: 106013.

[11] Cui H Y, Bai M, Rashed M M A, et al. The antibacterial activity of clove oil/ chitosan nanoparticles embedded gelatin nanofibers against *Escherichia coli* O157：H7 biofilms on cucumber [J]. International Journal of Food Microbiology, 2018, 266：69−78.

[12] Lin L, Dai Y J, Cui H Y. Antibacterial poly (ethylene oxide) electrospun nanofibers containing cinnamon essential oil/beta−cyclodextrin proteoliposomes [J]. Carbohydrate Polymers, 2017, 178：131−140.

[13] Amjadi S, Almasi H, Ghorbani M, et al. Reinforced ZnO NPs/rosemary essential oil−incorporated zein electrospun nanofibers by κ−carrageenan [J]. Carbohydrate Polymers, 2020, 232：115800.

[14] Cui H Y, Lu J Y, Li C Z, et al. Antibacterial and physical effects of cationic starch nanofibers containing carvacrol@casein nanoparticles against *Bacillus cereus* in soy products [J]. International Journal of Food Microbiology, 2022, 364：109530.

[15] Li Y, Dong Q, Chen J, et al. Effects of coaxial electrospun eugenol loaded core−sheath PVP/shellac fibrous films on postharvest quality and shelf life of strawberries [J]. Postharvest Biology and Technology, 2020, 159：111028.

[16] Ullah S, Hashmi M, Kim I S. Electrospunmomordicacharantia incorporated polyvinyl alcohol (PVA) nanofibers for antibacterial applications [J]. Materials Today, 2020, 24：101161.

[17] 金晓春. 复合 Nisin 的醇溶蛋白基多孔纤维膜静电纺丝制备及其性能研究 [D]. 长春：吉林农业大学, 2021.

[18] Han D, Sherman S, Filocamo S, et al. Long−term antimicrobial effect of nisin released from electrospun triaxial fiber membranes [J]. Acta Biomaterialia, 2017, 53：242−249.

[19] Cui H Y, Wu J, Li C Z, et al. Improving anti−listeria activity of cheese packaging via nanofiber containing nisin−loaded nanoparticles [J]. LWT−Food Science & Technology, 2017, 81：233−242.

[20] Liang Z R, Hsiao H I, Jhang D J. Synergistic antibacterial effect of nisin, ethylenediaminetetraacetic acid, and sulfite on native microflora of fresh white shrimp during ice storage [J]. Journal of Food Safety, 2020, 40 (4)：e12794.

[21] Liu F, Liu Y N, Sun Z L, et al. Preparation and antibacterial properties of ε−polylysine−containing gelatin/chitosan nanofiber films [J]. International Journal of Biological Macromolecules, 2020, 164：3376−3387.

［22］Gagaoua M, Pinto V Z, Göksen G, et al. Electrospinning as a promising process to preserve the quality and safety of meat and meat products ［J］. Coatings, 2022, 12 (5)：644.

［23］Dai J M, Hu W, Yang H Y, et al. Controlled release and antibacterial properties of PEO/casein nanofibers loaded with Thymol/β-cyclodextrin inclusion complexes in beef preservation ［J］. Food Chemistry, 2022, 382：132369.

［24］Huang Y F, Wang Y F, Li Y Q, et al. Covalent immobilization of polypeptides on polylactic acid (PLA) films and their application to beef preservation ［J］. Journal of Agricultural and Food Chemistry, 2020, 68 (39)：10532-10541.

［25］Wen P, Zhu D H, Feng K, et al. Fabrication of electrospun polylactic acid nano-film incorporating cinnamon essential oil/β-cyclodextrin inclusion complex for antimicrobial packaging ［J］. Food Chemistry, 2016, 196：996-1004.

［26］王芳, 刘骞, 于栋, 等. 静电纺丝纳米纤维抑菌吸水衬垫对气调包装中冷却肉贮藏品质的影响 ［J］. 食品工业科技, 2022, 43 (10)：357-364.

［27］Lin L, Liao X, Surendhiran D, et al. Preparation of ε-polylysine/chitosan nanofibers for food packaging against Salmonella on chicken ［J］. Food Packaging and Shelf Life, 2018, 17：134-141.

［28］Wang D B, Liu Y N, Sun J Y, et al. Fabrication and characterization of gelatin/zein nanofiber films loading perillaldehyde for the preservation of chilled chicken ［J］. Foods, 2021, 10 (6)：1277.

［29］孙武亮, 刘晓娟, 董信琛, 等. pH 响应型智能抑菌包装垫的制备及在冷鲜羊肉中的应用 ［J］. 包装工程, 2020, 41 (5)：66-73.

［30］刘晓娟. pH 响应型核—壳结构抑菌纤维垫的制备及在冷鲜羊肉中的保鲜应用研究 ［D］. 呼和浩特：内蒙古农业大学, 2019.

［31］杨志彩. 静电纺丝制备抗菌纳米纤维膜及其在盐水鸭腿贮藏保鲜中的应用 ［D］. 扬州：扬州大学, 2022.

［32］李伟. 肉桂精油/β-环糊精蛋白脂质体纤维膜的制备及在牛肉保鲜中的应用 ［D］. 镇江：江苏大学, 2017.

［33］Karim M, Fathi M, Soleimanian-Zad, S. Nanoencapsulation of cinnamic aldehyde using zein nanofibers by novel needle-less electrospinning：Production, characterization and their application to reduce nitrite in sausages ［J］. Journal of Food Engineering, 2020, 288：110140.

［34］Mounia A, France D, Marie-Claude H, et al. Mechanism of action of electrospun chitosan-based nanofibers against meat spoilage and pathogenic bacteria

［J］. Molecules, 2017, 22（4）: 585.

［35］Heydari-Majd M, Shadan M R, Rezaeinia H, et al. Electrospun plant protein-based nanofibers loaded with sakacin as a promising bacteriocin source for active packaging against *Listeria monocytogenes* in quail breast［J］. International Journal of Food Microbiology, 2023, 391: 110143.

［36］Liu Y N, Wang R, Wang D B, et al. Development of a food packaging antibacterial hydrogel based on gelatin, chitosan, and 3-phenyllactic acid for the shelf-life extension of chilled chicken［J］. Food Hydrocolloids, 2022, 127: 107546.

［37］Song Y D, Zhang H, Huang H, et al. Allicin-loaded electrospun PVP/PVB nanofibrous films with superior water absorption and water stability for antimicrobial food packaging［J］. ACS Food Science & Technology, 2022, 2: 941-950.

［38］Li C Z, Bai M, Chen X C, et al. Controlled release and antibacterial activity of nanofibers loaded with basil essential oil-encapsulated cationic liposomes against *Listeria monocytogenes*［J］. Food Bioscience, 2022, 46: 101578.

［39］Lin L, Wu J J, Li C Z, et al. Fabrication of a dual-response intelligent antibacterial nanofiber and its application in beef preservation［J］. LWT-Food Science and Technology, 2022, 154: 112606.

［40］Lin L, Zhu Y L, Cui Z H. Electrospun thyme essential oil/gelatin nanofibers for active packaging against *Campylobacter jejuni* in chicken［J］. LWT-Food Science & Technology, 2018, 97: 711-718.

［41］Zhang J, Zhang J, Huang X, et al. Study on cinnamon essential oil release performance based on pH-triggered dynamic mechanism of active packaging for meat preservation［J］. Food Chemistry, 2023, 400: 134030.

［42］Li L L, Wang H L, Chen M M, et al. Gelatin/zein fiber mats encapsulated with resveratrol: Kinetics, antibacterial activity and application for pork preservation［J］. Food Hydrocolloids, 2019, 101: 105577.

［43］Lin L, Liao X, Cui H Y. Cold plasma treated thyme essential oil/silk fibroin nanofibers against *Salmonella* Typhimurium in poultry meat［J］. Food Packaging and Shelf Life, 2019, 21: 100337.

［44］Lin L, Mahdi A A, Li C Z, et al. Enhancing the properties of *Litsea cubeba* essential oil/peach gum/polyethylene oxide nanofibers packaging by ultrasonication［J］. Food Packaging and Shelf Life, 2022, 34: 100951.

［45］Vilchez A, Acevedo F, Cea M, et al. Applications of electrospun nanofibers with antioxidant properties: A review［J］. Nanomaterial, 2020, 10: 175.

[46] Tang Y D, Zhou Y, Lan X Z, et al. Electrospun gelatin nanofibers encapsulated with peppermint and chamomile essential oils as potential edible packaging [J]. Journal of Agricultural and Food Chemistry, 2019, 67 (8): 2227-2234.

[47] Fonseca L M, Cruxen C E D S, Bruni G P, et al. Development of antimicrobial and antioxidant electrospun soluble potato starch nanofibers loaded with carvacrol [J]. International Journal of Biological Macromolecules, 2019, 139: 1182-1190.

[48] Zhan F C, Yan X X, Li J, et al. Encapsulation of tangeretin in PVA/PAA crosslinking electrospun fibers by emulsion-electrospinning: Morphology characterization, slow-release, and antioxidant activity assessment [J]. Food Chemistry, 2021, 337: 127763.

[49] Lan X Z, Liu Y R, Wang Y Q, et al. Coaxial electrospun PVA/PCL nanofibers with dual release of tea polyphenols and ε-poly (L-lysine) as antioxidant and antibacterial wound dressing materials [J]. International Journal of Pharmaceutics, 2021, 601: 120525.

[50] Estevez-Areco S, Guz L, Candal R, et al. Release kinetics of rosemary (*Rosmarinus officinalis*) polyphenols from polyvinyl alcohol (PVA) electrospun nanofibers in several food simulants [J]. Food Packaging and Shelf Life, 2018, 18: 42-50.

[51] 温雁. 静电纺青天葵提取物纳米纤维膜的制备及性能研究 [D]. 广州: 华南理工大学, 2019.

[52] Aytac Z, Keskin N O S, Tekinay T, et al. Antioxidant alpha-tocopherol/gamma-cyclodextrin-inclusion complex encapsulated poly (lactic acid) electrospun nanofibrous web for food packaging [J]. Journal of Applied Polymer Science, 2017, 134 (21): 44858.

[53] Hosseini S F, Nahvi Z, Zandi M. Antioxidant peptide-loaded electrospun chitosan/poly (vinyl alcohol) nanofibrous mat intended for food biopackaging purposes [J]. Food Hydrocolloids, 2019, 89: 637-648.

[54] Zhang Z, Su W, Li Y, et al. High-speed electrospinning of phycocyanin and probiotics complex nanofibrous with higher probiotic activity and antioxidation [J]. Food Research International, 2023, 167: 112715.

[55] Gonçalves C F, Schmatz D A, Uebel L D S, et al. Microalgae biopeptides applied in nanofibers for the development of active packaging [J]. Polímeros, 2017, 27 (4): 290-297.

［56］ Cui H Y, Yuan L, Li W, et al. Antioxidant property of SiO_2-eugenol liposome loaded nanofibrous membranes on beef ［J］. Food Packaging and Shelf Life, 2017, 11: 49-57.

［57］ Göksen G, Fabra M J, Pérez-Cataluña A, et al. Biodegradable active food packaging structures based on hybrid cross-linked electrospun polyvinyl alcohol fibers containing essential oils and their application in the preservation of chicken breast fillets ［J］. Food Packaging and Shelf Life, 2021, 27: 100613.

［58］ Kaewprachu P, Ben Amara C, Oulahal N, et al. Gelatin films with nisin and catechin for minced pork preservation ［J］. Food Packaging and Shelf Life, 2018, 18: 173-183.

［59］ Choi I, Lee J Y, Lacroix M, et al. Intelligent pH indicator film composed of agar/potato starch and anthocyanin extracts from purple sweet potato ［J］. Food Chemistry, 2017, 218: 122-128.

［60］ Jhuang J R, Lin S B, Chen L C, et al. Development of immobilized laccase-based time temperature indicator by electrospinning zein fiber ［J］. Food Packaging and Shelf Life, 2020, 23: 100436.

［61］ 朱英瑞. 静电纺技术在食品智能包装中的探索研究 ［D］. 海口: 海南大学, 2016.

［62］ Yılmaz M, Altan A. Optimization of functionalized electrospun fibers for the development of colorimetric oxygen indicator as an intelligent food packaging system ［J］. Food Packaging and Shelf Life, 2021, 28, 100651.

［63］ Jia R N, Tian W G, Bai H T, et al. Amineresponsive cellulose-based ratiometric fluorescent materials for real-time and visual detection of shrimp and crab freshness ［J］. Nature Communications, 2019, 10 (1): 795.

［64］ Luo X, Lim L T. Curcumin-loaded electrospun nonwoven as a colorimetric indicator for volatile amines ［J］. LWT-Food Science and Technology, 2020, 128: 109493.

［65］ Yildiz E, Sumnu G, Kahyaoglu L N. Monitoring freshness of chicken breast by using natural halochromic curcumin loaded chitosan/PEO nanofibers as an intelligent package ［J］. International Journal of Biological Macromolecules, 2021, 170: 437-446.

［66］ 王圣. 花青素活性智能包装膜研制及其对猪肉的保鲜与新鲜度检测 ［D］. 镇江: 江苏大学, 2017.

［67］ Zhang J J, Zou X B, Zhai X D, et al. Preparation of an intelligent pH film based

237

on biodegradable polymers and roselle anthocyanins for monitoring pork freshness [J]. Food Chemistry, 2019, 272: 306-312.

[68] Prietto L, Pinto V Z, El Halal S L M, et al. Ultrafine fibers of zein and anthocyanins as natural pH indicator [J]. Journal of the Science of Food and Agriculture, 2018, 98 (7): 2735-2741.

[69] Guo M, Wang H L, Wang Q, et al. Intelligent double-layer fiber mats with high colorimetric response sensitivity for food freshness monitoring and preservation [J]. Food Hydrocolloids, 2020, 101: 105468.

[70] Duan M X, Yu S, Sun J S, et al. Development and characterization of electrospun nanofibers based on pullulan/chitin nanofibers containing curcumin and anthocyanins for active-intelligent food packaging [J]. International Journal of Biological Macromolecules, 2021, 187: 332-340.

[71] Zhang J N, Zhang J J, Guan Y F, et al. High-sensitivity bilayer nanofiber film based on polyvinyl alcohol/sodium alginate/polyvinylidene fluoride for pork spoilage visual monitoring and preservation [J]. Food Chemistry, 2022, 394: 133439.

第 9 章　植物精油与肉品保鲜

植物精油具有较强的抑菌和抗氧化作用，可作为食品防腐剂的替代品应用于食品保鲜领域。本章主要介绍了植物精油的组成成分、提取方法、在肉制品中的应用方式以及对肉品质量的影响，总结了植物精油在肉品保鲜中存在的问题和研究方向，以期为植物精油在肉品保鲜领域的应用提供参考。

9.1　植物精油概述

植物精油是芳香植物的高度浓缩提取物，以植物的果实、花、叶、根、茎、树皮等部位为原料，通过蒸馏、压榨等方式提炼所获得的挥发性油状液体，成分通常以醇类、酚类、丙酮类、萜烯类等小分子化合物为主，是具有挥发性和特殊香气且不溶于水的物质。

9.1.1　植物精油的组成成分

植物精油化学成分复杂，主要包括萜烯类化合物、芳香族化合物、脂肪族化合物和含氮及含硫化合物等。

（1）萜烯类化合物

萜烯类化合物是植物精油中含量最高、成分最多的物质。萜烯是一类通式为 $(C_5H_8)_n$、含有双键的链状或环状烯烃类有机化合物。迄今为止，人们已发现近 3 万种萜烯类化合物，主要存在于动植物体内，其中半数以上在植物中发现。根据结构中异戊二烯单元数量的不同，萜烯类化合物主要分为以下三类：单萜类如月桂烯、香叶醛、罗勒烯、松油烯、香叶醇、柠檬醛、香茅醇等；倍半萜类如金合欢烯、金合欢醇、杜鹃酮、β-杜松烯、愈创木奥等；二萜类如叶绿醇等。

（2）芳香族化合物

芳香族化合物是植物精油中仅次于萜烯类化合物的第二大类组成成分，主要是醛类、醇类及酚类（如苄醇、乙酸酯、丁香酚、桂皮醛）、萜源衍生物（如百丽香草酚、α-姜黄烯）和苯丙烷类衍生物（如榄香素、欧细辛醚）。上述芳香族化合物广泛存在于百里香、肉桂、丁香等植物精油中。

（3）脂肪族化合物

除芳香族化合物之外，植物精油还含有丰富的脂肪族化合物，这些化合物虽然含量极低且不具有芳香味，但它们却是植物精油的重要成分，如橘子精油、柠檬精油中的异戊醛、沙棘精油中的乙酸乙酯和黄柏果实精油中的甲基壬基酮等。

（4）含氮及含硫化合物

含氮及含硫化合物在植物精油中的含量相对较少，主要存在于植物香辛料精油中，但这些化合物（如吡嗪、吡咯、咪唑、大蒜素、异硫氰酸酯）通常具有强烈的芳香味和特殊的化学结构。含氮化合物主要包括酮胺、酰胺、氨基酸和生物碱等；含硫化合物主要有硫醇、硫醚和三硫化合物等。研究表明，上述含氮及含硫化合物具有抗菌和抗氧化等生物活性。

9.1.2 植物精油的提取方法

植物精油的成分多种多样，提取时受多种因素影响，如植物的种类、所处气候、海拔、土壤和提取方法等。因此，为获得成分稳定的精油，应根据需求选取适当的提取方法。

（1）提取植物精油的传统方法

①压榨法 压榨法是最传统的精油提取方法，其原理是利用压力使原料的细胞挤压破裂，导致细胞内物质流出，再通过离心或静置等方法提纯，即可得到粗制的精油。该方法存在出油率低、精油纯度差以及成品保存时间短等问题。

②蒸馏法 蒸馏法常用于提取芳香植物和药用植物中的精油，是目前应用最广泛的一种方法。蒸馏法主要分为共水蒸馏法和水蒸气蒸馏法两种，其原理均是利用水蒸气带出挥发性油类并进行分离和收集。不同的是，共水蒸馏法是将原料浸泡在水中一同加热，水蒸气蒸馏法是通过水蒸气蒸腾的方式对原料进行加热蒸馏。作为一种传统的提取技术，蒸馏法具有操作简单和生产成本低的优点，也存在提取时间较长、燃料消耗较大、产生温室气体和污染环境等问题。此外，蒸馏时的高温环境易造成部分产物发生分解和水解等反应。

③溶剂萃取法 溶剂萃取法又称溶剂浸提法，即利用低沸点的有机溶剂与植物原料在连续提取器中进行适度加热，通过过滤和蒸发溶剂来提取精油，常用的溶剂包括丙酮、乙醚、甲醇、乙醇和正己烷等。溶剂萃取法具有设备简单、操作方便、提取率高等优点，同时对热敏成分的破坏较小。但是，使用的溶剂在提取过程中会带入其他成分，且易产生难以分离的水-溶剂乳浊液，可能存在油脂等杂质而导致所得精油纯度较低。为了解决这些问题，可以增加蒸馏装置以除去有机溶剂而得到纯净的精油，但会带来成本较高、耗时较长的缺点。另外，溶剂萃取法在提取过程中需要使用大量有机溶剂，若处理不当则容易污染环境。

④吸收法 吸收法是一种用油脂、活性炭或大孔吸附树脂等吸附材料来吸附植物香气成分的提取方法。在此过程中，吸附材料与植物样品接触将香气成分吸

附固定，再使用低沸点的有机溶剂将吸附的香气成分从吸附材料中分离提取出来。该方法适用于热敏性、香气强的名贵花卉精油的非热提取。然而，一方面，吸收法操作工艺相对复杂，需要严格控制吸附过程中的温度、压力和时间等参数，以确保香气成分被充分吸附和稳定固定；另一方面，吸附材料与植物样品接触来固定香气成分的过程耗时较长，生产效率较低。

（2）提取植物精油的新技术

近年来，该领域出现了一系列较为先进的精油提取技术。

①微波辅助萃取法　微波辅助萃取法的原理是在微波场中，植物原料细胞内部由于水和其他物质的存在会吸收大量的微波能，而周围的非极性提取剂吸收的能量较少，因此在细胞内部会产生热应力而导致细胞破裂，使细胞内部目标成分与相对较冷的提取剂直接接触，从而加速目标物质从细胞内部向提取剂中转移来强化提取过程。

微波辅助萃取法具有设备简单、适用范围广、萃取效率高、减少浪费、节省能源和污染小等优点。目前，微波辅助萃取法常常作为提取植物精油的一种辅助手段，需要与其他技术联用以达到理想的提取效果。例如，使用微波辅助水蒸气蒸馏法来提取薰衣草精油能够增强提取率，并且减少副产物的生成。然而，在较低的微波功率下提取精油可能耗时较长，在较高的功率下可能导致干燥的植物叶子燃烧。通过继续深入研究和技术改进，微波萃取法有望在植物精油行业中得到更广泛的应用。

②超声波辅助萃取法　超声波辅助萃取是利用超声波强化效应来提取植物原料中有效成分的技术手段。其原理是通过超声波空化作用，加速植物组织中的有效成分释放和溶出。此外，超声波产生的次级效应如机械振动、击碎和化学效应等，同样能加速有效成分的扩散和释放，有助于提取剂充分混合从而促进有效目标成分的提取。

超声波辅助萃取技术具有提取温度低、提取时间短、提取率高、节能、经济性较好、适用性广泛等优点。然而，超声波萃取只是一种辅助手段，通常需要与其他提取方法联用来达到理想的提取效果。

③超临界流体萃取法　超临界萃取是利用超临界流体为萃取剂提取液体或固体中某些有效成分的分离技术。该技术的原理是将超临界流体控制在高于临界压力和临界温度的状态下，从原料中提取精油；而当超临界流体恢复到常温和常压条件时，其中溶解的精油立即与其分离。

与蒸馏法相比，超临界 CO_2 萃取技术具有许多优势：萃取条件温和、萃取温度和压力较低，能够防止精油中的热敏性物质分解；萃取后无溶剂残留，精油品质较高且安全；提取制备所得植物精油的香气极为接近天然芳香植物本身的香气。因此，该方法较为适合用于提取脂溶性、高沸点、热敏性成分和高档精油。然而，该技术所需成本较高，目前仍处于研究阶段，还未广泛投入工业化生产中。

④亚临界水萃取法　1998 年，Basile 等第一次用亚临界水提取出了迷迭香叶片中的精油。这项技术的显著特点是介电常数易于控制，该参数在一定压力下随温度升高而降低。亚临界水也称作超加热水或高压水，指在特定压力下使水的温度超过 100℃但低于临界温度 374℃，水体仍保持液体状态。

亚临界水萃取技术具有提取时间短、提取率高、精油品质优良、能耗低、环保等优势。与超临界 CO_2 萃取法相比，二者在精油得率和品质等提取效果方面相差不大。但是，在生产条件上，超临界 CO_2 萃取法需要 CO_2 处于 25 MPa 以上的超高压状态，而亚临界水萃取技术中的亚临界水的压力远低于超高压状态。因此，亚临界水萃取技术在设备上更易实现，但若要用于植物精油的规模化工业生产中，则仍需进一步完善。

⑤分子蒸馏　分子蒸馏又称短程蒸馏，是一种在高真空度下利用分子运动平均自由程的差异对液体混合物进行分离的新技术，常被用于植物精油的精制、纯化和除蜡。分子蒸馏的操作温度远低于提取物料在常压下的沸点温度，且因加热时间极短能够防止热分解作用，有助于保持精油中活性成分的稳定性和纯净度。另外，该技术还能有效防止其他有毒成分污染，从而提高精油的安全性。然而，分子蒸馏所需设备价格昂贵并对密封性要求较高，目前主要用于实验室研究，在工业化生产中还需克服技术和成本方面的难题。

9.2　植物精油的功能特性

植物精油具有抑菌、抗氧化、抗癌、驱虫杀虫等多种功能特性，被广泛用作食品防腐剂、抑菌剂和抗氧化剂等。

9.2.1　抑菌作用

（1）抑菌成分

研究发现，植物精油对细菌、酵母、霉菌等微生物具有很强的杀菌和抑菌活性，在食品工业中具有取代化学合成杀菌剂的潜力。在众多植物精油中，百里香、牛至、丁香、茶树、柠檬草、肉桂、月桂和花梨木精油被认为是活性最强的抗菌剂。不同植物源精油对不同微生物的抗菌功效不同，这取决于精油中化学成分的结构、功能团以及它们之间的相互作用。植物精油中的主要活性单体成分及其作用对象见表 9-1。

表 9-1　植物精油中主要活性单体成分及其作用对象

活性成分	化学名称	结构式	主要来源	作用对象
丁香酚	2-甲氧基-4-烯丙基酚		唇形科、月桂科、桃金娘科和肉豆蔻科植物	荧光假单胞菌、白色念珠菌、大肠杆菌、大肠杆菌 O157：H7、枯草芽孢杆菌、伤寒沙门氏菌、匍枝根霉、嗜水气单胞菌、弗氏柠檬酸杆菌、金黄色葡萄球菌、热死环丝菌
香芹酚	5-异丙基-2-甲基苯酚		牛至、百里香和肉桂等植物	蜡样芽孢杆菌、禽分枝副结核分枝杆菌亚种、单核增生李斯特菌、大肠杆菌、大肠杆菌 O157：H7、酵母、匍枝根霉、金黄色葡萄球菌
肉桂醛	3-苯基-2-丙烯醛		肉桂、桂皮、藿香、玫瑰和风信子等植物	表皮葡萄球菌、大肠杆菌、大肠杆菌 O157：H7、单核增生李斯特菌、黄曲霉、不动杆菌
百里香酚	5-甲基-2-异丙基苯酚		百里香、麝香草和牛至等唇形科植物	金黄色葡萄球菌、大肠杆菌、枯草芽孢杆菌、嗜水气单胞菌、酵母、弗氏柠檬酸杆菌
柠檬醛	3,7-二甲基-2,6-辛二烯醛		柠檬草、马鞭草和山苍子等植物	阪崎克罗诺杆菌、大肠杆菌、大肠杆菌 O157：H7、耐甲氧西林金黄色葡萄球菌、黄曲霉、链孢霉
柠檬烯	1-甲基-4-异丙基环己烯		柑橘、柚子和脐橙等芸香科植物	单核增生李斯特菌、铜绿假单胞菌、荧光假单胞菌、大肠杆菌、大肠杆菌 O157：H7、鼠伤寒沙门氏菌、金黄色葡萄球菌

（2）抑菌机理

植物精油抑菌作用的机制是由细胞内的一系列生化反应和化学成分的类型所介导的（图 9-1）。研究发现，植物精油成分能够附着在微生物细胞表面，然后穿透细胞膜的磷脂双分子层，导致细胞膜对离子和质子等物质的渗透性增强，并

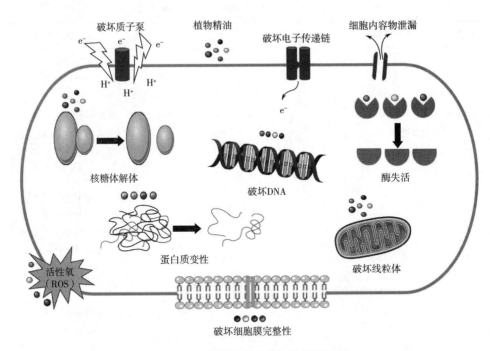

破坏质子泵　　　植物精油　　　破坏电子传递链　　　细胞内容物泄漏

H⁺　　H⁺　　e⁻

核糖体解体　　　　　破坏DNA　　　　　酶失活

活性氧
（ROS）　　　　蛋白质变性　　　　　破坏线粒体

破坏细胞膜完整性

图9-1　植物精油抑菌的可能作用机制

且破坏蛋白质结构、泄漏细胞内成分、破坏酶系统、影响细胞代谢，从而造成细胞死亡。在此过程中，精油抑菌的主要作用方式具体如下：

①破坏细胞壁、细胞膜完整性，增强膜通透性　部分精油能够破坏微生物细胞膜的结构和功能，并且增强膜的渗透性。这可能与膜电位降低、无机离子流失、核酸合成、蛋白质功能紊乱、质子泵崩溃和 ATP 耗尽等生化过程直接相关。

②影响能量代谢，抑制菌体生命活动　部分精油可以影响微生物细胞膜的通透性，干扰细胞内外物质交换，从而影响微生物细胞内部的代谢过程。此外，精油中的化学成分还能够抑制微生物的呼吸链酶活性，减少细胞内 ATP 的合成，导致微生物无法维持正常的生命活动。

③抑制 DNA 合成或损伤 DNA，抑制菌体生长繁殖　部分精油中的活性成分能够干扰微生物 DNA 的复制和修复机制，其中一些成分还会与 DNA 结合，从而阻止 DNA 的正常复制和转录，导致菌体的生长繁殖受到抑制。此外，精油中的一些成分还能够诱导氧化应激反应，导致 DNA 单链和双链的断裂和氧化损伤。

植物精油对食品中不同类型微生物如革兰氏阳性菌和革兰氏阴性菌的作用方式也不同，这与细胞壁的结构和外膜组成有关。一般而言，革兰氏阴性菌（如大肠杆菌、荧光假单胞菌、铜绿假单胞菌）对精油具有一定的抵抗力，因为它们的亲水脂多糖外膜会形成屏障或限制大分子和疏水性化合物的扩散；革兰氏阳性菌（如金黄色葡萄球菌、枯草芽孢杆菌、粪肠球菌、变形链球菌）的细胞壁和细胞膜则更容易受到精油的影响，虽然它们的肽聚糖层较厚，但由于细胞外膜中存在脂蛋白，可能会促进疏水化合物（如精油）的渗入。常见的植物精油对于不同微生物的抗菌作用机理如表 9-2 所示。

表 9-2　常见植物精油的抑菌机理

植物精油	主要成分	作用对象	抑菌机理
肉桂	丁香酚（75.61%）、醋酸酯（5.03%）、3-烯丙醇-6-甲氧基苯酚（3.33%）	金黄色葡萄球菌、大肠杆菌、蜡样芽孢杆菌、黑曲霉	破坏细胞膜完整性，膜通透性增强，细胞内物质如蛋白质、DNA、ATP 流失，可能影响 DNA 合成，导致细胞凋亡
八角茴香	反式茴香脑（80.76%）、柠檬烯（6.93%）、草蒿脑（2.07%）、β-石竹烯（1.45%）	扩展青霉、大肠杆菌	破坏质膜完整性，小分子物质以及还原糖和蛋白质等大分子物质外泄
大蒜	邻苯二甲酸二乙酯（37.97%）、鲨肌醇（15.52%）、去甲基氟西泮（7.74%）、硼酸（7.73%）	大肠杆菌、金黄色葡萄球菌、蜡样芽孢杆菌	破坏细胞膜完整性，细胞内物质如 5'-三磷酸腺苷、钾离子、260 nm 吸光物质（DNA 和 RNA）等渗漏
孜然	2-蒈烯-10-醛（40.24%）、枯茗醛（26.14%）、3-蒈烯-10-醛（16.88%）、γ-松油烯（5.61%）、α-蒎烯（3.16%）	金黄色葡萄球菌	破坏细胞膜完整性，抑制菌体生长；改变菌体形态和超微结构，菌丝体表面畸形且出现扭曲断裂，细胞器形状不规则，胞体内形成致密的电子云结构和较大空泡
花椒	2,6,9,11-十二烯-1-羧酸甲酯（12.43%）、乙酸-4-萜酯（11.25%）、氧化石竹烯（8.77%）	大肠杆菌	破坏细胞膜，细胞内容物渗出
茴香籽	反式茴香脑（68.53%）、4-烯丙基苯甲醚（10.42%）、柠檬烯（6.24%）、莳酮（5.45%）	痢疾志贺菌	破坏细胞膜完整性，电解质和细胞内容物如蛋白质、还原糖、260 nm 吸光物质泄漏
芥末	异硫氰酸烯丙酯（71%）	大肠杆菌、荧光假单胞菌、铜绿假单胞菌、恶臭假单胞菌、金黄色葡萄球菌	诱导细胞周期阻滞

植物精油	主要成分	作用对象	抑菌机理
牛至	香芹酚（63.35%）、p-伞花烃（9.35%）、芳樟醇（4.7%）、γ-松油烯（3.88%）、癸酸乙酯（2.71%）	大肠杆菌、枯草芽孢杆菌	破坏细胞膜，细胞间物质渗透性增加
丁香	丁香酚（83.73%）、乙酰基丁香酚（11.37%）、β-石竹烯（3.47%）、α-葎草烯（0.42%）、水杨酸甲酯（0.28%）、石竹烯氧化物（0.27%）、胡椒酚（0.1%）	大肠杆菌、金黄色葡萄球菌	破坏细胞膜导致其通透性增加，胞内ATP、核酸、DNA和蛋白质含量减少
辣木	棕榈酸（38.67%）、十六醛（4.74%）、二十七烷（4.35%）、二十五烷（3.86%）	单核增生李斯特菌	抑制菌体生理代谢水平；与DNA发生嵌入结合作用导致胞内DNA含量减少
杜松	石竹烯（13.11%）、α-石竹烯（11.72%）、氧化石竹烯（10.34%）、反式橙花叔醇（6.57%）	肺炎克雷伯菌	破坏细胞壁和细胞膜，蛋白质和260 nm吸光物质（DNA和RNA）外泄
香附	α-香附酮（28.15%）、α-蛇床烯（19.99%）、香附烯（17.73%）、氧化-α-依兰烯（3%）、邻苯二甲酸二异丁酯（2.48%）	金黄色葡萄球菌、枯草芽孢杆菌	破坏细胞壁和细胞膜，内容物泄漏；抑制蛋白和DNA合成；抑制菌体生长，促进细胞凋亡
百里香	百里香酚（35.5%~44.4%）、香芹酚（4.4%~16.1%）、γ-萜品烯、p-伞花烃	金黄色葡萄球菌、粪肠球菌、变形链球菌	破坏细胞膜完整性，膜通透性增加，内容物泄漏
迷迭香	1,8-桉树脑（15%~55%）、α-蒎烯（9%~26%）、樟脑（5%~21%）、龙脑（1.5%~5.0%）、莰烯（2.5%~12.0%）、β-蒎烯（2%~9%）、柠檬烯（1.5%~5.0%）	枯草芽孢杆菌、金黄色葡萄球菌、表皮葡萄球菌、大肠杆菌、铜绿假单胞菌、白色念珠菌	细胞壁和细胞膜被破坏，菌体塌陷、尺寸变小，胞内物质溢出
鼠尾草	乙酸芳樟酯（74.56%）、芳樟醇（12.33%）、大牛儿烯D（1.91%）、柠檬烯（1.80%）、乙酸香叶酯（1.61%）	大肠杆菌、金黄色葡萄球菌	细胞壁和细胞膜发生溶解、凹陷、变形，细胞的形态结构遭到破坏，细胞膜通透性增强，胞内物质含量减少

续表

植物精油	主要成分	作用对象	抑菌机理
柠檬草	柠檬醛（63%）	蜡样芽孢杆菌、枯草芽孢杆菌、大肠杆菌 O157：H7、肺炎克雷伯菌、金黄色葡萄球菌、白色念珠菌、黄曲霉、扩展青霉	破坏细胞膜完整性，膜通透性增加，钙、钾、镁离子等泄漏

9.2.2　抗氧化作用

肉类等食品在贮藏过程中，脂质、蛋白质和色素等物质经常会发生氧化反应，造成品质下降。例如，脂质氧化产生的醛类、酮类、酸类和醇类等挥发性化合物会影响肉类的风味，蛋白质氧化会降低其生物利用率和消化率等。自由基是氧化代谢过程中产生的中间产物，而抗氧化剂能够清除自由基以防止氧化损伤。其中，二丁基羟基甲苯（butylated hydroxytoluene，BHT）、丁基羟基茴香醚（butylated hydroxyanisole，BHA）、没食子酸丙酯（propyl gallate，PG）、叔丁基对苯二酚（tert-butylhydroquinone，TBHQ）等是具有较强抗氧化能力的合成抗氧化剂，但长期使用会对人体健康带来潜在风险，如胃部不适、食物过敏等。近年来，一些合成抗氧化剂尤其是 TBHQ，因具有潜在的遗传毒性而被许多国家禁用，在仍获准使用的国家中也受到严格监管。因此，研究人员一直在寻找天然来源的化合物来替代合成抗氧化剂。植物精油是一类更加安全有效的天然抗氧化剂，研究发现，肉桂精油、玫瑰精油、迷迭香精油、丁香精油、茴香精油、大蒜精油等对羟基自由基（·OH）、超氧阴离子自由基（$·O_2^-$）和 1，1-二苯基-2-三硝基苯肼自由基（DPPH·）等具有良好的清除能力。

植物精油抗氧化的作用机制涵盖多种途径，主要包括抑制自由基链式反应的启动、清除自由基、螯合过渡金属离子及淬灭单线态氧形成等。植物精油的抗氧化活性主要与酚类化合物（如香芹酚、百里酚和丁香酚等）有关，酚类物质（PhOH）是典型的断链抗氧化剂，能够淬灭不饱和脂肪酸氧化产生的自由基。如图 9-2 所示，PhOH 中的酚羟基能够给过氧化自由基（ROO·）提供氢原子（PhOH + ROO· → PhO· + ROOH），产生的苯氧基自由基（PhO·）因没有活性而无法进行链传递反应，只能等待捕获下一个 ROO· 并将其清除（PhO· + ROO· →非自由基产物），从而断开自由基链反应。然而，精油中的非酚类化合物如柠檬烯、柠檬醛和芳樟醇也可以抑制或减缓氧化过程。它们的作用机制与酚类物质的典型断链行为不同，主要表现在：一是抗氧化性能不如酚类物质明显，

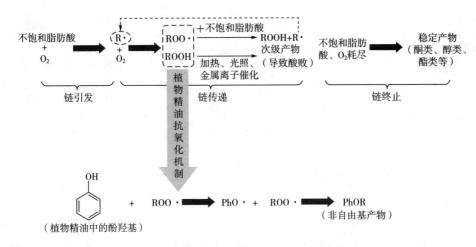

图9-2 植物精油对脂质氧化的抑制作用及机制

需要更高的使用浓度；二是抗氧化性能与其浓度不成线性关系，可预测性较低；三是抗氧化效果取决于可氧化底物的链终止速度，而酚类物质的抗氧化效果则取决于底物的链传递速度。

9.2.3 其他作用

此外，植物精油在抗癌、杀虫等方面也具有不可忽视的作用。据报道，植物精油可以通过调节细胞生长周期和诱导癌症细胞凋亡等途径发挥抗癌作用，并且副作用小于化学药物。例如，柠檬香茅、鼠尾草、泽兰蒿、薰衣草、野芹菜、橘皮和杨梅叶等植物精油具有抗癌作用，其有效成分主要包括柠檬烯、β-榄香烯、薄荷醇、广藿香醇、百里酚、丁香酚、柠檬醛和β-石竹烯等。此外，植物精油有望成为天然杀虫剂来替代合成杀虫剂，如薰衣草精油中的桉树脑和氧化石竹这两种成分对小菜蛾具有很强的杀灭作用，圆叶薄荷精油对谷象和杂拟谷盗等也具有很强的杀灭作用。

9.3 植物精油在肉制品中的应用

植物精油具有抑菌防腐和抗氧化等多种活性，可作为肉制品的天然保鲜剂和调味剂，以延长保质期和改善品质。与化学合成添加剂相比，植物精油具有天然、无毒、低残留、高效和易于加工等优点。

9.3.1 直接应用

（1）直接添加

植物精油直接添加到肉制品中是最常见的应用方式。直接添加法适用于所有类型的肉制品，包括火腿、腊肠和肉饼等。但是，植物精油通常具有强烈的气味和味道，直接使用可能会对肉制品的感官特性造成不良影响。

（2）浸泡法

浸泡法是将植物精油溶解在适当的溶剂中并用其浸泡肉制品，一段时间后捞出、沥干再进行贮藏。这种方法适用于肉制品的表面处理如腌制和熏制。

（3）喷雾法

喷雾法是将植物精油溶解在适当的溶剂中，然后通过喷雾器均匀喷洒在肉制品表面。这种方法同样适用于肉制品的表面处理，可以显著提升肉制品的风味和防腐能力。

（4）熏制法

熏制法是将肉制品置于熏炉中进行加热和烟熏的方法。一种熏蒸精油的方法是将植物精油添加到熏炉的木屑或木炭中，通过熏制使肉制品吸收植物精油的香味成分；另一种是利用精油的挥发性，在密闭空间内杀死有害微生物。熏制法既能使精油中的活性成分均匀覆盖在肉品表面，又能减少精油对感官品质的不良影响。

9.3.2　间接应用

虽然植物精油具备天然、安全、抗菌、抗氧化等优点，但因其高挥发性、疏水性、不稳定性以及添加剂量不易控制，在肉制品中的应用方面存在许多挑战。目前，很多研究将植物精油与食品包装技术（如微胶囊、可食性膜、纳米包埋）结合使用来解决此类问题。

（1）微胶囊技术

植物精油微胶囊技术是一种将精油包裹在胶囊或微囊中的封装技术，通常采用高分子化合物壁材形成稳定的微胶囊结构，可以有效保护植物精油不受空气、水分和光照等外部环境的影响，从而提高其稳定性和延长贮藏期。植物精油微胶囊技术的制备方法多样，如喷雾干燥、共沉淀和凝胶化等。其中，壁材在该技术中起着关键作用，不同壁材的选择直接影响微胶囊的稳定性、抗氧化能力和释放速率等特性。目前，常用的壁材主要包括天然多糖类物质（如壳聚糖、木聚糖）和人工合成材料（如聚乳酸）。

研究表明，植物精油微胶囊不仅能显著提高植物精油的稳定性和持久性，防止在贮藏和运输过程中的损失和挥发，还能增强其抗菌、抗氧化等活性。Najjaa等研究了微胶囊化大蒜精油对 $4 \sim 8\ ℃$ 贮藏条件下碎牛肉的保鲜作用，发现微胶囊化大蒜精油处理能够有效抑制总需氧菌、凝固酶阴性葡萄球菌、大肠杆菌及沙门氏菌的生长。Aminzare 等对小新塔花精油在牛肉香肠品质上的作用效果进行了研究，与直接添加精油组相比，微胶囊化精油处理组牛肉香肠的嗜冷菌菌落数、乳酸菌菌落数、菌落总数、过氧化值和硫代巴比妥酸值均显著降低，表明微胶囊化小新塔花精油能够更加有效地延长产品贮藏期。植物精油微胶囊技术还可实现植物精油的控释，通过减缓其在肉制品中的释放速度来降低使用剂量和提高利用效率。然而，植物精油微胶囊技术中微胶囊的壁材选型和制备工艺等仍需进一步研究。此外，该技术在肉制品的应用中还存在一些问题，如微胶囊与肉制品的相容性较差、制备工艺复杂、经济成本高和产量低等。

（2）可食性膜技术

可食性膜是由天然大分子物质（如糖类、蛋白质、脂质或其复合物）构成的一层薄膜，经过添加功能性活性成分后形成网状结构，使其具备一定的功能特性。这种薄膜可以通过包裹、喷涂、浸泡等方法涂覆在食品表面，起到阻隔氧气透过、减少风味物质挥发和水分散失、延缓脂质氧化以及抑制微生物生长等作用。可食性膜具有无毒和环保等优点，已在肉制品、果蔬等食品中广泛应用。

研究表明，将植物精油嵌入可食性膜中能够减缓精油活性成分的扩散速率，增加其与食品组织的接触时间，有助于充分发挥抗菌和抗氧化等功能作用。植物精油可食性膜的制备流程如图 9-3 所示。简言之，将合适的薄膜成分与溶剂混合

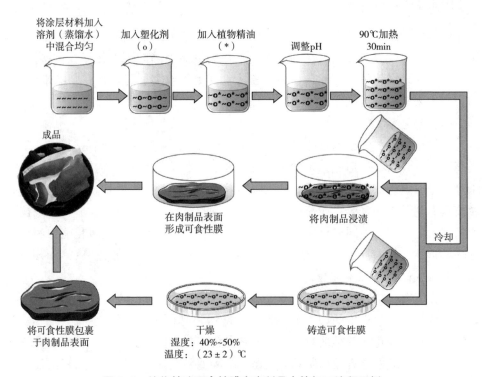

图 9-3　植物精油可食性膜在肉制品中的加工流程示例

直至完全溶解，在混合物中加入增塑剂和植物精油，然后调节溶液的 pH 并且加热，从而得到均匀的溶液。待溶液冷却后，可采取以下两种方法将其涂覆在肉制品表面：一是将肉制品直接浸入溶液中进行涂覆；二是用溶液干燥后得到的薄膜包裹肉制品。前者是将多余的涂层溶液从样品中滴落，然后在一定条件下对其进行干燥；后者是将涂层溶液倾注于容器中并干燥，然后用薄膜包裹样品的整个表面。两种方法各有优缺点，在应用时需要根据实际情况进行选择。

多数研究表明，植物精油可食性膜技术能够有效抑菌、防腐、减少质量损失以及延长肉品的保质期（表 9-3）。并且，该技术具有生物可降解性、食品安全性和环保性的优势，因此在未来肉制品行业中具有良好的发展潜力。

表 9-3 植物精油可食性膜在肉品保鲜领域的应用

精油来源	制备方式	加工方法	应用产品	涂层效果	参考文献
柠檬和牛至	浸渍法	2%（质量浓度）壳聚糖+2%（体积分数）乙酸+2%（体积分数）甘油+0.5%（体积分数）吐温 80 + 精油（0.5%、1%、2%）	鸡胸肉	抑制微生物（化脓性链球菌、痢疾志贺氏菌、单核增生李斯特菌和伤寒沙门氏菌）的生长，改善产品的口感和风味，延长保质期	[24]
小豆蔻	浸渍法	2%（体积分数）壳聚糖+1%（体积分数）乙酸+0.75 mL 甘油+1%精油+0.5%（体积分数）吐温 80	鸡腿肉	抑制氧化和微生物（好氧菌、嗜冷菌、肠杆菌、乳酸菌、产 H_2S 细菌）的生长	[25]
杏仁	铸膜法	1.5%（质量浓度）壳聚糖+0.7%（体积分数）乙酸+15%（质量分数）壳聚糖/甘油 + 精油（0.125%、0.25%、0.5%、1%）+0.2%（体积分数）吐温 80	五香牛肉	添加 0.5% 和 1.0% 杏仁精油的可食性膜对单核增生李斯特菌具有良好的抑制效果	[26]
肉桂和生姜	铸膜法	1%（质量浓度）壳聚糖+1%（体积分数）乙酸+1%（体积分数）甘油+0.2%（体积分数）吐温 80 + 精油（0.05%、0.2%、1%）	猪肉	1% 的精油可食性膜对菌落总数和脂质氧化具有显著抑制作用	[27]

（3）纳米包埋技术

植物精油纳米包埋技术是微胶囊技术和可食性膜技术的延伸发展，利用纳米材料作为载体将植物精油进行包埋，赋予精油小尺寸效应和表面效应，从而增强其稳定性、功能性、靶向性和安全性。目前，常用的植物精油纳米包埋方式主要基于纳米脂质体、纳米乳液和纳米颗粒，且已在肉制品的抑菌、抗氧化和延长保质期等方面展现出较好的效果（表9-4）。

表 9-4 植物精油纳米包埋技术在肉品保鲜领域的应用

载体	主要材料	制备方式	精油来源	产品	应用效果	参考文献
纳米脂质体	磷脂、胆固醇、壳聚糖	薄膜水合法	大蒜	鸡胸肉	低温贮藏时能够抑制大肠杆菌、金黄色葡萄球菌、嗜冷菌的生长，抑制脂质氧化，至少将产品保质期延长2~3倍	[28]
纳米脂质体	磷脂、胆固醇、壳聚糖	乙醇注入法	孜然	鲜牛肉	在4℃贮藏21天的过程中，与游离精油涂层相比，纳米脂质体精油涂层的抗菌活性较强，牛肉保质期较长	[29]
纳米脂质体	大豆卵磷脂、胆固醇、壳聚糖	薄膜分散-超声-膜过滤法	豆蔻	猪肉、鸡肉、牛肉、羊肉	精油浓度为4 mg/mL时，纳米脂质体稳定性、分散性、包裹率较好，对不同肉品中的大肠杆菌、单核增生李斯特菌均具有长效抑制作用	[30]
纳米乳液	壳聚糖、吐温80	超声乳化法	细叶荆芥	猪肉片	贮藏结束（16天）时，假单胞菌、肠杆菌、菌落总数均显著降低，TVB-N值、TBARS值降至对照组的一半，感官评分显著升高	[31]
纳米乳液	果胶、吐温80	超声乳化法	印度藏茴香	羊里脊肉	嗜常温菌、嗜冷菌和肠杆菌的菌落数均明显降低，TVB-N值、TBARS值、蛋白质巯基含量和高铁肌红蛋白含量显著下降，感官品质显著增强	[32]

续表

载体	主要材料	制备方式	精油来源	产品	应用效果	参考文献
纳米乳液	壳聚糖、三聚磷酸钠、吐温 20	超声乳化法	百里香	猪肉	在 4℃贮藏时，抑制金黄色葡萄球菌和大肠杆菌生长，保质期延长了 6 天以上	[33]
固体脂质纳米颗粒	壳聚糖、三聚磷酸钠、吐温 80	相转变法	柠檬	猪肉	在 4℃贮藏 21 天的过程中，能够有效抑制微生物生长、延缓变质	[34]
固体脂质纳米颗粒	阿拉伯树胶、醇溶蛋白	相转变法	茶树	猪肉、鸡肉	对两种肉品中的鼠伤寒沙门氏菌具有显著抑制作用，延缓脂质氧化	[35]

①植物精油纳米脂质体　脂质体是由磷脂双分子层自组装形成的中空、球形结构的物质，根据粒径和结构的不同可分为小单层脂质体（20~100 nm）、大单层脂质体（100~1000 nm）、多层脂质体（1~5 μm）和多囊脂质体（5~50 μm），其中纳米脂质体的粒径一般在 10~500 nm。脂质体含有亲水性头部和疏水性尾部，水溶性物质被包裹在磷脂双分子层的内部空间中，脂溶性物质则被夹在双分子层疏水尾部之间。美国食品药品监督管理局认定纳米脂质体是安全可降解的物质，将植物精油嵌入纳米脂质体中能够有效提高酚类等成分的溶解度和生物利用度，并保护活性成分不被肉制品中的酶类破坏，从而发挥持久的抑菌和抗氧化效果。

纳米脂质体制备方法的选择主要取决于壁材和工艺流程，主要包括薄膜水合法、有机溶剂注入法、逆向蒸发法、冷冻干燥法、冷冻熔融法和二次乳化法等。然而，采用单一传统方法制备的脂质体可能存在重现性不佳、有机溶剂残留和粒径较大等问题。因此，研究人员开发了多种方法联合使用的新技术，如注入—超声法、薄膜分散—超声—膜过滤法、薄膜分散—动态高压微射流法、超临界流体—逆相蒸发法以及动态高压微射流—乙醇注入法等。

②植物精油纳米乳液　植物精油纳米乳液是指将精油与乳化剂、水和其他辅助成分通过超声波、高压均质、微流化、自发乳化等方法得到的稳定乳状液体。通过纳米技术的应用，植物精油可以被均匀地分散在水相中，并具有颗粒直径较小（通常在 50~500 nm）、稳定性较高和生物可利用度较好的特点。在食品工业中，植物精油纳米乳液主要分为水包油型（O/W 型）、油包水型（W/O 型）和双连续型，其中 O/W 型和 W/O 型的应用较为广泛。

植物精油纳米乳液可通过多种方式构建，通常分为高能乳化法（如高压均质法、超声乳化法、微射流法）和低能乳化法（如相转变法、膜乳化法）。高能乳化法需要配备较为昂贵的专用设备，成本问题和冷却问题限制了其大规模应用；低能乳化法的操作成本和设备投资较低，反应条件温和，对热敏性天然成分影响较小。

③植物精油固体脂质纳米颗粒　固体脂质纳米颗粒是新一代纳米载运系统，以天然或人工合成的高熔点固体脂质作为载体，将活性物质吸附或封装于脂质基质中，其在食品领域中的粒径尺寸通常小于 500 nm。固体脂质纳米颗粒常用于包埋化学性质不稳定的疏水性物质（如植物精油），能够大幅提高其生物相容性、物理稳定性和生物利用率。并且，此包埋技术有利于精油中活性成分的控释和靶向作用。虽然该方法的应用潜力巨大，但也存在对植物精油等活性物质负载能力较低、贮藏过程中可能出现脂质重结晶而导致包埋物析出等问题。

植物精油固体脂质纳米颗粒的制备方法主要包括超声均质法、高压均质法、微乳液法和薄膜-超声分散法等。其中，超声/高压均质法操作方便、高效可靠，可适用于实验室研究和工业化大规模生产。

9.4　植物精油对肉品品质的影响

作为肉类和肉制品的一种保鲜技术，植物精油可以通过多种途径影响产品的品质和保质期。在贮藏过程中，植物精油对产品质量的影响主要体现在微生物、理化特征和感官特征等方面（表9-5）。

9.4.1　植物精油对微生物的影响

Šojić 等将不同浓度的鼠尾草精油直接添加到生猪肉香肠中，并研究了样品在 (3±1)℃贮藏 8 天期间好氧菌的生长情况。结果表明，各组样品中的初始好氧菌总数为 5.56～6.90 lg CFU/g。在贮藏 8 天后，对照组中好氧菌数量为 7.66 lg CFU/g，而添加（0.05、0.075 和 0.1）μL/g 精油的样品中分别为 (7.29、7.15 和 7.10) lg CFU/g。研究指出，鼠尾草精油中的含氧单萜类化合物高达 50%，可能是产生抑菌作用的主要原因，而其他活性成分如桉油精、α-侧柏酮和樟脑等可能也发挥了协同抑菌作用。Ben Hsouna 等将两种浓度（0.06 mg/g 和 0.312 mg/g）的柠檬精油直接添加到牛肉糜中，并研究了样品在 4℃贮藏 10 天期间单核增生李斯特菌的生长情况。结果表明，各组样品在 0 天时的菌落数约为 2.5 lg CFU/g。在贮藏期间，精油处理组中的菌落数均显著低于对照组，且添加 0.06 mg/g 和 0.312 mg/g 精油的样品组分别在 6 天和 4 天后无法检出单核增生李斯特菌。

表 9–5　植物精油对肉品品质特征的影响

应用方式	产品	精油来源	直接应用方式/载体壁材	浓度	贮藏条件	品质变化	参考文献
直接应用	熟制火腿	大蒜、肉桂、丁香和迷迭香	与盐水混匀后注入	1 g/kg	4℃（30天）和150天	理化特征：L^*值降低，a^*值升高，TBARS值和羰基含量降低	[40]
	生猪肉香肠	鼠尾草	与盐混合后添加	（0.05、0.075和0.1）μL/g	（3±1）℃（8天）	微生物：好氧细菌总数显著下降；pH值和TBARS值降低；感官特征：低剂量组感官评分较高	[41]
	熟制猪肉香肠	芫荽	直接添加	（0.075、0.1、0.125和0.15）μL/g	4℃（60天）	微生物：菌落总数下降，添加量越高，效果越明显；理化特征：L^*值降低，a^*值升高，TBARS值降低	[42]
	牛肉糜	柠檬	直接添加	0.06 mg/g和0.312 mg/g	4℃（10天）	微生物：单核增生李斯特菌的菌落数显著下降，0.06 mg/g添加组在6天后下降2.5 lg CFU/g，0.312 mg/g添加组在4天后下降2.5 lg CFU/g；理化特征：pH和TBARS值降低	[43]
	羊肉	牛至	重复涂抹三遍并按摩	0.25%	4℃（12天）	微生物：菌落总数显著降低；理化特征：减缓a^*值变化、稳定色泽、pH、硬度、弹性、回复性和咀嚼性升高，过氧化值、TVB-N值和TBARS值著降低	[44]
	熟制鸡肉	牛至	直接添加	100 mg/kg和150 mg/kg	4℃（7天）	理化特征：蒸煮损失率略有下降（$P>0.05$），TBARS值和羰基含量下降；感官特征：总体可接受度良好	[45]

续表

应用方式	产品	精油来源	直接应用方式/载体壁材	浓度	贮藏条件	品质变化	参考文献
	猪肉	肉桂和生姜	壳聚糖	0.05%、0.2%和1%	4℃ (9天)	微生物：菌落总数显著下降，添加量越高，效果越明显；理化特征：贮藏损失有所升高，pH和TBARS值降低	[27]
	猪肉片	细叶荆芥	壳聚糖	0.5%、1%和2%	(4±1)℃ (16天)	微生物：贮藏结束时，纳米包埋精油涂层处理可使假单胞菌数量减少1.94 lg CFU/g，乳酸菌减少2.19 lg CFU/g，肠杆菌降低1.87 lg CFU/g；理化特征：pH、TVB-N值和TBARS值下降；感官特征：色泽、气味和总体可接受度评分升高	[31]
间接应用	牛肉	迷迭香	果胶	1.5%、2%和2.5%	(-1.3±0.1)℃ (27天)	微生物：菌落总数显著降低；理化特征：减缓a*值变化，稳定色泽，pH、TVB-N值和TBARS值降低。感官特征：1.5%精油添加量组的感官评分最高	[46]
	牛背最长肌	牛至和迷迭香	海藻酸钠	0.1%	2℃ (14天)	理化特征：重量损失减小，L*值下降，微观结构改变，和b*值升高，TBARS值降低；感官特征：总体可接受度升高	[47]
	牛肉糜	新塔花	聚乳酸	1%和2%	4℃ (11天)	微生物：菌落总数、肠杆菌、嗜冷细菌、假单胞菌的数量均显著下降；理化特征：过氧化值和TVB-N值降低；感官特征：改善外观和风味方面的感官品质	[48]

续表

应用方式	产品	精油来源	直接应用方式/载体壁材	浓度	贮藏条件	品质变化	参考文献
	羊里脊肉	印度藏茴香	果胶	1%	(3±1)℃ (25天)	微生物：显著抑制单核细胞增生李斯特菌、金黄色葡萄球菌、鼠伤寒沙门氏菌和大肠杆菌 O157：H7 的生长；理化特征：L^* 值和 b^* 值下降，a^* 值升高，pH、TVB-N 值、TBARS 值、羰基含量和高铁肌红蛋白含量降低；感官特征：外观、气味、质地和总体可接受度评分升高	[32]
间接应用	羊腿肉	香薄荷	壳聚糖	1%	(4±1)℃ (20天)	微生物：菌落总数、假单胞菌和乳酸菌的数量显著下降，游离精油涂层和纳米包埋精油涂层处理可分别延长微生物安全期 10 天和 15 天；理化特征：鲜红色稳定，pH 和 TBARS 值降低；感官特征：延缓褐色，无异味	[49]
	鸡肉	荔枝木	壳聚糖	8%	(4℃，7天)	微生物：菌落总数显著降低；理化特征：pH、TVB-N 值和 TBARS 值显著降低。感官特征：精油可食性膜组的感官评分显著高于保鲜膜组	[50]
	鸡腿肉	小豆蔻	壳聚糖	1%	(4±1)℃ (16天)	微生物：好氧菌、嗜冷菌、肠杆菌科、乳酸菌、产 H_2S 细菌的数量显著下降；理化特征：pH、TVB-N 值、TBARS 值和过氧化值均降低；感官特征：因精油气味强烈，感官评分有所降低	[25]

Wang 等将肉桂和生姜（1∶1）复合精油以不同的浓度（0%、0.05%、0.2%和1%）与壳聚糖制备可食性膜，并研究了可食性膜处理对冷藏期间（4℃，9 天）猪肉片中菌落总数的影响。结果显示，各组样品的初始菌落总数约为 3.92 lg CFU/g，而在贮藏过程中，添加精油组样品的菌落总数均显著低于对照组，且精油添加量越高，可食性膜抑菌效果越明显。这种抑菌作用主要与复合精油中的肉桂醛、丁香酚、柠檬烯和姜烯等活性成分有关。Khorshidi 等使用小豆蔻精油与壳聚糖制备了可食性膜，并研究了其对冷藏期间 ［（4±1）℃，16 天］ 真空包装鸡腿肉的抑菌效果。在贮藏期间，处理组样品中的好氧菌、嗜冷菌、肠杆菌科以及产 H_2S 细菌的数量均显著低于对照组。贮藏 16 天时，对照组样品的好氧菌总数超过 9.00 lg CFU/g。一般而言，好氧菌数量超过 7.00 lg CFU/g 时，鸡肉会发生变质，而处理组的好氧菌总数为 6.30 lg CFU/g；对照组样品的嗜冷菌菌落数为 9.24 lg CFU/g，而处理组为 7.10 lg CFU/g。另外，对照组样品中产 H_2S 细菌的数量为 7.91 lg CFU/g，而可食性膜处理组仅为 5.90 lg CFU/g，从而有效抑制了硫化物腐臭气味的产生。研究认为，小豆蔻精油中的酚类物质可以攻击细胞膜、影响酶活性、使细胞内容物泄露，从而发挥抑菌作用。

9.4.2 植物精油对理化特征的影响

（1）pH

pH 是评价肉类新鲜程度的重要指标。鲜肉的 pH 通常在5.8~6.2，次鲜肉的 pH 在6.2~6.4，变质肉的 pH 一般高于6.4。肉品在储藏期间的蛋白质降解和微生物繁殖可能导致 pH 升高，这与肌肉中碱性自溶化合物的形成和微生物代谢物的产生有关。植物精油可以通过抑制碱性化合物的形成而有助于保持 pH 的稳定。Ben Hsouna 等研究了直接添加柠檬精油、BHT 以及二者混合物对贮藏期间（4℃，10 天）牛肉糜 pH 的影响。结果显示，在前 4 天，各处理组样品的 pH（5.52~6.37）较为接近。在8~10 天时，三个处理组的 pH（6.05~6.24）均显著低于对照组（6.85~7.00）。李维正等分别用不同浓度的迷迭香精油（0%、1.5%、2%和2.5%）与果胶制备了可食性膜，研究其对冰温贮藏 ［（-1.3±0.1）℃，27 天］ 期间牛肉 pH 的影响。牛肉的初始 pH 为 5.56，随着贮藏时间的延长而升高。添加精油组的 pH 升高速率低于对照组，可能是精油中的酚类物质抑制蛋白质分解和微生物代谢所致。并且，随着精油浓度的增加，延缓 pH 上升的效果也更明显。

（2）色泽

肉类和肉制品在贮藏过程中可能会出现颜色变化，例如，紫红色的肌红蛋白会被氧化生成棕褐色的高铁肌红蛋白，导致产品呈现出不良外观。Armenteros 等分别将混合精油（大蒜、肉桂、丁香、迷迭香精油）、玫瑰果提取物和合成抗氧化剂添加到火腿中，研究了冷藏期间（4℃，30 天和 150 天）熟制火腿色泽的变化。结果表明，各处理组样品的亮度（L^*）均随贮藏时间的延长而降低。其中，混合精油组亮度的变化较小，可能由于精油延缓了蛋白质变性，使得肌肉中自由水扩散减少，对光的反射能力减弱所致。与未处理组和合成抗氧化剂组相比，添加混合精油的样品红度（a^*）值相对较高，其护色作用与酚类化合物的抗氧化作用有关。Šojić 等研究了不同浓度芫荽精油 [（0.075、0.1、0.125 和 0.15）μL/g] 协同亚硝酸盐对冷藏期间（4℃，60 天）熟制猪肉香肠色泽的影响，同样发现各组样品的 L^* 值下降，a^* 值上升。研究认为，芫荽精油中的生物活性物质（如萜烯、酚类）能够促进亚硝酸盐与肌红蛋白之间的反应，从而形成鲜桃红色的亚硝基肌红蛋白，这可能是香肠色泽改善的原因之一。Vital 等分别用牛至精油和迷迭香精油制备了海藻酸钠可食性膜，并研究其对贮藏期间（2℃，14 天）牛肉色泽的影响。在贮藏过程中，各组样品的 L^* 值均显著下降，而在 14 天时，各组之间没有显著性差异。两种精油可食性膜处理组的 a^* 值明显高于对照组，表明精油涂层能够显著抑制氧化，从而维持了肉的鲜红色。然而，由于可食性膜本身颜色的影响，肉的黄度（b^*）值也有所升高。

（3）硫代巴比妥酸反应物

脂质氧化是肉类和肉制品在储藏期间最重要的化学变化之一，脂质氧化初期产生的氢过氧化物会促进一系列降解反应，导致多种挥发性化合物的生成，从而使肉类出现异味。脂质氧化的副产物如丙二醛（malonaldehyde，MDA）可作为评估其氧化状态的生物标志物，肉品中的 MDA 含量通常用硫代巴比妥酸反应物（thiobarbituric acid reactive substances，TBARS）来表示。一般情况下，肉品的 TBARS 值≥5 mg MDA/kg 时会产生异味。

根据 Armenteros 等的研究，在熟制火腿冷藏第 30 天时，添加混合精油、玫瑰果提取物和合成抗氧化剂处理组的 TBARS 值之间没有显著性差异（0.75 ~ 0.10 mg MDA/kg）；而在第 150 天时，混合精油组的 TBARS 值（约 0.13 mg MDA/kg）显著低于其他处理组（约 0.20 mg MDA/kg），这可能是因为混合精油中的多种抗氧化活性物质抑制了脂质氧化。包埋处理能够保护植物精油在肉类贮藏过程中免受蒸发和分解，特别是纳米包埋技术有助于增加精油的比表面积，使其快速发挥生物活性。Vital 等研究表明，经过两种精油可食性膜处理的牛肉样品在贮藏期间（2℃，14 天）的 TBARS 值均显著低于对照组。与迷迭香精油相比，牛至精油因含有大量萜类化合物（如香芹酚）而显示出更好的抗脂质氧化效果。在 14 天时，对照组的 TBARS 值为 1.00 mg MDA/kg，而迷迭香精油和牛至精油的可食性膜处理组的 TBARS 值分别为 0.61 mg MDA/kg 和 0.53 mg

MDA/kg。Pabast 等研究了游离香薄荷精油涂层和纳米包埋香薄荷精油涂层对贮藏期间 [（4±1）℃，20 天] 羊腿肉脂质氧化的影响。结果表明，各组样品的初始 TBARS 值均为 0.33 mg MDA/kg，并随着贮藏期间的延长而增加。在整个贮藏期间，两个处理组的 TBARS 值均显著低于对照组，其中纳米包埋香薄荷精油涂层处理组的效果最好，能够将样品的 TBARS 值保持在 2.5 mg MDA/kg 以下。研究认为，除精油的抗氧化作用以外，壳聚糖涂层对降低 TBARS 值也具有积极作用，原因在于壳聚糖的残余氨基能够与脂肪氧化分解产生的挥发性醛类形成稳定的物质，而且涂层还能发挥阻挡氧气与样品接触的作用。

（4）挥发性盐基氮

挥发性盐基氮（total volatile basic nitrogen，TVB-N）是指肉品在贮藏过程中，由于肌肉中内源酶和微生物的共同作用，蛋白质分解而产生的氨及胺类等碱性含氮物质。TVB-N 含量能够检验肉品的新鲜程度，其含量越高表明蛋白质的分解和变质越严重，肉品中的腐败味道也越浓。《食品安全国家标准 鲜（冻）畜、禽产品》（GB 2707—2016）规定，新鲜畜禽肉的 TVB-N 含量不得超过 15 mg/100 g。另外，根据《中华人民共和国卫生部食品检查方法理化部分》的划分标准，TVB-N<15 mg/100 g 为一级鲜肉，15≤TVB-N≤20 mg/100 g 为二级鲜肉，TVB-N>20 mg/100 g 为变质肉。

李维正等的研究结果表明，果胶-迷迭香精油可食性膜也显著抑制了冰温贮藏 [（-1.3±0.1）℃，27 天] 期间牛肉 TVB-N 含量的上升。其中，牛肉的 TVB-N 初始含量为 5.36 mg/100 g，对照组在 27 天时达到 25.60 mg/100 g，而添加 1.5%、2% 和 2.5% 迷迭香精油处理组的 TVB-N 含量分别为（21.08、19.59 和 18.39）mg/100 g。Shavisi 等用不同浓度的新塔花精油（1% 和 2%）、蜂胶提取物（1% 和 2%）与聚乳酸制备薄膜，研究其对冷藏期间（4℃，11 天）牛肉糜质量的影响。结果表明，各组样品的初始 TVB-N 含量为 8.2 mg/100 g，并随着贮藏期间的延长而升高。在 11 天时，含有精油的处理组中 TVB-N 含量（14~23 mg/100 g）均显著低于对照组（约 38 mg/100 g），这可能是由于精油抑制了微生物的繁殖和非蛋白质化合物（如氨和胺）的形成所致。郑玉玺等分别研究了壳聚糖-荔枝木质精油可食性膜和普通保鲜膜处理对贮藏期间（4℃，7 天）鸡肉品质的影响。两组样品中的 TVB-N 含量均随贮藏时间的延长而增加，普通保鲜膜组中的 TVB-N 含量在第 3 天已达到（23.5±4.2）mg/100 g，而精油可食性膜组中的 TVB-N 含量在第 7 天达到（24.6±4.5）mg/100 g，延缓了鸡肉的变质。

（5）质构特性

肉品在贮藏过程中，由于酶（如自溶酶、内源蛋白酶、胶原酶）和微生物的作用，蛋白质会发生水解或结构变化，从而引起腐败现象。通常情况下，肉的质构特性与水分和胶原蛋白等含量有关，并且胶原蛋白溶解度越大，肉的嫩度也越高。刘婷等将 0.25% 浓度的牛至精油均匀涂抹在羊肉表面，并结合不同的包装方式（真空包装和普通保鲜膜包装），研究了贮藏期间（4℃，12 天）样品质构特性的变化。在 12 天时，添加精油组的羊肉质构特性变化幅度较小，保鲜效果较优，尤其是牛至精油联合真空包装组的硬度、弹性、内聚性、回复性和咀嚼性均显著高于其他处理组。Vital 等的研究结果显示，牛肉在贮藏期间（2℃，14 天）的持水力随时间的延长逐渐减弱，牛至精油和迷迭香精油可食性膜处理组样品的重量损失分别为 1.87%~7.71% 和 1.45%~7.07%，显著低于对照组（3.35%~9.27%）。此外，在 14 天时，牛至精油和迷迭香精油可食性膜处理组样品的剪切力分别为 3.47 N 和 3.43 N，也显著低于对照组（5.20 N）。研究指出，精油可食性膜有助于保持样品的水分，同时能够通过抗氧化作用来防止蛋白质交联和聚集，从而维持了样品的嫩度。

9.4.3　植物精油对感官特征的影响

肉类和肉制品感官特征的变化源于理化特征的改变。脂质和蛋白质的氧化和分解可影响肉的外观和质地，而形成的氧化产物会影响风味，这些感官特征的劣变直接影响消费者对产品的接受度。植物精油可通过降低醛类（如己醛）和其他次级氧化产物的含量来防止"哈喇味"等异味的产生。同时，植物精油因其独特的芳香特性而有望改善肉制品的风味，但若使用剂量不当，也会对感官特性造成负面影响。

根据 Šojić 等对生猪肉香肠在贮藏期间［(3±1)℃，8 天］的感官评价，添加鼠尾草精油初期（0 天）时明显改善了样品的气味和滋味。贮藏 8 天时，高浓度组（0.1 μL/g）对感官特性产生了负面影响，而添加较低浓度精油（0.05 μL/g 和 0.075 μL/g）时则有改善作用。Vital 等采用两种精油海藻酸钠可食性膜处理牛肉，结果表明，牛至精油组有助于改善风味和总体可接受度，而迷迭香精油组对风味产生了负面影响。研究指出，海藻酸钠会通过形成胶状层附着在牛肉表面，但可食性膜处理组的样品嫩度没有受到明显影响。Shavisi 等研究表明，经过新塔花精油聚乳酸膜处理之后，牛肉糜在储藏期间（4℃，11 天）的外观和风味均得到显著改善，尤其是 2% 新塔花精油与 2% 蜂胶提取物联合使用时效果最好。Pabast 等对冷藏结束（20 天）时羊腿肉的感官品质进行了评估，结果表明，纳米包埋香薄荷精油涂层的应用有助于保持肉的鲜红色，并且有效抑制了异味的产生。

9.5 结论与展望

9.5.1 结论

随着消费者对天然健康食品的需求日益增长，关于生物活性防腐剂替代人工合成添加剂的研究已成为食品保鲜领域的热点。植物精油因其天然、抑菌和抗氧化等特性，可作为肉品的新型防腐保鲜剂。其中，各类植物精油的有效活性成分不同，对肉品质量的影响也存在差异。植物精油的传统应用方式是直接添加到肉品中，但由于其溶解度小、易挥发以及气味强烈，导致不易贮存甚至会影响肉品风味，从而无法达到理想的保鲜效果。植物精油包埋技术的研发与应用提高了其溶解性、稳定性和生物活性。然而，各种精油包埋技术或多或少存在一些问题，如负载能力低、制备工艺复杂、经济成本高以及与肉制品的相容性差等。

9.5.2 展望

为了促进植物精油在肉品保鲜领域中的发展，以下问题值得在未来的研究中加以关注：一是部分植物精油的安全性及其在不同肉品中的适用性尚不明确，需对其加强安全性评价和应用效果的研究。二是植物精油在肉品中的作用机制不够深入，可尝试在分子水平上对抑菌和抗氧化机理进行探索。三是植物精油活性成分之间以及精油与其他肉品保鲜剂之间的相互作用有待探索，以开发植物精油更高的利用价值。四是植物精油在肉品中的应用技术需要进一步开发，以提高其在肉品加工贮藏中的稳定性、长效性和相容性。

参考文献

［1］ 邵菲，陈静，李海东，等．植物精油的提取方法、生物学功能及其应用研究进展［J］．饲料研究，2022，15：119-123.

［2］ Kant R, Kumar A. Review on essential oil extraction from aromatic and medicinal plants：Techniques, performance and economic analysis［J］. Sustainable Chemistry and Pharmacy, 2022, 30：100829.

［3］ 邓永飞，何惠欢，马瑞佳，等．植物精油在食品行业中的应用［J］．中国调味品，2020，45（6）：181-184，200.

［4］ 何凤平，雷朝云，范建新，等．植物精油提取方法、组成成分及功能特性研

究进展 [J]. 食品工业科技, 2019, 40 (3): 307-312, 320.

[5] 高永生, 金斐, 朱丽云, 等. 植物精油及其活性成分的抗菌机理 [J]. 中国食品学报, 2022, 22 (1): 376-388.

[6] Li Y X, Erhunmwunsee F, Liu M, et al. Antimicrobial mechanisms of spice essential oils and application in food industry [J]. Food Chemistry, 2022, 382: 132312.

[7] 王梦如, 乔海颜, 柯梦雨, 等. 植物源精油的抑菌机制及其在食品保鲜包装中的应用进展 [J]. 食品工业科技, 2022, 43 (7): 439-444.

[8] Clemente I, Aznar M, Silva F, et al. Antimicrobial properties and mode of action of mustard and cinnamon essential oils and their combination against foodborne bacteria [J]. Innovative Food Science & Emerging Technologies, 2016, 36: 26-33.

[9] Miladi H, Zmantar T, Kouidhi B, et al. Synergistic effect of eugenol, carvacrol, thymol, p-cymene and γ-terpinene on inhibition of drug resistance and biofilm formation of oral bacteria [J]. Microbial Pathogenesis, 2017, 112: 156-163.

[10] Faheem F, Liu Z W, Rabail R, et al. Uncovering the industrial potentials of lemongrass essential oil as a food preservative: A review [J]. Antioxidants, 2022, 11 (4): 720.

[11] Pateiro M, Barba F J, Domínguez R, et al. Essential oils as natural additives to prevent oxidation reactions in meat and meat products: A review [J]. Food Research International, 2018, 113: 156-166.

[12] 胡建燃, 李平, 铁军, 等. 紫丁香花精油的抗氧化和抗肿瘤活性研究 [J]. 生物技术通报, 2019, 35 (12): 16-23.

[13] 王丽霞, 王芳, 刘孟宗, 等. 4 种调味料精油抗氧化及抑菌活性的评价 [J]. 天津科技大学学报, 2020, 35 (1): 33-38, 56.

[14] Ruiz-Hernández K, Sosa-Morales M E, Cerón-García A, et al. Physical, chemical and sensory changes in meat and meat products induced by the addition of essential oils: A concise review [J]. Food Reviews International, 2021, 39 (4): 2027-2056.

[15] Rout S, Tambe S, Deshmukh R K, et al. Recent trends in the application of essential oils: The next generation of food preservation and food packaging [J]. Trends in Food Science & Technology, 2022, 129: 421-439.

[16] 符丽雪, 陈明明, 章采东, 等. 肉桂—丁香—百里香精油微胶囊的制备及表征 [J]. 中国粮油学报, 2022, 37 (2): 123-130.

[17] Najjaa H, Chekki R, Elfalleh W, et al. Freeze-dried, oven-dried, and micro-encapsulation of essential oil from *Allium sativum* as potential preservative agents of minced meat [J]. Food Science & Nutrition, 2020, 8 (4): 1995-2003.

[18] Aminzare M, Hashemi M, Afshari A, et al. Impact of microencapsulated *Ziziphora tenuior* essential oil and orange fiber as natural-functional additives on chemical and microbial qualities of cooked beef sausage [J]. Food Science & Nutrition, 2022, 10 (10): 3424-3435.

[19] Ojeda-Piedra S A, Zambrano-Zaragoza M L, González-Reza R M, et al. Nano-encapsulated essential oils as a preservation strategy for meat and meat products storage [J]. Molecules, 2022, 27 (23): 8187.

[20] 杨宽, 陈洁, 何林枫, 等. 含精油可食膜在肉及肉制品保藏中的应用 [J]. 东北农业大学学报, 2019, 50 (11): 61-70.

[21] Zhang X H, Ismail B B, Cheng H, et al. Emerging chitosan-essential oil films and coatings for food preservation - A review of advances and applications [J]. Carbohydrate Polymers, 2021, 273: 118616.

[22] Umaraw P, Munekata P E S, Verma A K, et al. Edible films/coating with tailored properties for active packaging of meat, fish and derived products [J]. Trends in Food Science & Technology, 2020, 98: 10-24.

[23] Zhang L, Zhang M, Mujumdar A S, et al. Potential nano bacteriostatic agents to be used in meat-based foods processing and storage: A critical review [J]. Trends in Food Science & Technology, 2023, 131: 77-90.

[24] Khorshidi S, Mehdizadeh T, Ghorbani M. The effect of chitosan coatings enriched with the extracts and essential oils of *Elettaria Cardamomum* on the shelf-life of chicken drumsticks vacuum-packaged at 4℃ [J]. Journal of Food Science and Technology, 2021, 58 (8): 2924-2935.

[25] Wang D Y, Dong Y, Chen X P, et al. Incorporation of apricot (*Prunus armeniaca*) kernel essential oil into chitosan films displaying antimicrobial effect against *Listeria monocytogenes* and improving quality indices of spiced beef [J]. International Journal of Biological Macromolecules, 2020, 162: 838-844.

[26] Wang Y F, Xia Y W, Zhang P Y, et al. Physical characterization and pork packaging application of chitosan films incorporated with combined essential oils of cinnamon and ginger [J]. Food and Bioprocess Technology, 2017, 10 (3): 503-511.

[27] Kamkar A, Molaee-Aghaee E, Khanjari A, et al. Nanocomposite active packa-

ging based on chitosan biopolymer loaded with nano-liposomal essential oil: Its characterizations and effects on microbial, and chemical properties of refrigerated chicken breast fillet [J]. International Journal of Food Microbiology, 2021, 342: 109071.

[28] Fattahian A, Fazlara A, Maktabi S, et al. The effects of chitosan containing nano-capsulated *Cuminum cyminum* essential oil on the shelf-life of veal in modified atmosphere packaging [J]. Journal of Food Measurement and Characterization, 2022, 16 (1): 920-933.

[29] 崔海英, 袁璐, 黎雅婷, 等. 豆蔻精油纳米脂质体的制备及在不同肉制品中的应用 [J]. 中国食品添加剂, 2016 (10): 107-111.

[30] Zhang H Y, Li X L, Kang H B, et al. Antimicrobial and antioxidant effects of edible nanoemulsion coating based on chitosan and *Schizonepeta tenuifolia* essential oil in fresh pork [J]. Journal of Food Processing and Preservation, 2021, 45 (11): e15909.

[31] Fallah A A, Sarmast E, Habibian Dehkordi S, et al. Low-dose gamma irradiation and pectin biodegradable nanocomposite coating containing curcumin nanoparticles and ajowan (*Carum copticum*) essential oil nanoemulsion for storage of chilled lamb loins [J]. Meat Science, 2022, 184: 108700.

[32] Liu T, Liu L. Fabrication and characterization of chitosan nanoemulsions loading thymol or thyme essential oil for the preservation of refrigerated pork [J]. International Journal of Biological Macromolecules, 2020, 162: 1509-1515.

[33] Jiang Y, Lan W T, Sameen D E, et al. Preparation and characterization of grass carp collagen-chitosan-lemon essential oil composite films for application as food packaging [J]. International Journal of Biological Macromolecules, 2020, 160: 340-351.

[34] Cai M H, Zhang G, Wang J, et al. Application of glycyrrhiza polysaccharide nanofibers loaded with tea tree essential oil/ gliadin nanoparticles in meat preservation [J]. Food Bioscience, 2021, 43: 101270.

[35] Lopez-Polo J, Monasterio A, Cantero-López P, et al. Combining edible coatings technology and nanoencapsulation for food application: A brief review with an emphasis on nanoliposomes [J]. Food Research International, 2021, 145: 110402.

[36] 唐敏敏, 王虹懿, 刘芳, 等. 植物精油纳米包埋技术的作用机制及其在肉品保鲜中的应用 [J]. 食品工业科技, 2020, 41 (21): 345-350.

［37］王倩, 丁保淼. 纳米脂质体制备方法及在食品工业中应用研究进展 ［J］. 食品与机械, 2020, 36 (11): 206-210.

［38］Da Silva B D, Do Rosário D K A, Weitz D A, et al. Essential oil nanoemulsions: Properties, development, and application in meat and meat products ［J］. Trends in Food Science & Technology, 2022, 121: 1-13.

［39］Armenteros M, Morcuende D, Ventanas J, et al. The application of natural antioxidants via brine injection protects Iberian cooked hams against lipid and protein oxidation ［J］. Meat Science, 2016, 116: 253-259.

［40］Šojić B, Pavlić B, Zeković Z, et al. The effect of essential oil and extract from sage (*Salvia officinalis* L.) herbal dust (food industry by-product) on the oxidative and microbiological stability of fresh pork sausages ［J］. LWT – Food Science and Technology, 2018, 89: 749-755.

［41］Šojić B, Pavlić B, Ikonić P, et al. Coriander essential oil as natural food additive improves quality and safety of cooked pork sausages with different nitrite levels ［J］. Meat Science, 2019, 157: 107879.

［42］Ben Hsouna A, Ben Halima N, Smaoui S, et al. Citrus lemon essential oil: Chemical composition, antioxidant and antimicrobial activities with its preservative effect against *Listeria monocytogenes* inoculated in minced beef meat ［J］. Lipids in Health and Disease, 2017, 16: 146.

［43］刘婷, 张瑞, 吴建平, 等. 牛至精油结合不同包装方式对冷鲜羊肉保鲜效果的影响 ［J］. 食品与发酵工业, 2020, 46 (4): 139-145.

［44］Al-Hijazeen, M. Effect of *Origanum syriacum L.* essential oil on the storage stability of cooked chicken meat ［J］. Brazilian Journal of Poultry Science, 2019, 21 (1): 1-10.

［45］李维正, 杨丽华, 韩玲, 等. 果胶—迷迭香精油复合膜协同冰温贮藏对牛肉保鲜的影响 ［J］. 食品与发酵工业, 2021, 47 (20): 146-151.

［46］Vital A C P, Guerrero A, Monteschio J D O, et al. Effect of edible and active coating (with rosemary and oregano essential oils) on beef characteristics and consumer acceptability ［J］. PLOS ONE, 2016, 11 (8): e0160535.

［47］Shavisi N, Khanjari A, Basti A A, et al. Effect of PLA films containing propolis ethanolic extract, cellulose nanoparticle and *Ziziphora clinopodioides* essential oil on chemical, microbial and sensory properties of minced beef ［J］. Meat Science, 2017, 124: 95-104.

［48］Pabast M, Shariatifar N, Beikzadeh S, et al. Effects of chitosan coatings incorporating with free or nano‐encapsulated *Satureja* plant essential oil on quality characteristics of lamb meat ［J］. Food Control, 2018, 91: 185-192.

［49］郑玉玺, 董蕾, 韩明, 等. 壳聚糖—荔枝木质精油可食膜的性能及在冷鲜鸡肉保鲜中的应用 ［J］. 食品工业科技, 2021, 42（6）: 214-219.